2012 年全国地市级环保局长岗位培训优秀论文集

环境保护部宣传教育中心　编

U0286958

中国环境科学出版社·北京

图书在版编目（CIP）数据

2012 年全国地市级环保局长岗位培训优秀论文集/环境保护部宣传教育中心编. —北京：中国环境科学出版社，2012.4

ISBN 978-7-5111-0951-4

Ⅰ. ①2… Ⅱ. ①环… Ⅲ. ①环境保护—中国—文集 Ⅳ. ①X-12

中国版本图书馆 CIP 数据核字（2012）第 051361 号

责任编辑　张维平
封面设计　玄石至上

出版发行　**中国环境科学出版社**
　　　　　（100062　北京东城区广渠门内大街 16 号）
　　　　　网　　址：http://www.cesp.com.cn
　　　　　联系电话：010-67112765（编辑管理部）
　　　　　发行热线：010-67125803，010-67113405（传真）
印　　刷　北京东海印刷有限公司
经　　销　各地新华书店
版　　次　2012 年 5 月第 1 版
印　　次　2012 年 5 月第 1 次印刷
开　　本　787×1092　1/16
印　　张　13.75
字　　数　320 千字
定　　价　48.00 元

《2012 年全国地市级环保局长岗位培训优秀论文集》
编委会

主　编　洪少贤

副主编　刘之杰

编　委　惠　婕　刘　挺　王菁菁　胡天蓉　吴　静　聂小佳

　　　　范雪丽　刘　旲　李艳梅　夏　菁　关　睢

前　言

春风送暖，万物复苏，正值贯彻落实第七次全国环境保护大会及 2012 年全国环境保护工作会议精神之际，新一期全国地市级环保局长岗位培训论文集即将出版。一篇篇局长们的真知灼见，一句句来自基层环境管理的"十一五"经验之谈，如春风化雨，滋润着每一位读者的内心，彰显着国家"十二五"环保工作的生机活力，孕育着中国环境保护的美好未来。

在环境保护部各级领导的关心支持下，由环境保护部行政体制与人事司主办、环境保护部宣传教育中心承办的全国地市级环保局长岗位培训班，在加强全国环保系统干部队伍建设、提高环保队伍的整体业务素质方面发挥了重要作用。地市级环保局长，不仅是解决本地区环境问题的实际操作者，也是国家在环境保护方针和环境政策方面的具体执行者。岗位培训班课程的设置着眼于提高局长们履行环境管理岗位职责和参与综合决策的能力，并为他们提供工作经验交流的平台。在培训过程中，学员们学习了环境管理基础理论知识、环保业务管理知识、国家环境保护最新政策动态和相关信息。结合本地环保工作的实际，学员们深入思考和总结，撰写论文，把在基层工作的宝贵经验和遇到的实际问题反映出来，为推进环保历史性转变、探索我国环境保护新道路出谋划策。

成绩来之不易，经验弥足珍贵。国家"十一五"污染减排目标的圆满完成，与地市级环保局长们的艰辛付出是分不开的。第七次全国环境保护大会提出，"坚持在发展中保护、在保护中发展，积极探索环保新道路"，这是做好"十二五"环保工作的重要指南。为了更好地总结成果，分享各地经验，积极探索基层环境管理新道路，并为环境管理的决策者提供参考，环境保护部宣传教育中心遴选出学员的优秀论文结集出版。

本论文集内容包括污染物总量控制、农村环境保护和生态保护、地方环保工作感言三部分，精选了 43 篇培训学员的优秀毕业论文，由论文集编委会进行整理汇编成册。

在论文的评选和汇编过程中，得到了 2011 年地市级环保局长培训班各位学员的大力支持和协助，在此表示衷心感谢。

由于水平有限，书中难免存在不足之处，敬请批评指正。

环境保护部宣传教育中心

2012 年 3 月 12 日

目 录

三、地方环保工作感言

一、污染物总量控制

关于污染减排的政策研究

天津市河东区环境保护局　张　举

摘　要：污染减排工作是落实科学发展观、推动经济社会又好又快发展、构建和谐社会的具体体现。本文通过科学分析国家"十二五"期间污染减排工作的严峻形势，正确理解三大体系建设的内涵，提出要利用市场手段促进减排，用减排促进产业结构升级，并阐述了落实污染减排的各项政策。

关键词：产业结构调整；体系建设；污染减排

《中华人民共和国国民经济和社会发展第十一个五年规划纲要》明确要求："十一五"期间把主要污染物 COD、SO_2 排放总量减少 10%，作为约束性指标。温家宝总理在十届全国人大五次会议上作的《政府工作报告》中郑重提出："十一五"规划提出的约束性指标是一件十分严肃的事情，不能改变，必须坚定不移地去实现。为此 2007 年 5 月国务院又发布了《节能减排综合性工作方案》，出台了一系列措施，各级政府也采取了一系列措施，但从另一方面看，虽然政府花了很大力气，但困难依旧很大。

一、充分认识污染减排工作的重要性和紧迫性，科学分析当前污染减排工作形势

"十一五"以来，全国上下加强了污染减排工作，国务院发布了加强节能工作的决定，制订了促进污染减排的一系列政策措施，加强了重点行业、重点企业和重点工程的污染减排工作，积极推进循环经济试点，加大重点流域和区域水污染防治力度，污染减排工作取得了积极的进展。

必须清醒地看到，污染减排面临的形势依然相当严峻。2006 年全国没有实现主要污染物减排 2%的目标，加大了后 4 年污染减排工作的难度。

从数字表面上看，"十一五"期间主要污染物削减 10%，即从 2006 年至 2010 年，每年削减 2%这个任务很好完成，但如果考虑 GDP 增长造成新增污染物的削减，还要考虑老污染源的削减，相加在一起要每年完成 2%的削减量，那么这个 2%的概念就不一样了，例如：天津市 2006 年全年排放 SO_2 污染物为 26.5 万 t，加上当年 GDP 增长造成 SO_2 增加量 2.2 万 t，要完成 2%削减量，就要完成 2.73 万 t 的削减任务。

我认为全面观察、科学分析、准确判断和把握当前污染减排形势，是做好今后污染减排工作的前提。

1. 全面观察

就是要把环境问题放在国民经济发展全局来观察。当前，我国正处在社会主义初级阶

段，城市化和工业化进程加速发展，面临的环境压力很大，我们既不能脱离社会主义初级阶段搞环保，也不能以社会主义初级阶段为借口宽容污染。在社会主义初级阶段解决环境问题，必须正确处理环境与经济的关系。国内外的经验教训表明，环境保护史就是一部正确处理环境保护与经济增长关系的历史，离开经济发展谈环境保护没有任何意义。我是一个环保工作者，从环保角度认为，发展就是燃烧，烧掉的是资源，留下的是污染，产生的是 GDP，科学发展就是消耗的资源越少越好，产生的污染越小越好，最好是零排放，前者是"资源节约"，后者是"环境友好"，总结起来就是又好又快地发展。

2. 科学分析

就是要客观深入地分析主要污染物排放情况及其原因。前面我提到 2006 年我国没有完成当年削减目标，究其原因是多方面的：一是经济增长方式仍然粗放，资源能源利用效率较低；二是产业结构调整进展缓慢，许多应该淘汰的落后生产能力还没有退出市场；三是污染治理速度赶不上污染物产生量的增长速度；四是环保投入不足；五是环境执法监管不力；六是污染减排的各项措施到位需要一个过程。

3. 准确判断

就是找出问题所在，采取相应的措施，抓薄弱环节，污染减排工作需要政府各部门通力协作、密切配合，共同推进污染减排任务的完成，靠某一个部门不可能完成此项工作。

二、完善污染减排指标、监测和考核三大体系的建设

所谓三大体系是指：一是建立和完善科学的减排指标体系。二是建立和完善准确的减排监测体系。三是建立和完善严格的减排考核体系。

"三大体系"的内涵：

（1）科学的污染减排指标体系是指为了顺利完成主要污染物减排任务而建立的一套科学的、系统的和符合我国国情的主要污染物总量统计分析、数据核实、信息传输体系。其显著标志是"方法科学、交叉印证、数据准确、可比性强"，能够做到及时准确、全面反映主要污染物排放情况和变化趋势。

（2）准确的减排监测体系是指为了顺利完成主要污染物减排任务而建立的一套污染源监督性监测和重点污染源自动在线监测相结合的环境监测体系。其显著标志是：装备先进、标准规范、手段多样、运转高效，能够及时跟踪各地区和重点企业主要污染物排放变化的情况。

（3）严格的减排考核体系是指为了顺利完成主要污染物减排任务而建立的一套严格的、操作性强和符合实际的污染减排成效考核和责任追究体系，其显著标志是：权责分明、监督有力、程序适当、奖罚分明。能够做到让那些不重视污染减排工作的责任人付出应有的代价。

"三大体系"建设涉及多个部门，首先应建立和完善法律、法规，明确法律地位。其次，还应建立和完善统一标准、统一技术规范。更为关键的是各项政策的落实。要落实项目组织责任制度，推行项目效益责任考核，建立相应的奖惩制度。

三、通过市场手段促进污染减排

环境是一种资源，市场机制是一种资源的配置方式，但市场不是万能的，也存在缺陷，环境作为一种资源是公共产品，在市场失灵下存在其外部效应。

外部效应又称外部性，是指在经济活动中，主体在从事使其自身利润最大化的活动时，对社会或他人所造成的正的和负的外部效应。具体到环境保护领域，生产者生产的产品创造财富，但基于现有的技术条件，不可避免地要向周围环境排放大量的有害物质，由此所造成的环境污染因环境资源的公共性而由整个社会来承担。解决外部性的环境污染，就应将其外部性内部化，即将排放污染物所造成的社会成本由其生产行为而获利的主体承担。排污收费制度、排污许可证制度和排污权交易等手段即用来达到这一目标。将污染者转嫁给社会的成本由其自身来承担。

排污权交易制度就是排污者之间的交易行为，行政主管部门作为排污权的初始分配者来发挥其行政职能，而区域内的排污者可在本区域内，在自主的基础上对排污权进行再分配。

采取排污权交易这样具有自主性的市场手段，就能够促使排污企业为降低成本而主动开展污染减排工作。因为企业本身所具有的趋利性会不断刺激其寻找自身利益的最大化——采取较低的成本达到减排的目的。如此，排污企业的自主行为不自觉地达到了减少排污量、保护环境的目的。

排污权交易，是一种以市场"无形之手"引导"经纪人"在"逐利"过程中向善的手段，私利的排污企业从而完成了自己并未关注的目的——环境的改善。

然而，排污权不同于一般的产权。排污权交易市场也不同于一般的产权市场，其来源和交易必须与当地环境容量紧密结合，还要受思想观念、企业环保状况、产业结构调整政策、环保部门监管能力、现行环保法律法规等制约。

要解决上述难题，必须从以下几个问题入手。

（1）地区总量认定依据，按现在管理方法有两种，即目标总量或容量总量。若依据目标总量则比较简单，环保部每年都对各省市下达总量指标，只要将这部分指标分解到每个企业。但有个问题，即使达到目标总量的要求，不见得就能达到环境功能区标准。较科学的态度应是依据以环境质量为最终目标测算大气和水环境容量，通过区域或流域分配给企业。

（2）企业排污权的核定依据。企业排污权核定，受多个因素制约：地区总量、产业结构调整、生产工艺水平和排污状况等。其中企业排污状况是主要依据之一，但从现有能力看，要想全部说清，还是比较困难，最好的办法是对区域内各类污染源进行分类并对各类监测数据进行分析，明确所使用数据的合法地位。

（3）参与指标的科学选择。目前 COD 和 SO_2 是参与排污权交易制度的污染指标。要想达到大气环境功能指标和水环境功能指标，不能只拿这两项指标作为排污权交易制度，而是应该根据区域内各类污染企业排放的特征污染物分别作为考核的参与指标，否则，可能会因为给了这些企业排污权而使其他污染物进入环境，其结果会对环境造成更大的危害。

（4）市场交易的合理推进。目前国家正在太湖流域进行 COD 排污权交易的试点工作，从试点情况看，只有极少数企业拿出排污权进行交易。一些企业负责人认为，由于总量控制越来越严格，重新获得排污权越来越难，考虑企业自身发展的需要，不会将自身仅有的排污权放到市场上进行交易。如果没有大批企业间的交易行为，就不可能实现环境资源的优化配置。另外，要研究排污权分配和取得的制度程序，使企业依次排队，对号入座，保证公开、公平、公正，避免随意性。还要研究对政府部门的约束机制，是指把工作重点放在"立规则，当裁判"，对政府部门掌握的部分排污权的入市交易行为要有约束制度，防止政府部门在其中进行"寻租"活动。

（5）法律政策的及时跟进。排污权交易在我国是一种新生事物，现有的法律中没有开展排污权交易的依据，排污权交易的推行，不同于其他指令性工作，必须依靠市场规律办事，市场经济是法制经济，必须制订与排污权交易制度相匹配的相关法律法规，而立法要以实践为基础，经过不同利益群体的磋商，是个艰难的过程。因此，国家应赋予试点地区一些特殊的政策，来推行排污权交易。

除了上面谈的五个问题外，还需要认真研究其他问题，例如：对某个区域内，排污权的竞争激烈，会影响这个区域的经济发展，等等。总之，从理论上看，排污权交易能克服现行排污收费制度的缺陷，从国际和国内环境保护的趋势上看，排污权交易势在必行。但是要完善这套制度还要经过一个艰辛、漫长的过程。

四、抓污染减排工作　促进产业结构优化升级

目前，我国工业生产粗放型的增长方式还没有较大的改进，在这里我采用一组国家统计局的数字。2007 年第一季度，工业增长特别是高耗能、高污染的行业增长过快，占全国工业耗能和 CO_2 排放近 70%的电力、钢铁、有色金属、建材、石油加工、化工六大行业增长 20.6%，同比工业平均增长速度快 6.6 个百分点，经济发展和资源环境的矛盾日益尖锐。不加快调整结构，转变增长方式，资源支撑不住，环境容纳不下，社会承受不起，经济发展难以为继。因此，我们没有别的选择，只有坚持节约发展、清洁发展、安全发展，才能实现经济又好又快地发展。推进产业结构调整，优化升级，我认为应从以下三方面着手。

1. 淘汰落后生产工艺装置、生产能力和产品的步伐要加快

国家发改委近几年发布的《产业结构调整指导目录》要求淘汰生产工艺装置、生产能力和产品在一些地方难以贯彻执行，原因是地方保护相当严重，一些地方领导宁愿牺牲环境来换取 GDP 的增长，国家有关部门应采取强制性措施。

2. 做好电力行业"上大压小"工作

电力行业煤炭的消耗量占全国煤炭消耗总量的近 50%，SO_2 的排放量占全国排放总量的 54%，"上大压小"就是允许地方上大机组发电设备，逐步拆除小机组发电设备，因为大机组发 $1 kW \cdot h$ 电所需煤炭量仅为小机组发 $1 kW \cdot h$ 电所需煤量的 2/3。

3. 利用税收杠杆作用调整产业结构

利用税收制度调整产业结构是国际上通用的一种方法，发达国家在这方面有着很成熟的经验，目前我国还在摸索前行，国家在这项工作上较为缓慢是考虑调整的尺度在多大上适度。

五、要切实落实污染减排的各项政策

污染减排工作既是一项显示紧迫的工作，又是一项长期艰巨的任务。实现污染减排的目标任务和政策措施，关键在于狠抓落实。不抓落实，再完善的方案也是一纸空文，再明确的目标也难以实现，再好的政策也难以发挥作用。

1. 强化环境执法是落实污染减排的具体体现

当前最突出的环境问题主要有以下三方面：一是违法排污问题突出，现场执法亟待加强。一些企业违法建设、违法排污、偷排偷放屡禁不止。特别是有设施不运行，个别企业都形成"开机欢迎，关机欢送"。特别是一些地方政府充当违法企业的保护伞，甚至包庇袒护。一些环保部门工作力度不够，对违法行为不敢管、不会管，执法不作为。"有法不依、执法不严、违法不究"的现象比较普遍。从我市最近几年对"化工区"的专项执法中也可以看到"执法难、执法险、执法软"的状况没有得到有效改善。这说明我们的执法力度、执法环境还有不少问题需要研究解决。二是环境信访数量居高不下，维护社会稳定任务艰巨。从环保部信访办统计结果，2006 年全国群众环境投诉和因环境问题引发的群体性事件以每年 30% 左右的速度上升。环境污染问题已经成为严重危害群众健康、影响社会稳定的重要因素。三是突发环境事件频发，保障环境安全压力增大，由于经济快速发展，企业安全生产意识的淡薄，环境风险不断加大。仅 2007 年我市由于生产事故、交通运输事故造成的环境污染事故就高达 5 起。我市一些基层环保部门对突发性环境事件的处置能力差、装备匮乏、手段落后。突发事件发生后，不能及时、很好地为决策提供数据支持、专家支持和对策支持。

应对上述存在的问题，我认为应采取以下六项措施：

（1）加大对环境违法问题的查处力度。采取明查、暗访、排查、抽查等多重方式强化执法，提高执法效果，使环境违法行为无处藏身。要用行政和法制综合手段，遏制环境违法行为。要与银行合作，用金融手段限制环境违法企业的发展，努力扭转"违法成本低、守法成本高、执法成本更高"的局面。

（2）加大排污费征收力度。现有排污费征收标准过低，难以促进企业进行环境治理。政府部门过于考虑企业承受力，使得环境治理的边际成本远远大于征收排污费标准，企业宁愿缴纳排污费。现在应考虑提高排污费征收标准。

（3）加大环境违法事件的公开曝光和信息通报力度。要充分利用新闻媒体的作用，公开环境违法行为，使污染严重企业成为"过街老鼠"。

（4）加大环境执法力度。近几年环保部每年定期组织专项检查。这种"风暴式"执法，只会给违法企业造成钻空子的机会，形成"开机欢迎，关机欢送"。要把环境执法纳入日常工作中，为了避免地方执法中的各种阻力；上一级环保部门应不定期组织交叉执法，在执法的同时又是对执法人员的考核。

（5）加大对环境违法行为的责任追究力度。责任追究分为两个方面，一是对违法企业主要责任人的责任追究，在这方面要充分依靠纪检监察部门，要将违法案件及时向监察部门移送；二是对执法人员的责任追究，现在有很多违法排污企业为了降低治污成本，往往是超标排污，为了逃避环境监管，就与执法人员有"千丝万缕"的联系，监察部门应加强对行政执法部门纪检监察的力度。

（6）加大环境执法能力建设的力度。在环境违法行为普遍、环保执法人员不足的状况下，政府部门应加大财政投入，利用高科技手段，强化环境监管的预警能力，污染减排"三大体系"建设即为提高能力的关键措施，但其中还有不少内容需要完善。

2. 落实污染减排更为重要的是要各级政府全面贯彻执行中央的部署

污染减排目标的最终结果是环境质量的改善。按现行环保法律，环境质量是由各级政府负责，因此，污染减排的责任，义不容辞应由政府承担，要把污染减排指标纳入各地经济社会发展综合评价体系，对政府部门主要领导业绩考核，实行"一票否决制"。考核结果要坚持"三挂钩"：与建设项目审批挂钩，对没有完成减排任务的地区要实行区域限批，即停止对该地区新建项目的环境审批；与限期治理挂钩，限期治理是我国环境保护法律中一条有特色的制度，对没有完成减排任务的企业要限期治理，治理期间，限产限批；与每个人奖罚挂钩，对瞒报、谎报治污情况的单位和个人，要按有关法律规定，从严惩处，对因工作不力没有完成任务的政府和企业，要按照有关规定严肃查处有关责任人。

总之，污染减排工作是一项系统工程，是衡量可持续发展水平的指标，是落实科学发展观的具体体现，搞好污染减排的政策是推动经济社会又好又快发展、构建和谐社会的重要保障。

邢台以减排强力推动治污

河北省邢台市环境保护局　齐有主

摘　要: 本文通过对河北省邢台市"十一五"期间污染减排工作的回顾与总结,全面阐述了所采取的措施和取得的成效和经验,并提出了推进污染减排工作应该坚持的原则。

关键词: 邢台;污染减排;实施经验

"十一五"期间,邢台市委、市政府从贯彻落实科学发展观的高度,扎实推进污染减排工作,将其作为转方式、调结构、惠民生的重要抓手,以壮士断腕的勇气和决心,强力淘汰落后产能,加快转变经济发展方式,实现了经济发展与环境保护的"双赢"。2010 年,全市生产总值完成 1 210.6 亿元,是 2005 年的 1.8 倍,年均增长 11.7%;全市 COD 排放量比 2005 年削减 18.59%,完成"十一五"目标的 103.29%;SO_2 排放量比 2005 年削减 21.19%,完成"十一五"目标的 126.86%。污染减排工作连续三年在全省位于先进位次,荣获河北省"十一五"污染减排目标考核第一名的桂冠。市区空气质量二级及好于二级天数达到 340 d,比 2005 年增加 75 d,连续两年达到国家二级标准,实现了历史性突破;河流水环境质量持续改善,荣获"全省重点河流水质改善奖"。

一、下猛药用苦功,持之以恒抓减排

针对经济结构偏重,经济发展方式比较粗放,特别是以重化工和资源消耗型产业为主的产业结构,邢台市委、市政府达成共识:不下"猛药",难以根治邢台市高耗能、高污染"顽疾",不出非常之举,难以转变发展方式。为加快经济发展方式转变,邢台市政府自我加压,制定了比省考核指标更加严格的目标,与各县(市、区)政府和重点企业签订了主要污染物总量削减目标责任书,将减排指标层层分解落实,严格考核,兑现奖惩。通过大力实施工程减排、结构减排、管理减排,确保了"十一五"污染减排任务圆满完成。

1. 突出工程减排,发挥企业减排主体作用

企业是污染减排的主要来源,企业更要担负相应的法律责任和社会责任。邢台市切实发挥企业的减排主体作用。一是抓好火电、钢铁企业脱硫工程。"十一五"期间,全市建成燃煤电厂发电机组脱硫设施 13 台(套),脱硫设施安装率达到 86%。邢台钢铁有限责任公司、德龙钢铁公司,先后完成了烧结机头烟气脱硫工程建设。二是抓好以城镇污水处理厂建设为重点的 COD 减排工程。为加快县城污水处理厂建设进度,市政府专门下发文件要求全市所有县必须在 2009 年底前完成污水处理厂建设,对完不成建设任务的县(市、区)政府,整体工作实行"一票否决"。截至 2010 年底,全市建成城镇污水处理厂22座,

日处理能力累计达到了 63 万 t，实现了县县建有污水处理厂的目标。"十一五"期间，全市共完成重点企业减排工程 390 个，总投资 25.6 亿元，为确保完成全市"十一五"减排目标发挥了重要作用。

2. 淘汰落后产能，发挥污染减排倒逼作用

污染减排是改善环境质量，促进产业结构调整的重要抓手。"十一五"期间，邢台市加大了落后产能的淘汰力度，下决心关停、淘汰了一批高耗能、高污染的落后产能。先后拆除钢铁行业烧结机 10 座、炼铁高炉 4 座；累计关闭火电机组 14 台，总装机容量为 103.6 万 kW，年可减少 SO_2 排放量 3.4 万 t；拆除全市 72 座水泥机立窑，淘汰落后水泥产能 489 万 t，结束了全市水泥机立窑生产的历史；拆除落后玻璃生产线 194 条，淘汰落后玻璃产能 4 268 万重量箱；取缔污染严重的造纸企业 42 家，全市生料造纸由 2007 年的 27 家减少为目前的 1 家。这些落后产能的退出，不但减少了 SO_2 等主要污染物的排放，而且为建设高科技含量、低污染排放的工业项目腾出了环境容量。

3. 开展综合整治，改善市区空气环境质量

邢台市以污染减排推进城市环境质量改善。一是狠抓市区周边九大燃煤企业烟尘污染治理，完善了除尘脱硫设施，安装了在线监控设备，派驻了环保监督员，确保了达标排放。二是加强市区东部 1 319 家板材企业燃煤小锅炉烟尘污染治理。重点抓了锅炉拆除和集中供热工作。2010 年，邢台市共拆除板材企业燃煤小锅炉 239 台，969 家改为集中供热或联片供热，板材企业冒黑烟问题基本得到解决。三是全面整顿市区西部小石灰、小石子企业粉尘污染。将整改达标和取缔拆除工作相结合，西部山区 204 家不符合环保要求的小石灰、小石子企业，整改达标 153 家，对难以整改达标的 51 家企业全部拆除。四是取缔市区分散式燃煤取暖锅炉。"十一五"期间，邢台市区共拆除燃煤取暖锅炉 422 台，累计新增集中供热面积 1 110 万 m^2。通过以上措施，市区年可减少燃煤 82 300t，减少烟尘排放 2 300t、粉尘排放 18 800t、SO_2 排放 4 300t，进一步改善了市区空气环境质量。

4. 强化环保执法，推进重点河流水质改善

在河流水质改善上，重点采取了三个方面的措施。一是增加河流断面监测频次。对主要河流断面水质由每月一监测加密为每周一监测，发现水质超标的，立即对上游涉水企业进行排查，发现偷排偷放、超标排污的，从严从重处理。二是及时核对在线监测数据。市环境信息中心对污染源自动在线监测数据，由每周一报改为一天一报，对出现数据异常情况的企业，环保执法人员第一时间赶赴企业进行核实，对违法排污的企业做到了快查快处。2010 年，共立案查处违法排污企业 85 家，均按有关法规进行了处理。三是开展污染企业专项整治。按照"取缔淘汰一批、停产治理一批、限期整改一批"的原则，对全市涉重金属企业和皮毛企业进行了专项整治。全市 31 家重金属污染企业取缔了 11 家、治理达标 20 家，并在平乡县、广宗县规划了电镀园区；全市 168 家皮毛污染企业取缔了 151 家，整改达标 17 家，在威县、南宫分别规划了皮毛工业园区，实现了集中治污。四是保城镇生活污水处理厂正常运行。2010 年，由邢台市委、市政府督查室牵头，市环保局有关技术人员参加，组成专项检查组，对城镇生活污水处理厂每半月逐个检查一遍，发现问题，当即责令有关县（市、区）政府限期整改，提升了城镇生活污水处理厂运行质量，实现了达标排放，从而促进了河流水环境质量的持续好转。

5. 坚持示范带动，促进农村生态环境建设

围绕农村生态环境质量改善，主要抓了四个方面的工作：一是深化环保绿色创建工作。2010年，我市宁晋县的黄儿营村、临西县仓上村、隆尧县义丰村、新河县马圈村通过了"国家级生态村"验收；临城县的临城镇、任县的任城镇、清河县的王官庄镇通过了"省级优美城镇"验收；邢台县南沟门等17个村通过了"省级生态村"验收。二是实施农村环境综合整治。按照"以奖促治"政策，积极开展了"百乡千村"环境综合整治行动。通过实施环境综合整治，55个试点村的村容村貌和环境质量明显改观。三是加强山区生态环境保护。对不符合国家产业政策和环保要求的项目严禁向山区转移，并积极引导石材加工企业进入工业园区；凡申请新、改、扩建矿山的，把矿山生态环境恢复治理方案，作为矿产资源开发利用方案的组成部分，一起予以审批，保持了西部山区良好的生态环境。四是全力抓好秸秆禁烧工作。2010年夏、秋两季，市政府成立了由市环保局牵头，市监察局、市农业局、市林业局等部门参与的10个秸秆禁烧检查组，由市环保局县处级干部带队，分赴各县（市、区）检查督导秸秆禁烧工作，对重点区域实行专人把守，不少县（市、区）还采取了"重奖严惩"的禁烧措施。由于措施得力，我市未发生大面积秸秆焚烧现象，得到了省政府秸秆禁烧督查组的充分肯定。

6. 严格环评审批，提供污染减排制度保障

邢台市坚持把排污总量指标作为新建项目环保审批的"总阀门"和前置条件，严格控制"两高一资"和产能过剩项目过快增长，对符合国家产业政策，列入省、市重点的项目大力支持、快审快批，对没有环境容量和污染减排进展缓慢的地区实行"区域限批"。同时，以规划环评优化产业结构和布局，要求凡未进入工业集中区的化工、印染、造纸、建材、电镀等重污染项目，环境保护行政主管部门不得受理其环境影响评价文件，工业集中区未开展规划环评的不得审批其入区。目前，邢台市21个县（市、区）的33个工业集中区相继完成了规划环评，走在了全省前头，为"产业分区布局，企业集中治污"奠定了基础，较好地实现了"为发展服好务、为环境把好关"的要求。

7. 实施机制创新，提供污染减排动力支撑

邢台市建立了一系列考核、监督、激励机制，极大地提高了各级政府抓污染减排的内在动力。一是实施"双三十"减排目标考核。为切实强化政府的减排责任，邢台市在全市选定了30个工业密集区和30家重点企业，作为污染减排主战场和改善环境的重要突破口，对"双三十"单位实行市直接考核，完不成减排任务，实行"一票否决"。二是实施河流断面水质目标考核。改善子牙河流域水质，邢台市在全市主要河流设置了34个水质监测断面，实施流域生态补偿机制。对出县（市）口河流断面水质劣于入县（市）口的，按有关政策直接从县（市）财政扣缴生态补偿金。截至2010年，共扣缴县级政府生态补偿金672万元。通过实施生态补偿机制，倒逼各县（市、区）加大污染治理力度，否则"既赔钱又丢人"。三是强化重点污染源环境监管。2010年，邢台市政府在全省率先出台了《邢台市污染源自动监控管理办法》。要求凡应安装污染源自动监控设施的排污单位，要按照统一规定安装，并与环保部门联网，对未按规定安装监测设备或未与环保部门联网的，最高可处10万元罚款。截至2010年，邢台市共安装重点污染源在线监测装置159台（套），并全部与省、市环境监控中心实现联网运行。四是充分发挥人大、政协监督作用。市人大每年听取市政府《关于"双三十"单位污染减排目标完成情况的报告》，市人大、市政协

多次组织全国、省、市人大代表和政协委员对污染减排工作进行专题检查和视察，有力地促进了环境保护工作开展。通过创新机制，强化管理，进一步激励和推进了全市的污染减排工作，使环境保护融入了社会经济发展决策，真正起到了优化经济发展的作用。

二、夯基础练内功，污染减排显成效

近年来，邢台市把加强环保工作作为加快转变经济发展方式的着眼点和突破口，切实加强环保队伍和环境监管能力建设，积极探索经济发展与环境保护的高度融合，推动环境保护走上了经济发展的主战场。

邢台市环保局坚持抓班子、带队伍，以一流的作风，创造一流的业绩，将污染减排纳入环保的中心工作，形成了"一把手"亲自抓、分管副职具体抓、全局上下齐抓共管的强大合力，污染减排工作取得显著成效，环境保护不但没有成为经济发展的"绊脚石"，反而成为可持续发展的"助推器"。

1．环境质量明显改善

市区空气质量稳步提升。2006 年、2007 年、2008 年、2009 年，市区空气质量二级及以上天数分别为 281 d、317 d、331 d 和 338 d。2010 年，市区空气环境质量二级及以上天数达到 340 d，比 2005 年增加 75 d。其中一级天数达到 71 d，比 2005 年增加 64 d。空气综合污染指数为 1.85，比 2005 年下降了 48 个百分点，市区空气质量稳定达到国家二级标准。河流断面水质持续好转。监测数据表明，2010 年，市区集中式地下饮用水水源地水质达标率稳定保持 100%，朱庄水库水质达到地表水 II 级标准；滏阳河、滏阳新河、滏东排河三个出市河流断面 COD 浓度年均值分别比上年度下降了 1.80%、0.64%、7.69%，主要河流断面水质出市口好于入市口。

2．经济结构不断优化

污染减排在促进了邢台市的产业结构调整的同时，还为一大批新兴产业的发展腾出了空间，加速了产业升级发展，为邢台的经济发展提供了强力支撑。通过淘汰落后产能、引进高新技术，邢台市沙河玻璃工业区 176 家玻璃制造企业共建成了达到国家产业政策标准的玻璃生产线 224 条；总投资 214 亿元的建滔（河北）公司煤化工产业园、总投资 106 亿元的河北旭阳焦化煤化工项目、总投资 43 亿元的宁晋晶龙实业集团光伏产业基地项目、总投资 19 亿元的今麦郎食品有限公司提质扩能项目列入省重大产业支撑项目。风电设备大型铸锻零部件、年产 3 600 万片大直径低氧碳单晶硅片一期、年产 3 000 套风力发电机组塔筒法兰项目一期等项目先后投产，光伏产业规模居全省首位。2010 年，装备制造、新能源、煤化工三大产业增加值占全市生产总值的比重达到 23.2%，比 2005 年提高 8.5 个百分点，对经济增长的支撑作用明显增强。

3．环境监管能力全面提升

"十一五"期间，邢台市政府加强了环保队伍建设，为市环保局新增了总量控制科、核与辐射监督管理科等 5 个业务科室和 1 个下属单位的编制。投资 1 000 多万元加强环境监测能力建设，邢台市环境监测站通过了国家二级监测站的达标验收。建成了边村、陈窑、丁庄桥、邢家湾 4 座水质自动监测站，对主要过境河流和省界河流的水质状况实现了连续、实时监控，为环境管理和环境执法提供了更加科学有效的依据。同时，投资 200 万元建成了邢台市重点污染源监控中心，国控、省控污染源全部安装了自动在线监测装置，并与环保部门实现联网运行，大大增强了对重点污染源的环境监管能力。

三、收获的启示

1. 建立了污染减排的长效机制

邢台市委、市政府高度重视污染减排工作，把其当做落实科学发展观、提升产业，调结构、惠民生的大事放在心里、抓在手上，形成了"党委领导、政府负责、人大监督、政协指导、环保部门统一监管，有关部门协调配合、污染者治理、媒体监督和公众参与"污染减排机制。

2. 发挥了污染减排的倒逼作用

邢台市大力实施污染减排工程，切实强化污染减排对经济增长方式的"倒逼"机制，约束企业盲目投资扩产，限制地方经济粗放增长，推进企业"上大压小"、减量置换、关停并转、结构升级，引导经济发展和产业布局，淘汰、取缔落后产能，大力推进循环经济和清洁生产、以工程减排为主线、以结构减排为重点，以监管减排为抓手，相互促进，相互衔接，相得益彰。

3. 用"组合拳"促发展方式转变

一是抓重点，实施污染减排"双三十"工程。列入"双三十"的部分单位提前完成了"十一五"减排目标。二是强化示范推动，从源头把关。严格控制"两高一资"和产能过剩项目过快增长，对符合国家产业政策，列入省、市重点的项目大力支持、快审快批。三是充分发挥"区域限批"作用。明确各县（市、区）生态功能区定位、区域禁止和限制建设项目类型以及环境敏感区建设项目管理要求。四是以规划环评优化产业结构和布局，积极开展规划环评。五是强化经济手段，形成区域联动效应。水污染治理实行跨县市区断面水质目标考核和扣缴生态补偿金的环境经济政策，积极用经济约束手段促进水质改善。

4. 坚持污染增量控制与存量削减并重

邢台市环保局坚持污染减排工作两手抓，两手都要硬，一手抓污染物增量控制，一手抓存量削减，做到增减适度，为促进经济发展方式转变打下了坚实的环境基础，促进了经济社会健康、协调、可持续发展。

试述节能减排的途径

山西省大同市环境保护局　陆银义

摘　要： 当前节能减排是国家可持续发展的大势所趋，是我国经济未来发展的根本性前提，也是一个地方转变经济发展方式和保护生态环境的重要抓手。本文结合山西省大同市节能减排工作实践，提出完成好节能减排任务的途径，力求推动经济社会又好又快发展，为大同市的转型发展、绿色崛起打下坚实的基础。

关键词： 节能减排；山西大同；途径

党的十七大报告指出："坚持节约资源和保护环境的基本国策，关系人民群众切身利益和中华民族生存发展。必须把建设资源节约型、环境友好型社会放在工业化、现代化发展战略的突出位置，落实到每个单位、每个家庭。"同时强调"落实节能减排工作责任制"，在全社会牢固树立生态文明观念。这些新的提法，充分体现了科学发展观的本质内涵和要求，对促进地方经济社会可持续发展必将产生深远的影响。

当前，节能减排已经成为国家宏观调控的工作重点，是一个地方转变经济发展方式和保护生态环境的重要抓手，也是直接检验地方党委、政府实现科学发展的"试金石"。近几年来，大同市大力加强节能降耗和资源保护工作，全市万元 GDP 能耗和主要污染物上升的势头得到明显遏制，城区空气质量明显改善，主要污染源治理初见成效。但作为一个以能源、重化工业为主导的经济欠发达的内陆城市，全市的节能减排形势依然十分严峻，节能减排之路依然任重道远。

山西省委书记袁纯清提出："十二五"期间，山西的经济总量要实现翻番，再创一个新山西。对大同市而言，那就是要再创一个新大同，面对 GDP 翻番的目标，要完成节能减排的各项指标，工作繁重，压力巨大，这势必引起我们的高度重视和深思，坚持走科学发展的路子，正确处理好发展经济与节能减排的关系，下最大的决心、花最大的精力、尽最大的努力来打好节能减排攻坚战，有效促进经济增长方式的转变和经济运行质量的提高，推动社会又好又快发展，为大同市的转型发展、绿色崛起打下坚实的基础。

一、认识上要正确处理三个关系

1. 正确处理好节能减排与经济发展的关系

节能就是提高效益，减排就是创造环境。据测算，如果大同市 2009 年万元 GDP 能耗多降低 1 个百分点，就能节省 140.4 万 t 标准煤，不仅可以取得约 11.2 亿元的节能直接经济效益，而且减少的 SO_2 和 COD 排放量还可为新项目的引进腾出容量空间。可见，抓节能减排就是抓经济增长，而且是抓经济高质量、高效率的增长。我们要在思想上把节能减排作为检验是否落实科学发展观和经济发展是否"好"的重要标准，作为产业结构是否优化升级、经济发展方式是否转变、能否实现全面协调可持续发展的综合体现。我们要坚持在节能减排的基础上发展，在发展中实现节能减排，走出一条科学发展的路子。

2. 正确处理好当前利益与长远利益的关系

开展节能减排工作，不可避免地会关停一批国家政策明令禁止的"五小"企业，不可避免地会限制部分高能耗、高污染行业的发展，一些可能带来短期丰厚回报的污染项目也将被拒之门外。这样做，可能会影响一些地方近期的经济发展速度，影响当地政府的财政收入，影响一些干部的政绩。但从长远看，有所"弃"才能有所"得"。我们在关停"五小"企业，放弃高能耗、高污染项目的同时，不仅为资源损耗和环境治理节省了大量经济社会成本，也为今后的发展腾出了更多的资源和环境容量，为将来更高水准、更高层次的结构调整与可持续发展创造了空间。否则，一旦环境破坏、容量受限，我们不仅将重走过去"先污染后治理、边治理边污染"的老路，而且一些好的招商项目也会因缺乏资源和环境支撑而与我们失之交臂。因此，我们在搞规划上项目时，要通盘考虑，全面兼顾，既要考虑到近期的发展，更要考虑到长远发展，正确处理眼前利益和长远利益的关系，确实做到可持续发展。

3. 正确处理好加快发展与改善民生的关系

我们发展的最终目的，是为了增加群众收入、改善群众生活，满足人民群众日益增长的物质文化需求，使全体人民过上更加幸福、美好的日子。如果发展是以浪费资源、破坏环境为代价的发展，是以损害人民群众身心健康为代价的发展，那么创造再多的 GDP 也毫无意义。我们的发展必须建立在节约能源、资源和保护环境的基础上，建立在人与自然和谐发展的基础上，要让人民群众成为经济发展和生态环境建设的最大受益者，这样才能体现发展经济的根本目的。

二、总量控制上要实现三个对接

落实节能减排任务，关键要在实施污染物排放总量控制上抓好"三个对接"。

1. 节能减排指标与具体承载项目对接

把 COD、NH_3-N、SO_2、NO_x 四项主要污染物削减任务分解落实到每一个排污单位的具体减排工程项目，加大监管力度，将年度区域节能指标分解到主要工业能耗企业的具体节能项目，实行严格考核。

2. 新上项目的排放增量与老项目的减排量对接

提高市场准入门槛，严把项目审批关，新上项目必须符合国家产业政策、符合本地城市建设规划、符合能源消耗和环境影响评价要求；把节能评估审查和环境影响评价作为项目核准、审批和开工建设的前置性条件，把污染物总量指标作为环评审批的前置性条件；通过"以新带老"，淘汰落后生产力。

3. 地域经济发展与地域经济环境容量的指标要求对接

把总量控制落实到区域和行业发展规划中，确保项目建设的环境容量，以总量控制优化发展、支撑发展。同时，进一步加快污水处理厂和有害废物处理厂等基础设施建设，扩大环境容量，提高环境承载力。

如果发展是以浪费资源、破坏环境为代价的发展，是以损害人民群众根本利益为代价的发展，那么创造再多的 GDP 也毫无意义，我们宁愿不要这样的发展。

三、优化经济结构要做到三个坚决

大同市经济结构不合理，尤其是高能耗产业比重大是整个经济能耗强度居高不下的深层次原因。要从根本上解决这一问题，落实节能减排目标任务，就必须通过产业结构调整，转变主要依靠外延扩张的粗放型增长方式，走科技含量高、经济效益好、资源消耗低、环境污染少的新型工业化路子。在具体工作中，要突出"三个坚决"。

1. 坚决落实减量

下决心淘汰、取缔一批不符合国家产业政策，高投入、高能耗、高污染、低效益的企业或生产线。对不能按期淘汰落后产能的企业，可采取提高水电价格或停止供水供电、吊销营业执照或取消排污许可证和生产许可证等惩处办法。

2. 坚决优化存量

结合实际，在煤炭、化工、建材、电力、机械等传统产业推广应用节能减排新技术、新材料、新工艺和新装备，鼓励运用高新技术和先进适用技术改造、提升传统产业，提高企业能源综合利用效率，增强企业竞争力。

3. 坚决提升增量

大力发展高新技术产业、现代服务业等低能耗产业，促进资源依托型工业向科技型、清洁型、节能型工业转变。对引进高新技术和循环经济项目的，要予以奖励，提供优惠条件。

四、发展循环经济要强化三个手段

大同市 80%的企业集中在煤炭、电力、冶金、化工、机械、建材六个行业，主要能耗和污染物排放也集中在工业领域。大力发展循环经济，是从根本上缓解节能减排压力的关键之举，是实现科学发展的必由之路。2008 年大同市被列为煤炭工业可持续发展政策措施试点城市，通过生态恢复治理保证金和可持续发展基金的提取和使用，促进了生态环境的保护，还了不少旧账，发展了循环经济，以煤炭工业为基础建设了塔山工业园区，促进了资源在企业内部、企业之间和产业之间的循环利用，推动循环经济向纵深发展。

以此为样本，可以在全市范围内研究建立企业内部、企业之间，循环园区的循环经济发展模式。

1. 坚持从减量化入手，抓好企业内部小循环建设，从源头上减少资源消耗

重点培育 30 家符合循环经济发展要求的循环经济型企业；积极支持六大园区内企业循环经济项目建设；支持企业开展替代技术、减量技术和再利用技术等关键技术的研发、利用；支持循环经济企业申请减免增值税、所得税。

2．坚持从延伸产业链入手，围绕建立循环利用产业链条，不断提高资源的利用率和效益

积极鼓励和引导不同行业、不同门类、不同企业之间以技术创新为手段，建立资源共享和副产品互换的循环利用链条。

3．坚持从建立循环经济试验园区入手，引导相关联的企业在园区集中发展，形成集聚效应

努力把六大产业经济园区打造成为循环经济发展示范区，鼓励各县（市）区发展综合型工业园区。力争3~5年内，在化工、建材等重点领域基本建立再生资源回收利用体系，培育一批名副其实的循环经济示范企业和产业示范园区，使循环经济形成氛围，成为一种理念。

五、监督管理要完善三项机制

进一步提高监管水平，充分发挥政府的主导作用和企业的主体作用，逐步建立起政府鼓励推动、企业自觉行动、全社会共同参与的长效机制。当前，重点在完善"三项机制"上下工夫。

1．以目标考核为基础的行政问责机制

将节能减排目标任务逐年分解、量化到各地、各部门、各重点企业，作为考核主要领导和分管领导政绩的重要内容。

2．以政策引导为基础的激励约束机制

支持企业上马节能减排项目和建立节能新机制，鼓励和引导金融机构加大对循环经济项目和节能减排技术改造项目的信贷支持。提高高耗能、高污染企业差别电价标准。环保部门配合金融机构建立企业环保信用信息系统，逐步建立环保失信企业惩戒机制。

3．以严格执法为基础的监督管理机制

对重点排污企业，环保部门要督促其制定减少污染物排放的时间表，限期完成达标排放。加强对重点污染源的监督检查。实施节能减排指标公布和预警制度，每半年公布一次各地、各主要行业、各重要企业的能源消耗和污染排放情况，接受社会监督。

对"十一五"主要污染物减排工作的体会
及"十二五"污染减排的思考

河南省商丘市环境保护局 黄建华

摘 要："十一五"期间，河南省商丘市通过综合运用多种减排方法及措施，全面推进污染减排工作，环境质量得到持续改善，取得了很好的成绩。如何巩固已取得的成绩、落实好"十二五"污染减排工作，成为当前环保工作的重要议题。本文力求通过深入分析商丘市污染减排工作中存在的问题和主要矛盾，结合实际，提出切实可行的合理解决办法，找到"十二五"减排工作的科学之路。

关键词：污染减排；商丘；体会与思考

商丘市位于河南省东部，豫、鲁、苏、皖四省结合处，属黄淮平原，辖六县二区一市，面积 10 704 km²，总人口 838 万，其中市区建成面积 99 km²，人口 101 万。全市国内生产总值 1 146 亿元，城镇化率达到 37.8%，耕地面积为 72 万 hm²。

商丘属淮河流域，发源于境内的三条河流出河南省境后入安徽省，两条河流流入省内下游城市。所有河流均没有水源补充，旱季时接纳的基本为城市生活污水和工业废水，水体自净能力较差。由于地处黄淮大平原，大气稀释条件相对较好。

一、"十一五"减排工作开展情况

1. 减排工作目标

根据商丘市政府与河南省人民政府所签订的《"十一五"主要污染物总量减排目标责任书》的要求：到 2010 年底，商丘市 COD 排放总量控制在 3.45 万 t 以内，在 2005 年（4.20 万 t）的基础上净减排 0.75 万 t，削减率为 17.9%；SO_2 排放总量控制在 8 万 t 以内，在 2005 年（9.05 万 t）的基础上净减排 1.05 万 t，削减率为 11.6%。

2. 减排工作成绩

到 2010 年底，商丘市 COD 排放量控制在 3.44 万 t，比 2005 年下降 18.1%；SO_2 排放量控制在 7.8 万 t，比 2005 年下降 13.8%，两项指标均完成 2010 年年度及"十一五"减排目标任务，荣获河南省污染减排优秀单位称号。

"十一五"期间，商丘市共削减 COD 排放量 2.55 万 t，其中削减 60 万城市新增人口所产生的 COD 排放量 1.314 万 t，工业新增 COD 排放量 4 760 t；共削减 SO_2 排放量 3.45 万 t，其中削减燃煤发电新增的 SO_2 排放量 1.52 万 t，非电工业新增 SO_2 排放量 6 800 t。

3．减排工作所带来的变化

通过污染减排，商丘市环境质量得到持续改善。

（1）地表水水环境质量大幅改善。2010 年，省政府考核商丘市的 5 条河流出境断面水 COD 达标率为 99.2%，较"十一五"初提高了 2.5 个百分点，平均浓度为 23.22 mg/L，较 2005 年下降了 49.3%；NH_3-N 达标率为 99.2%，平均浓度为 2.23 mg/L，均高于省定 70% 的达标率。其中，惠济河柘城砖桥、沱河永城张桥、浍河永城黄口、大沙河包公庙 4 个出境断面 COD 达标率 100%；惠济河柘城砖桥、浍河永城黄口、沱河永城张桥 3 个断面 NH_3-N 达标率 100%。

（2）城区空气环境质量明显提高。2010 年，城区空气质量优良天数为 330d，优良率为 90.4%，较"十一五"初期提高了 1.6 个百分点。

（3）饮用水水源地水质保持稳定。城市集中式饮用水水源地取水水质达标率连续 5 年为 100%。

二、"十一五"减排的经验体会

1．政府重视

污染减排属于约束性指标，也是各级政府必须完成的刚性指标，对完不成节能减排目标的将实行问责和"一票否决"。为了确保指标的全面完成，各级政府采取了多种措施，一是将这两项污染减排指标列为全市国民经济和社会发展综合指标之一，并与各县（市、区）政府、有关部门和重点企业签订了污染减排目标责任书，将任务层层分解、落实；二是强力推进减排工程建设。如 2007 年底前各县建成了城镇污水处理厂，这些污水处理厂在减排中发挥了决定性作用；三是积极促进产业结构调整。尤其是淘汰落后产能和关闭污染严重的企业，没有政府的鼎力支持，是难以完成的。

2．政策支持

一是国家制定了脱硫电价、脱硫发电量优先上网等政策，极大地调动了燃煤电厂脱硫的积极性。我市就有一家燃煤电厂，要求它 2007 年底烟气脱硫，由于实行了脱硫电价，企业积极推进，脱硫工程提前 9 个月就完成了。二是对城镇污水处理厂建设和运行的资金支持，也提高了县一级城镇污水处理厂建设的积极性。三是对淘汰落后产能的政策支持，极大地促进了一些污染严重、能耗高的企业自觉去淘汰，加快了淘汰落后产能的进程。

3．调整结构

一是关停小火电机组；二是淘汰落后产能；三是在招商引资中引进那些科技含量高、经济效益好、能源消耗低、环境污染少的项目。通过调整结构，不仅促进了污染减排，而且促进了节能降耗，优化了产业升级。

4．严格监管

对污染减排工作实施全程监管，狠抓污水处理厂和燃煤电厂脱硫工程的运营管理。市县两级环保部门每月都要对全市污水处理厂建设运营情况及燃煤电厂脱硫设施运营情况检查一次，针对减排核查发现的问题，下发督查通报、跟踪整改效果，推动污染减排工作落实，保证已建成的污染防治设施正常、稳定、高效运行。

5．第三方运营污染设施效果突出

污染治理设施稳定运行存在许多困难，推行第三方运营是一剂良药。商丘市一座日处理规模为 8 万 t 的城市污水处理厂，在改制前，日处理生活污水仅 4 万 t 左右，并且还三天打鱼两天晒网，运行很不正常。实行第三方运营后，日处理生活污水迅速达到 8 万 t 甚至 9 万 t 以上，平均日处理生活污水保持在 8.3 万 t 左右，并且不论管理水平，还是运行情况都很好。另外，商丘市为了"十一五"减排任务的完成，2009 年市区新建一座日处理规模 10 万 t 的二期污水处理工程，通过市场化运作，从开工到 2010 年 5 月进水试运行只用了 10 个月的时间，2011 年 4 月已满负荷运行，运行情况非常好。第三方运营的优势突出体现在运行管理专业化，成本低，易监管，环境效益好，值得在"十二五"期间大力推广。

6．认真考核

"十一五"期间，环保部和省环保厅年中督查，年终仔细考核的操作模式，也对地方总量减排工作形成了巨大压力，从一定意义上说推动了减排工作取得实效。

三、"十一五"减排工作中暴露出来的问题

1．基数问题

"十一五"期间，由于 2005 年环境统计基数不准，国家提出"淡化基数、算清增量、核准减量"三大原则，就是想最大限度地减少基数不准对减排带来的困扰。但在实际减排工作中并没有体现出"淡化基数"的原则，减排的绝对值和相对值都严格按 2005 年基数考核，基数偏大的难以完成，基数偏小的甚至减成了负值，给污染减排带来了消极的影响。基数中一些企业虚挂的污染物排放量，国家不认可减排量，形成在环境统计中既无法统计、又无法消除的奇怪现象：如果进行统计，一方面这些企业已不存在，而这些污染物排放量就像银行里的坏账、死账一样被挂起来，永远无法消除；如果不进行统计，这部分排污量又没有办法分摊到别的地方，使环境统计与污染减排的矛盾越来越突出。

2．政府统计部门与环保统计部门在城镇人口数据上的认知存在差距

政府统计部门所统计的城镇人口是指居住在城镇规划区范围内的全部人口，包括城市人口和建制镇人口，甚至乡政府所在地人口，而环保部门在减排方面所指城镇人口，是具备城镇上下水基础设施，能减排或具备减排潜力的城市人口。为了搞清建制镇城镇常住人口的排污现状，使污染减排工作尤其是城镇生活 COD 新增量的核算更加贴近实际，2008年，商丘市环保局组织了一次对全市所有建制镇城镇常住人口排污现状的调查，结果是几乎所有的建制镇都没有集中供水设施和排水管网，而占全市城镇人口 40%以上的建制镇人口所产生的生活污水根本形不成径流，进不了地面水环境，所产生的 COD 实际上并不存在。这就形成环保部门在减排核算中有这部分生活 COD 新增量，但这些生活 COD 新增量实际上是一个虚量，只体现在环境统计中而实际上却无法削减。

3．城镇人口产排污系数问题

"十一五"期间，国家对商丘市生活 COD 的产排污系数按每人每天排放 65g，反映到生活污水排放浓度应该为 325 mg/L。但根据商丘市环保局多年监测及城市污水处理厂进口浓度，一般在 220 mg/L 以下，两者相差 1/3，我们认为国家规定的生活 COD 产生系数明显高于商丘市的实际水平。

4. 核算细则变化多端，导致基层无所适从

污染减排核算方法尚不完善，污染减排法律法规不健全。"十一五"期间，核算细则虽然制定并颁布，但在执行中，并没有完全按核算细则的规定执行，半年核查时认为合理的减排工程并予以认定的减排量，到年底核查时，由于换了另外的核查人员，结论截然相反，随意性太强，朝令夕改，使基层减排工作无所适从。例如，我市在 2005 年环境统计中，黏土砖瓦窑场有 8 000 多 t 的 SO_2 排放量，是以企业群的方式进行统计的，为了减排，我们对每个砖瓦窑群进行了拆分，并对每一个窑厂进行单独统计，按照国家核算细则，对纳入环境统计重点调查单位名录的企业，按环境统计排放量核算新增削减量，但国家在核查中始终不予认可。河南省委、省政府在污染减排方面做了两大工作，一是 2007 年县县建成污水处理厂；二就是关闭拆除所有黏土砖瓦窑场。污水处理厂在减排中发挥了决定性作用；关闭黏土砖瓦窑场虽然是土地部门从保护耕地出发所做的工作，但在环境统计内所关闭的砖瓦窑场 SO_2 排放量国家都应予以认可，但国家最终没有认。

5. 多部门联动不足，基层环保部门压力大

"十一五"期间，各级政府都成立了节能减排领导小组，实行的是节能减排严格问责制和"一票否决制"，考核的是当地政府。但在节能核查中，考核组则由相关部门组成，2010 年国家考核河南省节能核查组是由环保部张力军副部长任组长，各相关部委任成员。在减排核查中，却是由环保部门唱独角戏，从国家到地方，来核查的全是环保部门的人，出了什么问题也都是环保部门的事，似乎与别的部门没有多大的关系，基层环保部门压力很大。

6. 县级环保部门存在较多问题

一是基层环保部门人员编制严重不足，一些县市环保机构人员编制不足 20 人，普遍严重超编。二是基层环保干部综合素质不高，文化水平偏低，第一学历大专以上的构成比例不足 10%；专业人员匮乏，懂法律、懂技术的人员严重不足。三是多数县级环保部门没有化验室、化验仪器，缺乏监测技术人员，一些基本污染因子都无法化验。四是监管能力滞后，执法人员缺乏必要的执法用具。五是基层环保部门人员工资不能得到保障，正常的办公经费都没有。上述种种问题导致县级环保部门在污染减排中的作用远远没有发挥出来。

7. 自动在线监测仪器设备问题

由于自动在线设备本身质量和第三方运行公司技术力量的问题，就我市而言，自动在线监控设备，尤其是污水处理设施进口自动在线设备及运行存在较多问题，这些问题非地方环保部门及被监控企业所能左右的。而国家在核查中一旦发现问题，马上定性为工程运行不正常，甚至有造假嫌疑，扣减减排量。

四、对"十二五"减排的一些想法建议

鉴于"十一五"减排中暴露出来的问题我们认为迫切需要在"十二五"减排中得到改进和完善，作为一名基层实际工作者，我们建议如下：

1. 2010 年基数问题

从河南省的情况看，在环保部领导提出地市级环保部门对环境统计数据负全部责任的

精神后，应该说各市环保部门高度重视，省里多次培训，市里多次召开会议，下了很大的工夫，花了极大的精力。但由于多种原因，尤其是县级环保部门存在的诸多问题，2010 年减排基数问题从总的来看，比"十一五"基数准确了许多，但想一下子搞得很精确，难度很大。建议"十二五"期间，环保部出台政策，允许在一定合理范围内进行年度的微调，以完善基数的准确性。

2．用于核算生活 COD 城镇人口数据的范围

建议在"十二五"减排工作中，用于核算生活 COD 新增量的新增城镇常住人口范围应以城市规划区内和具备完善给排水基础设施区域内的城镇常住人口总数为基数进行测算，就商丘市而言，则应包括市区人口、县级城关镇辖区人口，不应包括没有集中供排水设施的建制镇城镇常住人口数。若包括这部分人，像商丘市这样的情况，则无论如何也完成不了"十二五"减排任务。

3．科学合理确定城镇人口产排污系数

有三种方案可供选择：一是对不同生活水平、不同地理位置甚至不同级别（省、市、县）的城镇人口采取阶梯式产排污系数进行核算污染物新增排放量；二是采取一个地区或几个经济社会条件相似地区的污水处理厂监测的进口污水浓度的平均值作为这个地区新增城镇人口生活的产排污系数；三是将进口自动在线设备取消，按国家给各地确定的产排污系数换算成进口浓度核算。

4．维护污染减排核算细则的严肃性

对"十二五"减排核查核算办法以法律法规的形式发布，避免朝令夕改。建议取消半年核查，避免在半年和年底核查时由于人员的变动导致认可的不一致性。

5．"十二五"各部门要实实在在联动起来

"十二五"减排中，不仅增加了两项指标，而且减排涉及了农业减排，机动车减排。为了切实发挥各部门联动机制，建议将农业减排交由农业部门负责；机动车减排交给公安部门负责；城镇污水处理厂由住建部门负责；环保部门负责监督核查以及对工业企业的污染减排。

6．着力加强县级环保部门能力建设

建议：一是加大县级人员培训力度；二是在对贫困地区下达工作任务时，同时下达工作经费支持；三是加强县级环境监测能力建设。

7．科学合理取舍自动在线数据

自动在线仪器设备问题不是一朝一夕能够解决的，因此，建议国家在核查时，以自动在线数据来核查污染处理设施是否连续运行，在核算时一是按国家给各地确定的产排污系数换算成进口浓度核算，出口按自动在线数据；二是采用各级环保部门对污水处理厂的日常监督性监测数据和监察报告，并不一定必须按自动在线数据核实减排量。

继往开来，克难奋进，努力完成"十二五"主要污染物总量减排目标任务

——武汉市主要污染物总量减排工作思路

湖北省武汉市环境保护局 夏喜平

摘 要："十一五"期间，湖北省武汉市主要污染物总量减排工作取得了积极成效，但主要污染物减排形势依然十分严峻。如何巩固已取得的成绩、完成好"十二五"时期减排目标任务，成为当前环保工作的重要议题。本文结合武汉市实际，提出了"十二五"时期污染物总量减排工作思路及具体措施。

关键词："十二五"减排；工作思路；具体措施

"十一五"以来，根据国家、湖北省污染减排的总体要求和武汉城市圈"两型社会"综合配套改革试验区建设的部署，我市将节能减排和环保专项治理作为调整经济结构、建设"两型社会"及可持续发展的突破口和重要抓手，采取法律、行政、经济和技术等一系列切实可行的措施，有效地推进了污染物总量减排工作。

一、"十一五"主要污染物总量减排工作成效

2005 年，我市 COD 和 SO_2 排放量分别为 16.85 万 t 和 14.06 万 t，省政府下达我市"十一五" COD 和 SO_2 总量指标分别为 14.97 万 t 和 12.78 万 t，削减比例分别为 11.2%和 9.1%。2006 年以来，全市采取了一系列强有力的政策措施，大力开展城镇污水处理设施建设、燃煤火电机组烟气脱硫、重点工业污染治理、淘汰落后产能、实施高污染燃料禁燃区改燃、加强在线监控建设等工作，不断推进污染物减排，COD 和 SO_2 排放总量持续削减。其中，全市 12 座城市污水处理厂相继投入运行，新增污水日处理能力 114 万 t，实际削减 COD 3.48 万 t/a；完成工业水污染治理及其他减排项目 50 项，实际削减 COD 1.13 万 t/a。全市 19 台火电机组烟气脱硫建设陆续完成，占全市火电机组装机容量的 98.6%，实际削减 SO_2 3.54 万 t/a；完成工业大气污染治理及其他减排项目 49 项，实际削减 SO_2 0.83 万 t/a。

截至 2010 年底，全市 COD 和 SO_2 排放量分别为 14.498 万 t 和 9.279 万 t，相比 2005 年分别累计削减 13.96%和 34%，超额完成湖北省政府下达的"十一五"减排目标。2007 年、2008 年，我市连续两年在湖北省政府污染减排年度考核工作中被评为优秀。全市主要水体水环境质量保持稳定，部分湖泊水质呈现好转的趋势，大气环境质量进一步改善。

二、面临的新形势和挑战

虽然我市完成了"十一五"期间确定的各级污染减排目标，但主要污染物减排形势依然十分严峻，主要表现在以下几个方面：

一是随着我市工业化、城镇化的快速发展，人口和能源、原材料消耗量的增加，新开工项目数量多、规模大，污染产生速度有可能超过更严格的总量控制要求，环境保护与经济发展的矛盾日益加大；

二是产业结构不尽合理，结构性污染特点明显，高投入、高耗能、高排放等粗放型经济增长方式仍较普遍且短期内难以根本性改变；

三是部分地区重点减排项目，特别是远城区污水收集管网建设进展滞后，制约了减排效益的充分发挥；

四是随着火电厂烟气脱硫等减排工程全面实施，SO_2 工程减排潜力见底，"十二五"期间结构减排方式对落后产能的淘汰力度将进一步加大；

五是我市机动车保有量的持续增长，SO_2、NO_x 等大气污染物减排面临较大压力。

三、"十二五"时期减排目标

"十二五"是我市全面建设小康社会、探索实践"资源节约型、环境友好型"社会和建设生态文明城市的关键时期。为巩固"十一五"污染物减排成果，贯彻落实国家和湖北省"十二五"主要污染物总量减排要求，促进经济又好又快发展，根据有关要求，我市组织编制了《武汉市"十二五"主要污染物总量控制规划》，初步提出了"十二五"期间主要污染物减排目标，即："十二五"期间，COD、SO_2、NH_3-N 和 NO_x 在 2010 年基础上，分别削减 7.4%、8.3%、10.2%和 7.5%。

根据规划测算，"十二五"期间我市 COD 新增排放量约 7 万 t，NH_3-N 新增排放量约 0.4 万 t，SO_2 新增排放量约 1.5 万 t，NO_x 新增排放量约 3 万 t。

四、总量减排工作思路及措施

围绕初步确定的减排目标，根据国家《"十二五"主要污染物总量控制规划编制指南》及有关要求，结合我市实际，"十二五"期间我们将严格管理，巩固"十一五"总量减排效果；加大环保资金投入，实施重点减排项目，落实结构减排；制订并落实保障性措施，确保减排目标任务的全面顺利完成。

1. 巩固"十一五"主要污染物总量减排效果

一是巩固已投运的城镇污水处理厂及火电机组烟气脱硫等重点工程减排效果。"十一五"期间，我市城镇污水处理厂削减 COD 占全市总削减量 70%以上，火电机组烟气脱硫工程削减 SO_2 占全市总削减量 90%以上，因此，巩固减排效果，关键是提高现有污水处理厂污水有效收集率，稳定并适当提高污水处理量及进出口浓度差；对火电机组实施铅封或取消旁路，加强烟气在线监测管理等手段，稳定并逐步提高烟气综合脱硫效率和 SO_2 削减量。

二是巩固结构减排效果。"十一五"期间,我市通过划定高污染燃料禁燃区,并完成禁燃区内约 1 000 台燃煤锅炉中的改燃、拆除工作,关闭小火电机组总装机容量达53.8 万 kW,淘汰落后水泥生产产能近 200 万 t、落后造纸产能 10.5 万 t、落后印染产能 3 200 万 m 布。"十二五"期间,我市将继续对"十五小"、"新五小"企业实施严格监管,一经发现实施无条件关闭。对已经关闭的重污染企业,加强现场检查,杜绝污染反弹。继续实施并深化挂牌督办制度,对长期超标排污、不能稳定达标或总量超标的单位,挂牌督办,责令限期治理或停产整顿。

2. 加大环保投入,实施工程减排和结构减排

一是水污染物减排方面。以加快城镇污水处理设施建设为重点,力争到"十二五"末,使我市现有污水处理设施的平均负荷率和污水处理率分别提高到95%和80%以上。积极开展畜禽养殖污染源治理,到 2015 年,力争全市 80%以上的规模化畜禽养殖场和养殖小区配套完善固体废物和污水贮存处理设施,并保证设施正常运行。严格落实国家产业政策,加大落后产能淘汰力度。

为此,在"十二五"期间,我市拟安排水污染物减排项目共 324 项,其中,新、改、扩建污水处理厂 42 项,工业结构减排项目 27 项,工业水治理项目 41 项,规模化畜禽养殖治理 214 项,工程总投资近 67 亿元。项目实施并投入使用后,预计可超额完成 COD、NH_3-N 减排目标任务。

二是大气污染物减排方面。加大电力行业大气污染治理力度,全面实施电力行业 NO_x治理工程,综合脱硝效率达到 70%以上。加大落后产能淘汰力度,积极开展交通运输污染物减排。

为此,在"十二五"期间,我市拟安排大气污染物减排项目共 112 项,其中电厂烟气脱硫工程 7 项,电厂烟气脱硝工程 8 项,钢铁烧结烟气脱硫、脱硝工程各 1 项,焦炉煤气脱硫工程 1 项,建材窑炉烟气脱硫工程 2 项,淘汰落后产能企业(项目)92 项,工程总投资近 3.4 亿元。项目实施并投入使用后,预计可超额完成 SO_2、NO_x减排目标任务。

3. 制订并落实保障性措施

一是加强组织领导,落实责任。在全市形成"政府总牵头、部门分工负责、排污企业具体实施"的减排工作格局,产生各负其责、各尽其职的减排工作合力,做到"任务明确、机构完善、分工合理、措施到位、进度及时、效果明显"。市环委会实施重点减排项目例会制度,协调解决有关问题,并按季通报减排工程进展及已建成减排工程运转情况。

二是加强农业污染源治理。根据畜禽养殖业发展规划,在禁养区内禁止新建畜禽养殖场,控养区内严格控制畜禽养殖总量,对已建养殖场污染物超标排放或达不到排放总量要求的实施限期治理。发展区内大力推行集约化、规模化养殖。新建、改建、扩建规模化养殖场严格执行环境影响评价和环保"三同时"制度,污水全部按要求处理达标排放。市、区财政对规模化养殖场的污染治理项目给予一定补贴。

三是实施大气污染物联防联控。对重点行业和重点区域进行控制,形成以防治火电行业排放为核心的工业 SO_2、NO_x防治和以防治机动车排放为核心的城市 NO_x防治体系。建立"统一规划、统一监测、统一监管、统一评估、统一协调"的武汉及周边大气污染联防联控工作机制,形成区域大气环境管理体系。

四是进一步完善污染减排工作考核体系,落实减排责任。在《武汉市"十一五"主要污染物总量减排考核办法》基础上，根据"十二五"节能减排的新形势和新特点，制订"十二五"主要污染物减排考核办法。强化各区、各单位污染减排年度目标任务考核工作，继续将主要污染物减排年度绩效目标任务纳入全市绩效管理项目，将污染减排考核结果作为领导班子及主要领导干部综合考核评价的重要内容。

对超过污染物总量控制指标、未按期完成主要污染物总量削减目标的地区，以及没有完成淘汰落后产能任务、重点治污项目建设滞后、环境违法严重等环境问题突出的地区，实行相关主要污染物"区域限批"，有关部门不予办理建设项目用地、规划和环保等手续。

五是完善污染减排基础工作，做好污染减排台账。按照污染减排统计办法的要求，对重点企业排放情况实行动态管理，建立健全污染减排季报和年报制度。相关单位要按照主要污染物总量减排档案管理的要求，建立规范、完整的减排档案，按时将有关数据和资料上报环保部门。

六是逐步将行政调控与市场调节相结合，促进污染减排。健全和完善污染减排长效机制，鼓励和引导金融机构加大对循环经济、环境保护及节能减排技术改造项目的信贷支持，加快推进排污权交易、绿色证券和环境责任险等工作。鼓励企业通过市场直接融资，加快进行减排技术改造。

七是开展污染减排宣传教育。将污染减排纳入全市重大主题宣传活动，广泛宣传污染减排的重要性、紧迫性，广泛动员和组织机关、企事业单位、社区开展以污染减排为主要内容的全民行动，深入开展绿色学校、绿色社区、绿色企业和环境教育基地等创建活动，积极倡导绿色生活方式和消费方式。运用新闻媒体、社会公众的力量，加强社会监督和舆论监督。大力表彰在污染减排工作中作出突出贡献的单位和人员，积极宣传污染减排先进事例，揭露和曝光严重污染环境的反面典型，为主要污染减排工作营造良好的社会氛围。

宜昌市污染减排"十一五"回顾与"十二五"展望

湖北省宜昌市环境保护局　刘彦才

摘　要："十一五"期间，宜昌市通过综合运用多种减排方法和举措，全面推进污染减排工作，污染物减排工作取得显著成效。面对"十二五"时期繁重的减排工作压力，如何巩固已取得的成绩、落实好污染减排任务，宜昌市在不断积累的经验基础上，提出了"十二五"主要污染物减排工作的总体思路，并根据宜昌市污染减排工作中存在的问题，提出了切实可行的解决办法。

关键词：污染减排；主要做法；措施；建议

实施主要污染物减排是贯彻落实科学发展观、推进生态文明建设的重大举措，是调整经济结构、转变发展方式、改善民生的重要抓手，也是改善环境质量、解决区域性环境问题的重要手段。宜昌市作为三峡工程所在地、全国 113 个环保重点城市和酸雨控制区城市，多年来始终坚持环境优先的发展理念，在保护中求发展，在发展中寻保护，紧紧围绕主要污染物减排工作，认真落实国务院《节能减排综合性工作方案》和《节能减排统计监测及考核实施方案和办法》，加强领导，强化责任，多管齐下，防控结合，"十一五"期间，主要污染物总量减排工作连续三年位居湖北省前列，地方政府连续荣获减排工作先进单位，并提前两年完成既定的"十一五"减排任务，至 2010 年，全市 COD 年排放总量较 2005 年实际削减 16.2%，SO_2 年排放总量较 2005 年实际削减 10.3%。宜昌市以污染减排为"主线"，将其贯穿于环保工作中，积极统筹全市经济建设和环境保护同步运行和协调发展，探索出了一条经济与环境"双赢"的成功之路。

一、宜昌市"十一五"期间减排工作的主要做法

1. 设立减排工作机构，加强组织领导

宜昌市高度重视主要污染物减排工作，市委常委会、市政府常务会多次研究，通过对减排工作进行分析研究，细化了目标任务和指标内容，制定了切实可行的主要污染物减排实施方案，先后下发了《关于开展环境保护专项治理工作方案的通知》、《关于进一步加强节能减排工作的意见》、《关于做好小水泥专项治理工作的通知》等一系列文件，相继成立了宜昌市节能减排、环境保护专项治理工作领导小组，市长亲自担任组长，并设立减排办公室和小造纸、小水泥、小印染、城市污水治理等工作专班，具体负责全市"十一五"期间总量削减和专项治理工作的协调、督促和检查，市环保局增设了总量减排科，配备了编制和人员，负责污染减排的具体工作。

2. 建立责任考核体系，落实减排责任

不断完善总量减排责任体系，加强总量减排工作的督查督办，切实保证工作落实，有效推进总量减排工作。一是加强总量减排方案和工作实施计划的编制。宜昌市在充分考虑因城镇人口和 GDP 增长而产生的新增量基础上，依据"十一五"期间减排项目的进度安排，及时编制了《宜昌市"十一五"主要污染物总量减排计划》，明确了各年度减排项目的进度安排和措施，将减排目标逐一分解到各企业和排污单位，做到了工作措施有方案、工作任务有分解、工作责任有落实。二是将污染减排工作纳入对各县市区党政领导综合目标考核内容，根据湖北省政府下达的《主要污染物排放总量控制分解计划》分解减排目标，每年与各县市区政府签订总量削减目标责任书。在将减排指标分解到县市区的基础上，各级环保部门进一步将总量指标分解落实到具体排污企业，下达排污总量。在目标责任书实施过程中，将指标完成和措施落实情况作为各级政府、有关部门领导干部绩效考核评价的刚性指标和重要内容，严格实行问责制和"一票否决"制。凡没有完成年度任务的地区或企业，严格实行"两个停止"（即停止审批新的工业项目、停止审批新的工业用地）和"两个一律"（即新建项目未通过环评的一律不准开工、在建项目环保设施不配套的一律不准投产）。对未完成减排任务的企业，通过限制生产规模、停产治理等措施实现减排目标。

3. 严把项目准入关，源头控制主要污染物总量

宜昌市不断完善并严格实施了建设项目污染物总量控制前置审批制度，坚持总量控制与项目审批相结合，在源头上控制新增的主要污染物总量。新、扩、改建设项目新增总量直接与减排指标、淘汰落后产能挂钩，所有增加污染物排放量的工业类建设项目不得超过污染物排放总量控制指标，严格将污染物总量指标作为项目环评审批的前置条件。对超过污染物总量控制指标、重点项目没有达到环保要求和总量控制指标没有可替代削减对象的区域，暂停审批新增污染物排放量建设项目。

4. 加快基础设施建设，通过工程落实减排

加快减排重点工程建设，特别是城镇生活污水处理厂、生活垃圾填埋场和火电企业脱硫设施的建设是实现污染减排目标的关键。"十一五"期间，宜昌市所有现役火电机组脱硫设施全部建成投运，新建的宜昌东阳光火力发电有限公司火电机组同步配套建设脱硫设施。市委、市政府非常重视城市基础设施建设，依托三峡库区县市的地理优势，"十一五"期间共新建生活污水处理厂 18 座，日增加污水处理能力 42 万 t。投资 6 亿多元建设日处理能力 20 万 t 的临江溪污水处理厂投入运行使宜昌市城区生活污水日处理能力达到 28.3万 t，生活污水集中处理率达到近 90%。产生的污泥经消化脱水后，运送到华新水泥公司，利用新型干法水泥回转窑焚烧，达到安全处置的目的。同时为发挥示范带头作用，城区生活垃圾处理场渗滤液处理工程也全面建成投入运行，该项目采用反渗透碟管式处理工艺，设计日处理量 240 m^3，出水率大于 75%，项目总计 2 000 多万元。我市在通过城镇环境基础设施工程建设减少主要污染物排放的同时，区域环境质量得到了进一步改善。

5. 加强工业污染防治，强化减排监督管理

加强对工业企业的日常监督和管理，确保企业污染防治设施正常运行和排放的各类污染物稳定达标。加强硬件建设，提高监管能力，目前宜昌市污染源监控中心已建成投入使用，重点工业企业安装在线监控设备达 100 多台（套），并与环保部门联网，可随时监控企业排污状况，加大了对企业的监控力度。市环保局采取明察与暗访相结合的方式，对辖

区各县（市、区）的重点工业企业进行了拉网式的检查，发现问题及时纠改，确保了各企业污染防治设施的正常运行。同时对排污不达标或环保设施不正常运行的企业重拳打击，形成"企业达标生存、非法排污关停"的高压态势，确保了工业企业稳定达标排放。

6．加快产业结构调整，推进新型工业化进程

宜昌市认真贯彻执行《国务院关于发布实施促进产业结构调整暂行规定的决定》精神，坚持市场调节和政府引导相结合的原则，充分发挥市场配置资源的基础性作用，以自主创新提升产业技术水平，优化城乡区域产业结构和布局。深化农业结构调整，降低第一产业在国民经济中的比例；强力推进工业强市，积极推进产业布局向沿江地带集中，工业项目向开发区（园区）集中，生产要素向优势产业集中，坚持走"科技含量高、经济效益好、资源消耗低、环境污染少、人力资源优"的新型工业化道路，严格执行项目开工建设八项必要条件，做好环评工作。加快推进服务业发展，支持以旅游业为龙头的现代服务业发展，逐步提高第三产业比重和水平，促进第三产业全面发展。在工作中既坚决制止盲目投资和低水平重复建设，又坚定不移地抓好低投入、低排放和高效益的项目建设，运用产业政策、环境保护、土地利用规划、金融等措施和必要的行政调控手段，推动优势产业，增强发展后劲。由市政府牵头，各部门联手，全面淘汰了工艺落后、浪费能源的钢铁、水泥、黏土砖企业和生产线，将淘汰燃煤锅炉、小水泥厂、小砖瓦厂、小造纸厂作为现阶段主要污染物减排的突破口。对依法关闭的违法企业，工商部门吊销或变更其工商营业执照，质监部门吊销或变更其生产许可证，供水部门停供其生产用水，电力部门停供其生产用电。通过多部门联合执法，推进了污染减排和专项治理工作，为确保减排任务的超额完成奠定良好的基础。

二、宜昌市"十二五"减排工作主要措施

"十二五"期间，我国污染减排的目标是主要污染物排放总量减少 8%～10%，国家将主要污染物减排种类在 COD 和 SO_2 两项的基础上增加了 NH_3-N 和 NO_x，同时将农业畜禽养殖和机动车污染防治纳入主要污染物总量控制范围。宜昌市"十二五"四项主要污染物减排比例高于国家下达给湖北省的减排目标比例。其实这一静态绝对的减排目标并不是我们实际的减排任务，在考虑"十二五"期间跨越式发展带来的工业发展、农业畜禽养殖规模增长、城镇人口增加、生活水平提高、机动车数量增加等因素所新增的污染物排放量后，动态削减任务远高于静态削减任务，可见"十二五"期间减排任务之重、压力之大、挑战之多。

2011 年是"十二五"的开局之年，为全面贯彻落实科学发展观，确保完成省政府下达的 2011 年年度主要污染物减排任务，实现"十二五"主要污染物总量减排"开门红"，宜昌市积极按照"十二五"总量规划编制指南要求，组织各县市区环保部门编制上报"十二五"总量控制规划，并按照规划对减排责任进行分解，分别与 14 个县市区人民政府和 5个市直相关部门签订了 2011 年度主要污染物减排目标责任书，对主要污染物目标进行了纵向和横向双重分解，将减排责任落实到各县市区人民政府，将农业源治理、机动车辆管理、城镇污水处理厂运营、淘汰落后产能和工业企业污染治理工程等减排工作落实到市农业、公安、住建、经信和环保部门，形成了"政府总牵头、部门分工负责、排污单位具体

实施"的工作格局。

宜昌市在"十一五"探索积累的经验基础上，提出了"十二五"主要污染物减排以控新增、调结构、减存量为关键，明确减排责任主体，严控新增总量审批，拓宽工程减排领域，强化管理减排措施。

1. 强化源头减排

建立建设项目审批与污染减排绩效、区域环境质量、环境基础设施建设相挂钩的管理机制，实施"等量淘汰"或"减量淘汰"。遏制高能耗高污染行业过快增长，推进重点行业规划环评，推动产业入园进区，实行污染集中处理，从源头规划和优化工业发展布局。对减排任务没有按期完成、环境违法问题突出、主要控制断面不达标、污染反弹严重等问题的地方，实行区域限批或行业限批。

2. 突出结构减排

严格按照《国务院关于进一步加强淘汰落后产能工作的通知》和《部分工业行业淘汰落后生产工艺装备和产品指导目录（2010 年）》的规定和要求，按期淘汰辖区内落后产能。一要严格按照国家产业政策和省政府的相关规定，淘汰关闭造纸、纺织印染、电力、建材等行业中落后产能和治理不达标的企业；二要推行工业园区和燃煤锅炉集中区的集中供热，对无法集中供热的要加快改气或改电，淘汰中小型燃煤锅炉（炉窑）；三要进一步加大清洁能源推广力度，减少煤炭消费用量；四要加大老旧机动车淘汰力度。

3. 加强重点污染工程治理

从水污染物减排工程看，一要全面实施重点行业工业废水深度治理，重点对合成氨企业和食品制药废水治理进行提标改造。二要进一步加大城市、乡镇污水处理设施建设力度，对三峡库区污水处理厂进行提标改造，加快管网的配套，提高现有污水处理设施污水收集率，最大限度地发挥公共减排资源的作用。三要全面实施畜禽养殖污染整治，积极改进现有的养殖方式，采用生物发酵床、垫草垫料等，以集约化养殖场和养殖小区为重点，加快建设养殖场沼气工程，积极推进畜禽粪便资源化利用，并鼓励有条件的规模化畜禽养殖场和养殖小区采用全过程综合治理技术进行处理，大幅度削减畜禽养殖排放量。从大气污染物减排工程看，一要巩固和提高电力行业脱硫成果，全面实施脱硝改造，限期取消脱硫旁路，限期建成投运脱硝设施，已建脱硫脱硝设施的必须稳定运行、确保脱硫脱硝效率。二要全面实施非电锅炉（炉窑）脱硫以及大中型非电燃煤锅炉脱硝改造，开展水泥、建筑、陶瓷等行业脱硝试点示范，积累经验后全行业推广。三要协调有关部门和炼油企业限期实施机动车用国四油品替代，控制机动车排气污染。

4. 突出环境监管，确保减排工程发挥实效

"十二五"期间，我们将已投运的城镇污水处理厂、燃煤机组脱硫设施等重点减排工程的运行作为环境监管的重中之重，继续将城镇污水处理运营费同处理效果挂钩，进一步建立完善自动在线监控"第三方"运营管理保障机制，积极推动污染源自动监控数据联网共享。进一步加强监测监管能力建设，落实政府、企业的责任，振奋精神，化压力为动力，变被动为主动，扎实打好"十二五"减排攻坚战。同时，严格政府主要领导政绩考核，对已实施的减排工程项目不正常运行、影响减排工作进展的地方，实行"区域限批"和责任追究，同时出台了《宜昌市主要污染物总量减排奖励办法》，每年安排减排奖励，对年度减排工作成效显著、完成任务好的地方给予奖励。

三、当前污染减排工作存在的问题及建议

1. 进一步健全和完善主要污染物减排指标优先的政绩考核制度，建立由地方政府牵头、各相关部门共同合作、减排企业承担具体责任的运行模式

如何解决社会经济与环境之间的协调、持续与统一，并通过实施主要污染物减排来促进地方经济社会的协调发展，这就需建立健全相关的责任制度来控制地方政府和部门不利于污染减排的行为，适当淡化 GDP 在地方党政干部政绩考核中的主流作用，即地方预期性的 GDP 指标增长应该以确保完成约束性减排指标为前提。同时随着主要污染物减排范围的扩大和减排项目的增多，"十一五"期间环保部门上级对下级的考核与检查已不适应现在的要求，过去相当一部分区域将主要污染物减排压力留给了地方环保部门，减排日常督办和上级核查工作形成了环保部门一条线的管理，地方政府不参与检查，相关部门认为涉及的减排工作是在给环保部门打工，责任体系不健全，职责不清，责任不明。"十二五"期间，应打破各部门的条块分割，自上而下建立起污染减排协调机制，由政府总牵头，环保、农业、经信、住建、公安等部门分工合作，共同完成辖区内主要污染物减排任务。

2. 进一步认识地方经济发展水平与速度对减排目标的直接影响，提高动态削减任务核算工作的科学性和合理性

地方经济社会发展的不可控性直接关系到主要污染物新增量的不确定性。各地主要污染物减排目标是一个静态的削减任务，但考虑新增量后的动态削减任务往往远高于这一目标，污染减排的控制顺序应是先削减新增量后削减存量。从"十一五"主要污染物新增量核算体系来看，主要采取宏观测算的方式测算新增量，未落实到各个项目，在测算的时候由于新增量测算普遍偏大，导致项目减排量大而绝对减量较小，难以完成减排任务。在当前社会经济发展模式没有发生根本变化的情况下，发展速度越快、GDP 总量越大，主要污染物新增量也就越大，建议进一步完善和规范新增量核算体系，在测算新增量的时候需细化到各个新增项目，便于更为准确地反映各地实际主要污染物新增排放量。

3. 进一步重视结构调整和提标改造减排工作

从目前的形势和政策来看，"十二五"期间结构调整和提标改造是主要污染物总量减排的重中之重。但是产业结构调整和提标改造往往因为缺乏配套政策，实施难度较大，造成减排工作只是纸上谈兵，如产业淘汰的补偿政策比较缺乏，产业政策随意性大，部分产业政策缺乏分阶段的长效引导机制，导致产业结构调整的实施成本上升。出台什么政策能鼓励企业自觉提高排放标准、实施主要污染物减排工作都是值得深思的问题。

4. 需进一步挖掘地方主要污染物减排潜能

目前的排污收费制度制约地方减排能力，排污费征收工作存在征收面窄、收费项目不全、收费标准偏低、征收力度小、资金使用效率不高等主要问题，从另一个侧面来看，企业环境守法成本比违法成本要高，排污收费标准长期偏低，很多企业尽管有减排能力，仍愿意缴纳排污费获得合法排污权而不积极主动实施减排工程，或者已投运的减排设施不全面正常运转，致使减排能力无法转化为减排量，造成部分环境基础设施的闲置和浪费，如何切实解决"能力变真"是"十二五"期间主要污染物减排亟待解决的一个重要问题。

咸宁市"十一五"主要污染物总量减排
工作的回顾与启示

湖北省咸宁市环境保护局　蔡秋芬

摘　要：本文回顾总结了"十一五"期间湖北省咸宁市主要污染物总量减排工作完成情况和采取的一系列措施，客观分析了主要污染物总量减排工作在执行中存在的问题，结合咸宁市实际和得到的启示，提出了在总量减排压力越来越大、任务越来越重的情况下，改进污染物总量减排工作的对策建议。

关键词：回顾总结；问题启示；对策建议

　　湖北省人民政府与咸宁市人民政府签订的《咸宁市"十一五"主要污染物总量削减目标责任书》明确要求：到 2010 年底，咸宁市 COD 年排放总量在 2005 年的基础上削减 3%，控制在 3.58 万 t 以内；SO_2 年排放总量控制在 3.42 万 t 以内，其中火电行业 SO_2 年排放总量不超过 2.05 万 t。实施总量减排工作，是贯彻落实科学发展观、构建社会主义和谐社会的重大举措；是建设资源节约型、环境友好型社会的必然选择；是推进经济结构调整，转变增长方式的必由之路。

一、主要污染物总量减排工作成效

　　污染物总量减排是指减少资源浪费和降低废水、废气中污染物排放。总量减排成效的评判标准包括四个方面，即环境保护从宏观战略层面切入经济社会发展的机制是否建立；经济增长方式是否得到转变；环境质量是否得到改善；环境监管能力是否得到加强。我市在大力发展经济的同时，高度重视节能减排工作，市委、市政府从落实科学发展观和构建和谐社会战略思想高度出发，着眼于增进全市的可持续发展和维护人民群众的根本利益，建立和完善了"党委、政府引导推动，部门策划管理，企业主体实施，全社会共同参与"的节能减排机制，坚持走新型工业化道路，加快发展循环经济，转变经济增长方式，调整优化产业结构，大幅降低污染物排放量。全市城市环境质量有明显好转，城区淦河各断面达到水功能区划的要求，陆水和富水流域 95% 的断面水质达到了功能区划的水质，全市重点省控断面地表水水质达标率 100%，饮用水源达标率 100%；咸宁城区环境空气质量状况良好，环境空气质量优良天数均达到了 360 d 以上；声环境质量符合功能区划要求；固体废物处理处置工作正在逐步规范。2010 年咸宁市 COD 排放总量为 35 750 t，SO_2 排放总量为 34 100 t，火电行业 SO_2 排放总量 20 500 t，圆满完成了"十一五"总量减排工作任务。

二、完成减排目标的具体措施

1. 加强领导，确保减排工作的组织制度保障

市政府成立了咸宁市节能减排领导小组，制定了节能减排工作实施方案，明确了节能减排工作的指导思想、基本原则、组织领导、主要措施。县（市、区）分别成立了相应的领导工作机构。市政府将节能减排工作列入年度考核，市政府与各县市区人民政府，各县市区政府与各镇政府、相关部门以及重点排污企业签订了减排目标责任书。节能减排领导小组多次召开专题办公会，研究、部署、督查节能节减工作。真正从思想、组织和行动上统一到国家和省关于节能减排工作的决策和部署上来。全市出台了《咸宁市人民政府关于印发节能减排综合性工作实施方案的通知》、《咸宁市人民政府办公室关于建立主要污染物总量减排联席会议的通知》、《咸宁市人民政府关于印发"十一五"主要污染物总量减排计划的通知》、《咸宁市节能减排实施方案》、《咸宁市节能减排目标责任书考核办法》、《咸宁市人民政府鼓励发展循环经济的若干规定》、《咸宁市人民政府关于进一步发展循环经济的实施意见》等一系列规范性文件，做到有章可循，责任分明，力争总量减排工作规范化、程序化、科学化。

2. 夯实基础，全面推进"三个体系"建设

根据国家节能减排统计监测及考核实施方案和办法的通知要求，结合咸宁市实际，我们制定了《咸宁市主要污染物总量减排统计办法》、《咸宁市主要污染物总量减排监测办法》、《咸宁市主要污染物总量减排考核办法》，并严格按照办法组织实施。一是完善主要污染物排放量统计制度。我市按照属地原则，对全市占排污总量85%以上的企业进行排污报表填报，污染物排放量采用监测或物料衡算法进行计算，对非重点企业采用排污系数法计算，严格执行季报、年报制度，及时、准确上报企业排污状况。二是加强总量减排监测工作。市环境监测站开展了二级环境监测站标准化能力建设，县（市）区环境监测站开展了三级环境监测站标准化能力建设工作。近三年来通过上级环保部门的支持，地方财政配套资金，极大地提升了环境监测的硬件水平。"十一五"市县两级环境监测站增添了1 000万元的仪器设备，招聘了45名环保专业大学生充实到环境监测部门，为环境监测能力的提高注入了新鲜血液。2007年至2010年市环境监测站全面准确科学地完成了地表水、环境空气、饮用水例行监测任务，获得监测数据13 400个，其中水质数据4 870个，空气数据4 930个，噪声数据5 588个，为减排工作的核算和环境保护正确决策提供了科学依据。三是加强对主要污染物总量减排的考核工作。政府是总量减排的责任主体，为确保此项任务完成，将目标任务分解，各个部门分工协作，密切配合，全力推进各项减排项目的顺利进行，运用目标考核体系保障全市总量减排任务的完成。

3. 严格执法，狠抓污染源监督管理

一是建立污染源台账。为规范污染管理，建立了新建项目环评和"三同时"档案、排污许可证管理档案、行政处罚档案、污染源统计档案、排污申报和日常现场检查等档案，较为详细地掌握所管企业的环保工作现状，确保在污染源管理方面更具针对性、适时性和有效性。二是实施在线自动监控。为完成咸宁市"十一五"主要污染物总量削减目标责任书工作任务，我市先后下达了27家企业安装自动在线监测计划，全市已安装运行在线监

控系统 32 套。这些企业终端设备与咸宁市环保局自动监控中心联网。三是加强执法检查。市环境监察支队对省控以上重点污染源实施一周不少于两次的巡查，对市控以上重点污染源实施一月不低于一次、一般污染源一季度不少于一次的现场执法检查，同时还组织不定期的检查工作。5 年来，共出动执法人员 1 800 人次，执法车辆 1 220 台次，共检查各类污染源 250 个，形成巡查、检查记录 812 份，尽最大可能保证企业污染治理设施的正常运转，减少污染物的排放。

4．突出重点，积极开展老污染源治理

化工、造纸、纺织等行业在我市工业中占有举足轻重的地位，也是全市节能减排工作的重中之重，我们督促企业进行污染治理，"十一五"期间，全市对 40 家企业加强了治理督办，取得了良好效果。如：加强了华润电力石灰石/石灰-石膏法脱硫工程的督办，圆满完成了 12 650 t 的脱硫工作。嘉鱼县风华化工公司落实了环保综合治理工程，新上污水循环系统，年减排 COD 864 t；新上"造气炉渣综合利用"工程，年减少 SO_2 排放量 180 t。赤壁晨鸣纸业有限公司 2007 年大规模进行技术革新和设备改造，先后投入 18 万元对现有的制浆洗筛生产系统进行改造，将洗浆机的过浆量由 7 t/h 增大到 8.3 t/h，通过改造使制浆洗筛工序的耗水量下降了 33%，使公司清水量从 22 000 m^3/d 下降为 15 000 m^3/d，全年节水近 400 万 m^3，减少 COD 排放 176 t。湖北精华纺织集团在苎麻脱胶过程中产生高浓度废水，通过生化处理和循环利用实现 COD 减排 2 228 t。

5．全面清查，执行产业政策淘汰落后产能

为落实科学发展观，调整优化经济结构，推进节能减排，我们以化工、造纸、纺织等行业为重点，限期整改和关停了一批违反国家产业政策和环保有关标准的企业。5 年来，全市共关停违规企业 163 家，其中小造纸 60 家，小钒厂 48 家，小钢铁 15 家，苎麻脱胶企业 20 家，小水泥 20 家。以上措施的实施，大幅度削减了我市 COD、SO_2、粉尘的排放。

6．齐抓共管，强力推进城市污水处理厂的建设

为确保减排任务的顺利完成，在市委、市政府的正确领导下，市直有关职能部门和相关县（市）区政府积极配合，加快了城市污水处理厂的建设。"十一五"期间，温泉污水处理厂、赤壁污水处理厂、嘉鱼污水处理厂、咸安污水处理厂、通山污水处理厂竣工并运行。这些工程的正常运行为全市 COD 的削减作出了巨大贡献。

三、存在的主要问题

我们看到总量减排工作成效的同时，也要看到总量减排工作在执行中存在的问题。

1．总量减排体制机制运行不畅的问题

作为长期以来制约环保工作落到实处的重要问题，体制不顺、机制不畅在总量减排工作推进中也同样存在，突出表现在：一些地方政府对减排工作负责实际变成了环保部门对减排工作负责；各相关部门对减排工作分工负责实际变成了环保部门对减排工作的统一负责。一个地区总量减排工作未完成，在很多情况下是污水处理厂建设不到位、管网不配套，是关停取缔落后产能结构减排任务未完成等原因造成的，而污水处理厂和管网建设、取缔关停企业等的责任主体并不是环保部门。

2．总量减排统计口径不规范问题

总量减排总的依据是 2005 年环境统计数据，由于环境管理环节薄弱，许多企业 2005 年未纳入统计范围。而未列入环境统计范围内企业减排数不认定，这至少带来以下问题：由于统计基数的不对应，就可能造成把环境统计范围内的企业全部关掉也完不成减排任务的状况，同时不利于调动地方政府淘汰落后产能的积极性。

3．基层环境监管能力不适应的问题

基层环保部门对总量减排的监管能力往往比较薄弱，人员和监测能力都不适应形势的要求。严重影响减排的真实性和有效性。

四、总量减排工作对策与建议

"十二五"期间，国家在原先 SO_2 和 COD 的基础上新增了 NH_3-N 和 NO_x 两项总量控制指标，总量减排压力越来越大，任务越来越重，建议在以下几方面进一步改进和完善。

1．进一步健全减排体制机制

要使机制"畅"起来，关键是要将与减排相关的各部门的工作任务列清楚，通过减排目标责任制落实到部门、地方政府和企业头上。比如，国务院应直接把减排任务分解到环保、建设、发改、经信、农业、电监等部门，再由各行业部门与其下属部门签订目标责任书。环保督查中心检查时，应由各行业部门汇报，而不是仅由环保部门汇报。实现总量减排各部门分工负责机制的顺畅，当务之急就是要解决相关部门分什么工、负什么责的问题。各部门分工负责，各自牵头完成总量减排负责承担的任务，就是各部门落实科学发展观的实际行动，就是各部门的重要政绩来源。相反，减排任务不完成，不能只追究环保部门的责任，相关部门也同样要被追究责任。减排指标是经济社会发展的约束性指标，需要全社会的共同努力才能完成。

2．进一步完善减排的组织领导体系

要强化领导小组办公室（以下简称总量办）的职能和能力建设。争取将总量办变为给定编制、确定级别、明确职责的常设机构。目前地市、县级环保部门的总量办普遍存在人员力量不足的问题。加强总量办职能和能力建设有助于环保部门对减排工作的统一监督管理，促进减排工作的体制、机制顺畅。

3．进一步完善减排的目标责任体系

要拟订各级政府减排目标责任书、相关部门减排目标责任书和重点企业减排目标责任书。减排目标责任书需每年签订，除以往的上下级政府、企业签订外，当前，省级政府尤其要与相关部门签订减排目标责任书以解决各相关部门分工负责的机制不畅问题。地方政府未与相关分工负责的部门签订责任书，不利于部门减排职责和任务的明确，不利于地方部门减排分工负责机制的顺畅，不利于相关部门系统内对减排工作的统一计划和部署。地方政府与相关部门签订减排目标责任书，在当前要着重落实发改部门结构减排的主体责任、落实建设部门对污水处理厂及其配套管网建设的主体责任、落实监察部门对地方政府和部门完成减排工作行政效能监察的主体责任、落实电监部门对电厂脱硫和脱硝设施建设监管的主体责任、落实环保部门对治污设施运行依法监管的主体责任、落实农业部门对农业、养殖业中 NH_3-N 的减排责任、落实公安部门对机动车 NO_x 的减排责任、落实统计部门对减排核定提供经济社会等相关统计资料的主体责任等。减排已成为国家战略，组织部门要研究出台保障减排工作完成的干部政绩考核体系，宣传部门要负责对减排工作进行舆论监督。

4．进一步完善环保能力建设体系

国家减排工作考核办法规定，减排工作完成不只是看污染物指标下降情况，还要考核环保能力建设情况。能力建设包括减排的统计、监测和考核三大体系建设，具体包括四个方面的硬件建设和制定三大体系运行办法的软件建设。

5．进一步核准"十二五"总量减排基数

以"动态调整、重点调查、总体核算"为基本原则，以第一次全国污染源普查为基础，调查统计 2010 年度污染源数据，实现污染源普查数据的动态更新，为构建"十二五"环境统计改革平台奠定基础，为核定"十二五"总量减排基数提供基础数据。

6．进一步落实责任追究体系

对未完成减排任务的地方政府和部门是否进行问责和"一票否决"，这是检验减排工作是否真正成为国家战略进而成为国家意志和行动的"试金石"。考核规则落到实处后，减排指标就如同产品质量一样成为企业的生命线，减排指标就如同 GDP 增长一样成为领导干部政绩的生命线；环保工作就会借减排工作理顺体制、畅通机制。考核规则落不到实处，环保工作就会停留在体制不顺、法制不全、能力不强的境地。

河池市重金属污染现状分析与治理对策

广西壮族自治区河池市环境保护局　黄　河

摘　要： 文章阐明了河池市重金属污染历史遗留问题多、污染物产生和排放量大、部分区域重金属超标、重金属污染危害突出等现状，同时对重金属污染防治方面存在主要问题和污染物来源进行了深入分析，并提出了河池市重金属治理的对策和措施，旨在为河池重金属污染治理提供一定依据。

关键词： 重金属污染；重金属；治理；对策建议

广西壮族自治区河池市是我国重要的有色金属基地。本文阐述了河池市重金属污染现状及存在的主要问题，分析了主要污染源，并提出相应的对策和措施。

一、引言

河池市地处广西西北部，云贵高原南缘，位于东经 106°34′~109°09′，北纬 23°41′~25°37′。河池市是我国重要的有色金属基地，目前已探明有色金属锡、锑、铅、锌、铜等40 多种，储量价值 700 亿美元。其中锡储量占全国的 1/3，铟储量名列世界第一，锑、铅、锌储量占全国第二，这些矿藏大多伴生有砷、镉等重金属矿物。

本文通过阐述河池市重金属污染现状及存在的主要问题，分析了主要污染来源，提出河池市重金属治理的对策和措施，旨在为河池重金属治理提供一定依据。

二、重金属污染现状

1. 历史遗留问题多

河池市重金属的早期污染可追溯上千年，由于技术开发手段落后、污染治理不到位等原因，导致大量的废矿石、尾砂、淤泥沉积于刁江沿河两岸及河床底部，导致了刁江沿岸农田严重的 As、Pb、Cd、Zn 复合重金属污染。无主砒霜废弃遗址、遗留尾矿废渣和旧矿区等留下大量含重金属的废渣没有得到有效治理和修复，一些区域土质、水质恶化，河流被污染，植被被破坏。

表 1　历年来刁江那浪桥断面水质砷年均值统计表　　　　　单位：mg/L

年份	1994	1995	1996	1997	1998	1999	2000	2001	2002
砷	0.16	0.317	0.551	0.282	0.927	0.028	0.042	0.023	0.014
年份	2003	2004	2005	2006	2007	2008	2009	2010	
砷	0.019	—	—	0.018	0.07	0.117	0.132	0.062	

2．重金属污染物产生和排放量大

随着经济的不断发展，采选冶企业的数量和规模的不断扩大，大量冶炼、选矿的废水、废渣直接排入周边地区，对环境造成更为严重的污染。河池市现有 154 家重金属排放企业，其中：冶炼企业 51 家，选矿企业 77 家，采矿企业 24 家，化工原料及化学制品企业 1 家，电镀企业 1 家。据 2010 年全市污染普查结果，砷排放量 7.153 t、镉排放量 2.01 t、铅排放量 11.365 t。

3．部分区域重金属超标

据监测分析，目前河池市部分区域、流域的重金属仍经常有重金属超标现象。其中，刁江流域在南丹平村桥断面砷超标 29.2 倍、铅超标 39.4 倍、镉超标 3 倍、锌超标 4.2 倍，而且重金属已迁移至刁江中下游的金城江段和都安段。

4．重金属污染危害突出

作为重点有色金属产区，在过去几十年的发展中，金属矿采选、冶炼业长期以来是河池市的主导产业。在带来经济和社会效益的同时，重金属污染事件，对人民群众身体健康造成威胁，在社会上造成了不好的影响。如 2011 年环江县尾矿库溃坝事件、金城江区"10·3"砷中毒事件、南丹县重金属污染农田事件等。

三、重金属污染防治存在的主要问题

1．工业布局不合理，缺乏统一规划

早期河池市涉重金属工业总体缺乏统一规划，选冶企业主要采用沿矿带就近布设，布局极为分散，而且规模小。金城江区有一定规模、实力的冶炼企业多分布在河池市城区周边，逐渐形成对城区"包围"，对城市环境安全与群众健康构成严重威胁。

2．产业结构不合理，发展方式无序

长期以来河池市粗放型发展方式尚未根本改变，对涉重金属行业依赖性较大，产业结构调整的措施有限，淘汰力度不足，环境准入制度和环境影响评价制度执行不严，造成大量涉重金属企业无序发展，形成"小、散、乱"局面，资源产业链没有得到延伸扩展，导致资源没有得到充分综合利用。产业相似度高，结构性污染比较突出。

3．生产工艺技术落后，治理水平不高

河池市有色金属的加工和治理技术仍然落后，资源利用率较低，含重金属污染物的"三废"排放量大。部分涉重金属企业无组织排放现象较为严重，工业废水、废渣、废气治理设施达标率低，不正常运行造成超标排放事件时有发生。

4．基础工作薄弱，技术支撑能力不足

对河池市重金属整体排放情况尚未完全摸清，特别是对地下水及矿坑涌水重金属环境质量掌握不全面；废气中重金属的排放情况，尚未完全摸清；对土壤重金属环境质量监测，重金属污染面积、污染种类和污染程度调查还没有系统开展；对重金属污染隐患的危害程度掌握不够；相关的基础调查、风险评估、科学研究、技术研发、产业扶持、制度政策等远远滞后于污染防控的需求。

5．法规制度建设滞后，标准体系不完善

企业建设投产在前，环保法律法规颁布实施在后，造成先天不足。河池市的部分老矿

山、老企业成立于 20 世纪六七十年代，当时历史条件致使环保设施建设跟不上形势的发展，而《建设项目环境保护管理办法》、《建设项目环境保护管理条例》和《环境影响评价法》均在 1986 年之后颁布实施，导致这些企业在环保审批问题上先天不足，污染防治设施落后，通过整改逐步完善后，仍无法完全达到重金属综合整治工作要求。

6. 环境监管能力不足，监督管理不到位

全市环保部门存在监管人员不足、技术力量不强和监测能力不够等问题，重金属污染物排放自动在线监控装置缺乏，环境应急装备水平偏低，污染预警应急体系尚未建立。

四、重金属污染的主要污染来源分析

1. 矿山开采影响

长期以来，矿山开采过程中只重视产量忽视环保，开采留下的废矿石、尾砂、淤泥沉积于刁江沿河两岸及河床底部采矿废水未经任何处理直接排入河中等情况时有发生。加上河池喀斯特地形、溶洞多等自然因素，南丹、环江和罗城等县部分矿业开采遗留下来对矿区及周边区域的水、土、农作物环境造成重金属污染问题。对河池市境内刁江流域沿岸重金属污染最严重的金洞村农田进行典型调查与分析发现，金洞村农田受到了严重的 As、Pb、Cd、Zn 复合污染，其中 As 污染最为突出。

2. 工业企业"三废"排放影响

目前，河池市工业仍然是粗放型、高耗能、高污染、低效益的经营模式。工业企业主要以有色金属行业为主，工业发展带来的废水、废气、废渣未经处理直接投放环境。其中的重金属也经过自然的沉降、雨水的淋溶等途径进入土壤，进而进入正常循环的生态系统。部分选矿厂、冶炼厂、化工厂及采矿区附近的重金属经过风、雨等自然作用，再由于重力进入土壤层，严重影响附近居民的生活质量。河池市环科所对河池市铅锑矿冶炼区土壤重金属污染特征利用元素相关性进行了分析研究，结果表明，冶炼区土壤受到较高含量的 Sb、Pb 等重金属污染与冶炼厂排放密切相关。

3. 尾矿库不规范影响

尾矿库是指筑坝拦截谷口或围地构成的，用以堆存金属或非金属矿山进行矿石选别后排出尾矿或其他工业废渣的场所。尾矿库是一个具有高势能的人造泥石流危险源，存在溃坝危险，一旦失事，容易造成重特大事故。河池市部分尾矿库呈现尾矿堆置不规范、环保设施不健全，尾矿处理不及时等特点，遇到天灾的时候极易发生污染事故。2001 年 6 月，河池市环江北山地区由于特大洪水冲垮尾矿库造成大环江河沿岸农田有 9 000 亩被重金属污染。2005 年对大环江沿岸的板立村的板立屯（右岸）、上吴江屯（左岸）、下周屯（右岸）采集了 4 个绝收点（已板结）的稻田土样进行监测表明，广西河池大环江板立村河岸污染农田主要超标元素为 Pb、Zn 和 As，废弃田中这几种元素的平均浓度分别为 388、275 和 29.4 mg/kg。

4. 交通运输影响

交通运输是产生重金属污染的一个重要途径。河池市对矿石运输长期采用开放性运输，在运输过程中所产生的扬尘和运输汽车排放的废气粉尘造成一定的重金属污染，其中交通扬尘占主导地位。扬尘和废气经大气降雨沉降后流入河中和土壤中，造成局部地区重

金属污染程度加重。经过对南丹县大厂镇环境中的重金属污染分析，结果表明，大厂镇的环境介质（旱地土，可吸入颗粒物）受到了多种重金属元素的复合污染，其共同的污染元素有 Cd、As、Sb、Pb、Zn、Cu，经过调查和分析后污染源主要来自当地开放性运矿产生的扬尘所致。

5. 农业化学物质的投入

农业生产过程中大量地投入农药和化肥等化学物质，是土壤重金属污染的重要因素之一。农药和化肥中普遍含有一定量的 Cu、Pb、Cd 等有害重金属物质，长期超量施用，导致有害重金属积累污染。许多饲料添加剂中已含有一定的重金属物质，动物在食用后、累积经粪便排出后，亦成为重金属污染。

6. 高频率酸雨影响

酸雨不仅是降水 pH 值低（<5.6）呈酸性，同时往往溶解有大量有害重金属等物质，对生态环境的影响也非常大。有色冶炼企业相对集中导致大量的含重金属的烟尘、废气排放进入大气中，随空气飘散直接污染环境，毒害各种生物，同时随降雨降落地表污染土壤及河流水域。河池市目前的有色工业基本布局不够合理和复杂地形地貌，大量排放含 SO_2 和 NO_x 的气体，导致降雨酸雨频率增大，从而导致重金属污染加剧。

五、对策和建议

重金属污染较难治理，这与它的污染的隐蔽性、累积性和降解剔除难以进行、危害的长期性和剧烈性等特性是分不开的，因此在治理和预防控制重金属污染时必须充分考虑到它的特性。重金属污染物属于持久性污染物，无法从环境中彻底清除，只能通过一定的手段改变其存在的位置或存在的形态，因此对重金属污染的防治工作的重点应该定位为"以防为主，治理为辅，防治结合"的方针。

1. 切入实际做好重金属污染防治规划

制定河池市"十二五"重金属防治规划，以整体性、时空性、科学性原则为指导，充分考虑环境容量和资源的承载力度，紧密结合河池市经济发展"十二五"规划的具体要求，确保规划的实用性、可操作性。对在国家重金属污染防治重点防控区内，不审批涉重金属污染因子等新、改、扩建项目，原有涉重金属企业，根据不同的生产规模、生产技术进行分类，按分类设定减少排放量目标并切实完成。

2. 合理规划产业空间布局，推进企业重金属污染集中治理

合理规划河池市有色金属选冶等行业的空间布局。加大产业调整力度，深化有色金属加工产业链，对集中市区内的污染重、治理难度大、治理成本高等的有色金属冶炼工业企业，采取分批引导转移，不断推进城区重金属污染企业搬迁入园的步伐。尽可能地将重金属污染企业由分散变为集中，因地制宜，减少有色金属产业在深加工过程中产生多次重复污染，建设工业园区污水处理厂，企业达标排放的污水经过工业园区污水处理厂深度处理后才能统一排入环境，执行严格的总量控制。

3. 深入开展重金属污染调查，以治点为主，带动面源治理

深入细化河池市重金属污染调查工作，对全市污染较为严重的南丹、金城江、环江等重金属污染区域进行全面监测分析，确定污染地区现状本体值，重点细化土壤污染物背景

资料、充实污染地区土壤基础资料，建立河池市重金属污染土壤档案。

对全市采、选、冶等重金属污染型企业的产污环节进行分析；对全市尾矿库调研，确认全市尾矿库的使用情况；对受重金属污染严重的流域的河床底泥属性进行环境监测。

根据调查结果，确定重金属污染防治重点，针对不同的实际，制定"一厂一策"、"一点一册"的治理方案，进行重点整治，同时以点带面，明确责任，全面推开重金属污染治理。

4．全力推进重金属污染减排，切实落实减排项目

"十二五"期间，管理部门应结合污染减排的要求，强化重金属污染的减排工作。对全市易造成重金属污染的采、选、冶等有色金属加工行业的监管力度，严格环境监察执法，对不达标排放的企业、产能不符合国家政策的企业和长期不能正常生产的企业，该关闭的关闭、该整改的整改、该淘汰的淘汰。对全市重点防控区域、企业和项目实行重金属污染总量控制，落实减排工程项目。对较为成熟的重金属污染治理项目建设，要按照"十二五"重金属减排规划安排，积极做好服务工作，及时申报国家资金支持，推进项目建设。

5．严格执行国家重金属减排政策，强化污染源的防治和监督

严格执行国家重金属减排政策，强化对重金属污染企业"三废"排放的监督管理工作，及时掌握企业排放重金属污染物的总量和类型。对现有的污染治理设施运行状况进行监管，强力推进污染减排工程的建设和在线监控系统的建设、维护。鼓励实行固体废物、废水、废气的综合再利用。严格控制涉重新、扩、改建项目，项目建设必须执行总量"等量替代"或者"减量替代"。积极推进总量指标交易研究和试点，协调经济发展与环境保护的关系。

6．积极推进生态型有色加工技术，推广生物治理技术

引进、建立和发展有色金属生态型加工技术，不断提高有色产业链的延伸，促进有色产业向着资源节约型、环境友好型的要求发展，不断提高有色金属的采选冶等行业的生态综合效益。不断推广生态型有色金属加工技术，提高采选冶的重金属加工行业的资源利用率，减少废物的排放量，变废为宝，减少环境污染。推广重金属生物高效提取技术，破解重金属面源污染治理难题。

7．提高全民对重金属污染防治意识

加大环境保护宣传力度，提高全社会对重金属污染的持久性、隐蔽性、危害严重性的认识，增强全民重金属防治工作意识。只有意识到重金属污染对人类生存的严重威胁，提高了认识才能进而防治重金属污染事件的发生。深化"谁受益，谁治理"的观念，树立"在保护中开发，在开发中保护"的意识，进而达到环境保护和有色加工行业发展协调发展的目的，推动生态文明模范市的不断发展。

娄底市"十二五"减排面临的问题与对策

湖南省娄底市环境保护局　刘时东

摘　要： 作为中部地区比较典型的资源型老工业基地，湖南省娄底市面临着环境污染和生态破坏严重、环境欠账多、污染物排放量大等问题，给全市的环保工作和主要污染物减排工作带来了巨大压力。因此，深入分析娄底市"十二五"期间节能降耗面临的形势，找出节能降耗压力巨大的原因，并据此提出有针对性的切实可行的对策和建议，具有重要的现实意义。

关键词： 生态环境；减排；对策措施

娄底市位于湖南省中部，是湖南省的几何中心和第二大交通枢纽。湘黔铁路、洛湛铁路在此交汇，沪昆高速铁路、上瑞高速公路、二广高速公路、长韶娄高速公路贯穿全境。全市总面积 8 117km^2，下辖娄星区、冷水江市、涟源市、双峰县、新化县五个县市区，现有总人口 427.8 万。娄底是一座典型的资源型城市，是湖南省乃至中南地区能源原材料基地，境内已探明的具有开采价值的矿藏有锑、煤、铁、铝、锌、镁、钨等 40 余种，其中锑产量占全球的 60%，位居世界第一。享有"世界锑都"、"江南煤海"、"有色金属之乡"等美誉。

依托良好的区位优势和丰富的矿产资源，经过 30 多年的发展，娄底形成了以煤炭、电力、钢铁、有色、建材、化工为支柱的工业体系，原煤、火电、钢材、锑品、水泥、化肥、纯碱等工业产品在全省乃至全国都占有相当重要的地位，形成了年产煤 1 500 万 t、钢 1 000 万 t、水泥 1 000 万 t、发电 200 亿 kW·h 的生产能力。作为中部地区比较典型的资源型老工业基地，娄底在为国家经济建设作出重要贡献的同时，其粗放型发展方式给当地带来的环境污染和生态破坏也十分严重，导致全市环境欠账多，污染物排放量大，给全市的环保工作和主要污染物减排工作带来了巨大压力。

一、"十二五"减排的目标任务及存在的主要问题

根据污染源普查动态更新调查结果，2010 年，娄底市主要污染物排放情况为：COD 74 250 t，NH$_3$-N 8 832 t，SO$_2$ 131 867 t，NO$_x$ 72 209 t。

湖南省人民政府下达给娄底市的"十二五"减排任务是：到 2015 年年底，全市 COD 排放总量控制在 69 424.5 t 以下，比 2010 年削减 4 826.3 t；NH$_3$-N 排放总量控制在 8 196.25 t 以下，比 2010 年削减 635.92 t；SO$_2$ 排放总量控制在 9 9691.8 t 以下，比 2010 年削减 32 175.66 t；NO$_x$ 排放总量控制在 57 840 t 以下，比 2010 年削减 14 369.74 t。

由于我市目前正处于进入工业化中期阶段的关键时期，同时也面临着加快对接长株

潭、加速赶超全面崛起的历史时刻。伴随发展的步伐不断加快，我市的能源和资源的需求也不断增大，经济发展与环境保护的矛盾日益凸显。特别是重型的工业结构在短时间内难以得到扭转，可以预计，在未来相当长的一段时期内，高能耗、高排放的问题依然可能成为我市面临的一大制约因素，主要污染物减排目标将会给我市发展带来严峻的挑战。因此，"十二五"减排工作面临诸多的困难和问题。

1. 主要污染物新增量大

"十二五"我市仍将处于工业化、城市化加速发展时期，长期形成的粗放型增长模式在短期内不能得到根本性转变，主要污染物排放强度偏高。根据《娄底市国民经济与社会发展"十二五"规划》，我市"十二五"GDP 年均增长速度预计在 10% 以上，城镇化率由现在的 36.5% 增加到 45%，增加 8.5%，畜禽养殖每年将以 4% 的幅度递增。依据《"十二五"主要污染物总量控制规划编制指南》预测我市"十二五"主要污染物新增量分别为：COD 新增 24 274 t（其中工业 COD 新增 1 717 t，生活 COD 新增 13 081 t，农业 COD 新增 9 476 t）；NH_3-N 新增 5 154 t（其中工业 NH_3-N 新增 521 t，生活 NH_3-N 新增 1 433 t，农业 NH_3-N 新增 3 200 t）；SO_2 新增 23 150 t（其中电力新增 1 283 t，非电新增 21 870 t）；NO_x 新增 14 566 t（其中电力新增 1 180 t，机动车新增 2 146 t，其他行业新增 11 240 t）。各项指标远高于"十一五"期间的新增量。

2. 工业减排的空间极小

我市工业企业污染治理起步较早，绝大多数企业已经建成污染治理设施。尤其在"十一五"期间，我市高度重视污染减排工作，把全面完成主要污染物总量减排目标，作为转方式、调结构、促发展的一项重要工作来抓，经过千方百计的努力，全面完成了国家下达的"十一五"污染减排任务。"十一五"在工程减排方面，通过实施城镇污水处理三年行动计划，新增城镇污水处理厂 6 座，新增污水处理能力 16.89 万 t/d，实现全市县城以上城镇污水处理设施全覆盖目标。我市全部 5 台火电机组均实施了脱硫工程，脱硫设施建成率 100%，各机组综合脱硫效率达到 80% 以上。我市共有 6 台烧结机，面积为 1 120 m^2，已完成 3 台烧结机脱硫，脱硫烧结机面积达 820 m^2，占全市烧结总面积的 70.6%。另外全市钢铁、化工、焦化等重点企业已全部实施生产废水综合治理。因此，随着辖区内各污水处理厂、电厂、钢铁企业脱硫等减排重点支撑工程已相继建成，"十二五"我市难以再安排较大减排量的项目，工业治理对总量减排的支撑力度也越来越小，挖掘减排潜力的难度越来越大。

3. 新领域的减排困难很大

"十二五"减排国家新增了两项约束性指标，使减排工作由点源污染控制逐渐向面源污染控制发展。机动车、燃煤电厂、水泥厂脱硝等进入减排领域，特别是畜禽养殖污染减排将成为"十二五"减排的一个重点领域。而畜禽养殖污染防治过去一直由农业畜牧部门负责，对于畜禽养殖污染减排，农业畜牧部门和环保部门存在认识上的差异，这一点从污染源普查动态更新调查结果就可以看出来，畜牧部门统计畜禽养殖的数量与环保部门入户调查的数据大相径庭。由于这两个新领域普遍存在环保工作起步较晚、基本情况不清、底子不准、环境管理基础薄弱、技术尚不成熟等问题，给我市"十二五"减排工作带来了新的挑战。

4. 相关因素严重制约减排工作的开展

一是火电燃煤含硫量变化大。"十二五"期间，我市火电发电量将大幅增加，耗煤量也会大幅增加，而我市的供煤量有限，必须从外省来"调煤保电"，煤质将很难保证，在用电高峰和电煤紧张的时段燃煤含硫率控制十分困难。预计我市电煤的含硫率较"十一五"期间的低于1%有所上升，电力 SO_2 将会增加。二是脱销工程推进困难。在当前火电企业普遍亏损严重的情况下，其脱硝设施的建成和运行需要国家出台脱硝电价等激励措施方可调动企业的积极性；钢铁烧结机脱硝、新型干法水泥生产线脱硝目前还没有成熟的实用技术，其研发及应用的发展水平将影响 NO_x 的减排效果，短时间内难以推动 NO_x 控制技术的应用规模化和产业化。三是地方政府的减排资金难以到位。我市"十二五"期间水污染物减排只能依靠污水处理厂才能支撑减排任务的完成。预计全市需新增20万 t/d 的污水处理能力才能完成减排任务，累计要投入资金12亿元左右。由于我市属于中部欠发达地区，各县市区财政非常紧张，政府难以拿出这么多的资金来投入，因此实施起来难度相当大。

二、"十二五"减排工作的对策与措施

1. 加大宣传力度，营造减排氛围

要充分发挥各种媒体的作用，采取多种形式，广泛、深入、持久地宣传环境保护这一基本国策和相关法律法规，宣传减排工作的重要意义及取得的成效，进一步提高全民特别是各级领导干部对待减排工作的忧患意识和责任意识。牢固树立科学的发展观和正确的政绩观，正确处理经济发展与环境保护的关系，坚决反对以牺牲资源环境为代价换取一时经济发展的做法。要坚决克服对减排工作畏难发愁的思想情绪，变压力为动力，转变思路，积极寻找减排工作突破口，坚定信心，下定决心，上下动员，全力以赴，认真扎实推进减排工作。

2. 强化工作职责，形成减排合力

"十一五"前期我市减排工作主要依靠环保部门"单打独斗"，进展不大。"十一五"后两年我市尝试将减排目标任务分解到县市区政府及建设、经济等职能部门，取得了显著成效。"十一五"减排经验充分说明，污染减排工作是一项系统复杂工程，必须依靠各级政府的全力推动，必须依靠各个部门的积极配合，必须依靠所有企业主动担当，才能保障减排任务的完成。"十二五"减排范围扩大，涉及的部门增多，需要进一步强化和落实各级政府、相关职能部门和各个企业安排工作的责任，方可完成如此繁重的工作任务。

3. 结合工作实际，强化减排措施

一是优化结构。目前我市规模工业产品结构较单一，高消耗、低附加值、初加工的产品较多，而深加工、高科技、高附加值的产品较少。而进行产业结构调整要从自身资源禀赋、区位特点等要素出发，通过改造提升传统产业，发展新兴产业，促进生产要素向效率更高的产业和企业转移。工作重点要放在培育特色优势产业集群，加快发展高技术产业，提升企业自主创新能力，努力推进循环经济工业园区的建设。二是控制增量。要严把项目准入关。要对没有排污总量、不符合国家产业政策、选址布局不合理、排污强度较大和严重影响生态环境的建设项目，坚决予以否决。三是削减存量。要根据全市工业现状和污染物排放特点，确定重点区域、重点行业和重点企业作为减排的主战场，梳理出"十二五"

减排重点项目，积极引进先进工艺和设备，大力推进工程减排。四是淘汰落后产能。建立健全落后产能退出机制，落实淘汰落后产能奖励政策，加大督查力度，督促企业加快落后产能淘汰步伐。对淘汰落后产能工作不力的地区，实行项目限批、区域限批。

4. 加大资金投入，落实减排项目

根据《娄底市"十二五"主要污染物总量控制规划》，"十二五"期间，全市预计要完成 175 个工程减排项目，共需资金超过 20 亿元。除了从地方财政中每年安排相当量的减排专项资金，用补助、以奖代补、奖励等方式，支持减排重点工程建设和改善技术装备和监测设施等减排管理能力建设外，还需要加强沟通、积极协调，争取国家和湖南省对我市污染减排项目的资金支持。

5. 加强制度建设，巩固减排成果

一是建立健全减排考核制度，将完成减排任务和巩固减排成果作为领导班子和领导干部绩效考核的重要内容，进一步强化减排工作问责制，严格减排责任追究。二是完善污染物减排指标分配体系。改善单一的指标分配标准，充分考虑各县市区的实际情况实施差异化减排，充分调动各县市区减排工作的积极性。三是完善环境监管制度。定期或不定期组织开展环保专项检查活动，始终保持查处环境违法行为的高压态势。四是结合工作实际，研究制定主要污染物减排工作的相关经济政策，建立健全激励约束机制，努力形成减排工作的长效机制。

二、农村环境保护和生态保护

黑龙江垦区农村环境保护和生态保护对策研究

黑龙江省农垦总局环境保护局 郝安林

摘　要：本文通过在黑龙江垦区的具体实践，对农村生态环境保护工作面临的问题进行了探讨，分析了问题存在的原因，并有针对性地提出了强化垦区农村生态环境保护的总体思路、工作措施和意见建议。

关键词：农村生态；环境保护；思路对策

一、垦区现状

黑龙江省垦区地处三江平原、松嫩平原和小兴安岭山麓，下辖 9 个副厅级的分局，114 个县团级的农牧场，所属单位分布在全省 12 个市 69 个市县。控制和使用国土面积 5.44 万 km^2，其中耕地面积近 265 万 hm^2，粮食总产 1 652.6 万 t，农场职工家庭人均纯收入 10 936 元，国民生产总值 545.3 亿元。固定人口 160 万，经过三代人半个多世纪的艰苦奋斗，目前已成为我国耕地规模最大、机械化程度最高、综合生产能力最强的国有农场群，已经成为国家重要的商品粮基地和粮食战略后备基地。

二、垦区农村环境保护现状

黑龙江垦区开发建设 50 多年来，在发展经济的同时，十分重视生态环境保护和建设。尤其"十一五"以来，垦区各级党政班子认真落实总局党委会议精神，超常规、远谋划、大手笔、高投入，努力构建垦区生态环境保护在全省乃至全国四个"率先"的宏伟蓝图，即率先建成第一个最大区域的国家级生态示范区；率先建成第一个最大区域的有机绿色无公害食品基地；率先建成一大批功能齐全环境俱佳的国家级和省级环境优美乡镇；率先建成一大批生物多样性丰富的重点自然保护区和自然保护地。为此，重点开展了植树造林、生物多样性保护、生态示范区建设、水土保持、培肥地力、有机绿色食品基地建设、城镇环境综合整治等工作，取得了巨大成就。

1. 强化农田生态环境保护，实现农业的可持续发展

（1）科学轮作，提高农田土壤有机质。垦区历来十分重视农田保护工作，探索出了多种适应垦区特点的耕作模式，实行科学种田，进行秸秆还田培肥地力，改良土壤，使土壤肥力下降的趋势得到了有效的遏制，近十年来部分耕地土壤肥力开始出现回升，土壤有机质含量为 2%～6%。

（2）积极治理沙化土地，保护耕地。垦区原有沙化、半沙化及潜在沙化土壤面积达 17.04 万 hm^2，其中沙化耕地面积比重大，主要分布在宝泉岭分局。从 20 世纪 80 年代开始，垦

区就有针对性地进行土地沙化治理工作，累计投入资金近 3 亿多元，采取了以稻治沙、耕作改制、休牧、轮牧、舍饲养畜、草原改良、退耕还林、还草、还湿等一系列治沙防沙措施，累计治理沙化面积 7.4 万 hm^2，营造防风固沙林 3.24 万 hm^2，有效地遏制了土地沙化的继续蔓延。

（3）控制农药、化肥及农膜的使用，防止土壤污染。垦区严格控制农用物质使用，每公顷耕地平均施用农药量（实物量）4.6 kg，远低于全国平均水平（15.23 kg/hm^2）；每公顷耕地平均施用化肥量（折纯）158.2 kg，远低于全国平均水平（375 kg/hm^2），也低于国际上发达国家化肥施用水平（200 kg/hm^2）。近几年，由于种植业结构的调整，垦区地膜用量大幅度减少，棚膜用量剧增。为控制农膜和农药瓶的污染，垦区各农牧场都制定了严格的回收制度，农膜回收率达 93.9%。

（4）强化对秸秆禁烧的监管，积极开展综合利用。垦区年产生秸秆约为 970 万 t，秸秆综合利用率为 90.1%。其中大部分用于粉碎还田，其余用于牲畜饲料和工业原料。由于多年来垦区将秸秆禁烧工作列为各级干部政绩考核内容，执行很严格，每年只有很少部分在田间焚烧，并在重要区域划定秸秆禁烧区 152.97 hm^2。

2. 加大人工造林力度，实施天然林保护工程

多年来，垦区十分注重天然林保护和植树造林工作，严肃法规，相继出台了封山育林、禁伐等有关规定加强对森林资源的保护。按照多林种、多树种，网、带、片，乔、灌、混，复合式、多功能种植的规划原则大力开展植树造林工作。现有森林 83.23 万 hm^2，累计营造人工林 57.2 万 hm^2，森林覆盖率达到 16.9%。省政府曾在宝泉岭分局专门立碑表彰。全垦区已基本实现了农田林网化，有效地控制了风害，调节了气候雨量，为保证农业稳产、高产创造了有利条件。

3. 加强畜禽养殖业污染治理和综合利用，积极开展草原保护工作

（1）努力实现畜禽污染无害化和资源化。垦区畜牧业发展较快，最新污染源普查显示，垦区目前存栏猪 88.7 万头，奶牛 10.3 万头，肉牛 8.9 万头，肉鸡 76.6 万只，蛋鸡 33.3 万只。年产生粪尿约 250 万 t，其中 COD 产生量 27.5 万 t，排放量 17.58 万 t；NH_3-N 产生量 1 859 t，排放量 1 381 t，对垦区环境构成巨大压力。几年来，认真落实规模化养殖场环境评价、"三同时"制度和畜禽粪便无害化处理的同时，积极探索北方高寒地区畜禽粪便综合利用模式，生产沼气、肥料解决农村能源、作物施肥和改良土壤，努力实现养殖业的节能减排。目前重点推广海林农场集中化奶牛养殖区粪便制造沼气的成功经验，实现垦区畜禽粪便污染的彻底综合利用和治理。目前全垦区畜禽粪便处理率和资源化率分别达 97.6% 和 48.5%。

（2）草原保护工作初见成效。垦区现有草原 36.6 万 hm^2，其中天然草地面积 31.5 万 hm^2。多年来进行草原保护、改良及退耕还草工作，共改良草原 6.67 万 hm^2，退耕还草 2.7 万 hm^2，并制定禁牧、放牧、轮牧制度，恢复草原植被。

4. 加大投入，积极开展水土流失治理和水资源保护

几十年来垦区投入巨资，共修建水库 150 座，水土流失区退耕还林 8 836 hm^2，营造水土保持林 10 609 hm^2，开挖截流沟 879 条，治理冲刷沟 1 382 条，累计治理水土流失面积 34.6 万 hm^2，治理率达 52.3%。多年来加强水资源的保护工作，推广并应用节水灌溉技术，防止地下水超采。为有效利用地表水，共修建 236 处永久性蓄、引、提水工程；加强

界江界河防治，修建黑龙江、乌苏里江沿岸防护工程 134 处，总长度 226.5 km，维护国土安全。

5. 加快三江平原湿地保护速度，维护垦区生物多样性

（1）严格执行省委、省政府决定，加大湿地保护力度。垦区严格执行《中共黑龙江省委、黑龙江省人民政府关于加强湿地保护的决定》和《黑龙江省人民政府关于进一步加强生态环境保护和建设的决定》，从 1998 年起全面禁止开荒，落实退耕还湿任务，累计还湿 4.5 万 hm^2。

（2）开展濒危物种异地保护。为了挽救珍稀物种，近几年来采取了异地保护措施。建立异地保护场有白鹳驯养场 1 个，梅花鹿、马鹿养殖场 20 个，人工黑熊养殖场 1 个，鲟鳇鱼繁殖基地 1 个。

（3）抢救性建立自然保护区。经过多年的努力，对三江平原、小兴安岭和松嫩平原垦区范围生物多样性丰富区域加大了保护力度，加快了自然保护区、自然保护地的新建、整合和晋级力度，目前全垦区自然保护区 21 个，自然保护地 132 个，其中自然保护区国家级 3 个，省级 5 个，总保护面积约 75 万 hm^2，占全垦区国土面积的 13.85%。这些自然保护区的建立，在调节区域气候，促进当地区域经济社会的协调发展，加强国际间技术交流与合作，提供科学研究示范基地，发展生态旅游业，提高垦区、我省乃至我国在国际上的知名度和政治地位等诸多方面发挥了重要的作用。

6. 加快推进绿色食品和有机食品基地建设，提升农产品质量和市场竞争力

20 世纪 90 年代以来，垦区率先并大力发展有机绿色食品，加快全国无公害食品基地建设，共建成有机食品基地 130 万亩，绿色食品基地 850 万亩，无公害农产品基地面积 2 600 万亩，分别占垦区总耕地面积的 2.3%、28.7% 和 80.8%。到 2007 年末，有效使用绿色食品标志的产品达到 9 大类 170 个产品，占全省的 28.3%。

7. 全面开展了生态系列创建，构建环境友好型垦区

（1）开展生态农场（队）试点建设。20 世纪 90 年代初期，垦区各级积极开展生态农业建设，共建立生态农场 14 个，生态队 200 余个，有力地促进了经济、环境和社会的协调发展。

（2）全面完成了国家级生态示范区创建任务。2000—2006 年，经过全面创建，垦区先后有 1 个农场、8 个分局和总局被国家环保总局批准命名为国家级生态示范区，提前 4 年在全省率先完成了国家级生态示范区创建任务，成为目前全国最大的区域型的生态示范区。

（3）积极开展生态省创建。从 2005 年开始，根据生态省建设领导小组要求，垦区全面转入生态垦区创建阶段，总局、分局和农场均在原基础上成立了领导小组和办公室，安排专项经费和建设费用，把生态垦区建设任务纳入分局和农场"一把手"目标责任制，实行跟踪管理。

8. 实施小城镇带动战略，营造优美人居环境

全垦区建成交通方便、设施配套、环境优美、整洁卫生、有利发展及方便生活的新型城镇农垦小城镇 140 余个，加强了小城镇环境综合整治，已创建国家、省级环境优美乡镇（农场）66 个，小城镇绿化覆盖率 20%，生活垃圾无害化处理率达到 87.6%。实现人均公共绿地面积为 14.7 m^2。

9. 饮用水水源地的环境管理

开展饮用水水源地基础环境调查工作，制定了《垦区饮用水源地环境调查工作计划》；开展垦区饮用水水源保护区划分工作，建立了 5 处饮用水水源保护区。

三、存在的问题

黑龙江垦区农村环境保护工作的成效是显著的，但从垦区实际看，还存在着一些问题：

（1）因为垦区不是政府，环保部门体制不顺，农场一级在农村环境保护工作中缺乏行政执法主体资格。同时，国家、省对农村环境保护工作的法律、政策还不完善，甚至空白，环境保护部门在农村环境保护工作中执法职能不明确，监管难度大，不顺畅。

（2）垦区没有财政，没有正常的环境污染治理和生态建设方面的投资渠道。现有的工作几乎全是靠农场自筹的资金解决，加重了企业负担。生态、环境污染治理的科研、监测等技术支撑和能力建设严重不足，急需尽快解决。

（3）宣传教育还存在死角，个别领导对农村环境保护认识和重视不够，对一些相关政策、法规掌握的不到位，还存在侥幸心理，贪图眼前利益。

（4）农村环境保护涉及多个行业部门，缺乏一个切实有效的联动机制和奖惩机制。

（5）缺乏如北方高寒地区畜禽粪便处理等农村环境保护及废弃物综合利用适用技术。

四、工作思路和对策

1. 工作思路

总体思路是：认真贯彻落实《国务院关于落实科学发展观加强环境保护的决定》、《全国农村小康环保行动计划》和《关于加强农村环境保护工作意见》，强化自然保护区、畜禽养殖和农村面源监管，加大生态垦区、环境优美乡镇和生态文明村系列创建力度，积极开展农村环境综合整治工作，全力构建和谐垦区。

2. 对策措施

（1）进一步深化自然生态环境保护工作。

1）继续加强自然保护区建设和管理工作，提高自然保护区整体水平。继续实施《垦区自然保护区发展规划》，重点加强省级以上自然保护区的规范化管理，强化管护能力建设，推动自然保护区由"数量规模型"向"质量效益型"转变；科学规划自然保护区布局，对垦区范围内生物多样性丰富区域抢救性地建立自然保护区，开展重点自然保护区之间生态廊道建设，加强对现有自然保护区的扩区、整合和晋级工作，形成保护优势，最终形成点、线、面的整体保护格局。

2）加强自然生态环境保护。强化资源开发的生态保护监管，严厉打击一切破坏生态的行为；积极指导推进生态保护与恢复工程建设，在生态敏感区、资源环境承载力差的地区，继续实施退耕还林、退耕还湿、退牧还草、水土保持、防沙治沙等生态治理工程，使区域生态功能得到保护和逐步恢复。

（2）贯彻实施《国家农村小康环保行动计划》和《关于加强农村环境保护工作意见》，加大农村环境污染防治力度。

1）加强农村饮用水源地的保护和监管，积极治理农村生活污水和垃圾，推进村庄环境综合整治。

2）实施畜禽养殖污染治理，进一步指导、规范规模化畜禽养殖场的建设，加强畜禽养殖业环境监管。根据省政府下达的畜禽粪便污染物削减量指标，制定详尽的"十二五"治理规划和年度治理计划，作为考核分局、农牧场党政"一把手"的一个重要指标进行强力推进；建立畜禽污染治理专项资金，专门用于垦区范围畜禽污染的治理，采取项目补贴的方式支付使用，专款专用，按照削减规划逐年进行投入治理，从而保证完成削减任务；大力推广沼气、有机肥、直接还田等资源化模式，对畜禽粪尿进行治理和资源化综合利用，变废为宝。提高畜禽养殖废弃物资源化利用水平与污染物达标排放率。

3）开展农业污染源调查，开展污染土壤修复与综合治理试点；严格控制主要粮食产地和蔬菜基地的污水灌溉，确保农产品质量安全。

4）监督实施农药、化肥、农膜等农业生产资料的环境安全使用标准及生产操作技术规范，大力推进有机肥生产和使用，加大秸秆禁烧的执法检查力度，推广秸秆气化、炭化等综合利用；积极发展有机绿色无公害农业，严格对生产基地的环境监管，做好有机产品认证的指导工作。

（3）巩固成果，进一步推进生态系列创建工作。

1）深化生态省建设。认真落实《生态省建设规划纲要》，全面实施各项建设任务；完善生态垦区建设各项基础工作，创新工作机制，实施分类指导，分级管理；求真务实，严格标准，完善考核办法；制定鼓励性政策措施，以奖代补推动创建工作。

2）巩固国家级生态示范区建设成果，推广典型经验，组织指导开展特色建设。

3）配合垦区新农村建设，深入推进环境优美乡镇和生态文明村的创建工作。

4）积极探索适合本地区的废弃物污染治理和综合利用技术，强化研究和推广应用。

3．几点建议

（1）积极和省有关部门沟通，争取出台有关减免自然保护区划界费、增加生态省目标考核奖励以及生态示范区和环境优美乡镇等系列生态创建奖励等政策，从而调动积极性。

（2）建立生态省、自然保护区、环境优美乡镇建设、畜禽污染治理专项资金，以项目或者奖励的形式给予建设单位补偿。

（3）积极协调组织各科研机构和院校，研究适合我省地理和气候的各类适用农村环境保护和废弃物综合利用技术。

（4）经常组织各地市农村环境保护工作人员开展业务培训和参观考察，提高工作能力。

泰安市文明生态村建设现状研究

山东省泰安市环境保护局　乔建博

摘　要：本文介绍了山东省泰安市文明生态村建设现状，对泰安市文明生态村建设实践和典型模式进行了深入剖析，得到了文明生态村建设的诸多启示。

关键词：泰安；文明生态村建设；启示

我国是个农业大国，农村人口占全国人口的近 70%，建设以"经济发展、生活富裕、民主文明、生态环境良好"为特点的文明生态村，是落实科学发展观、实施可持续发展战略，优化农业、农村经济结构，提高农民素质，建设社会主义和谐社会的重要举措，是农村全面建设小康社会的有效实践模式，是现阶段社会主义新农村建设的必然选择，对社会主义新农村建设具有重要意义。本文介绍了泰安市文明生态村建设现状；通过对泰安市文明生态村的建设实践和典型模式的剖析得到了许多启示。建设实践中试点示范，以点带面；因地制宜，分类指导；科学规划，分步实施；政府推动，公众参与；统一认识，营造氛围是泰安市文明生态村建设的成功经验。

一、泰安市文明生态村建设的现状

泰安市按照山东省开展文明生态村创建活动的安排部署，紧紧围绕"经济发展、生活富裕、民主文明、生态环境良好"的总要求，坚持"全面部署、整体推进、突出重点、典型示范、因地制宜、创出特色"的工作思路，推动了创建活动的扎实开展。目前，全市 600多个村掀起了抓创建、求发展的热潮，目前已有 160 个村基本达到文明生态村标准，农村生活环境和农民生活质量得到明显改善，创建工作取得了阶段性成果。

1. 以农民群众最关心的"五化、四改"为切入点，加大农村人居环境改造力度

泰安市文明生态村建设首先从群众反映强烈，又较易整治的问题入手，重点清除"五乱"，即粪土乱堆、柴草乱垛、垃圾乱倒、污水乱泼、畜禽乱跑等现象。在此基础上，实施"五化、四改"即硬化、亮化、绿化、美化、净化工程和改水、改厕、改圈、改灶活动。一是道路硬化、亮化。做到连接村庄主干道、村内主次道路实现硬化，主要街道要有排水设施和路灯；二是村院绿化。组织农民群众适地造绿，在村庄周围、村路两侧、庭院内外植树种草，优化生态环境；三是街院净化。广泛开展爱国卫生运动，组织农民群众清理街巷庭院，搞好环境综合整治，美化村容村貌，基本克服了"五乱"现象。同时，大力推行改水、改厕、改圈、改灶。目前，全市 3 596 个村，村村通柏油路。已建成各类沼气池 10万多个，建成大型沼气工程 6 处，产沼气 150 多万 m^3，建成了全国首家秸秆沼气中温发酵

集中供气站；改建卫生厕所 15 万多户，农村卫生厕所普及率达到 86.2%；全市 95.8%的农户吃上自来水。通过开展文明生态村建设活动，农村环境卫生的脏、乱、差现象明显改观，村容村貌明显改善，人居生态环境良好。

2. 实施"三大工程"，大力推进生态农业建设

泰安市以建立资源节约型、环境友好型社会为契机，以项目建设为载体，实施了"三大工程"，大力推进生态农业建设。

（1）实施农村能源建设工程。按照整体推进、突出重点、因地制宜、示范带动的原则，以农户为单元，大力推广"四位一体"、"猪—沼—果（菜、粮、鱼）"、一池三改等农村各类能源生态模式。每个县市区重点建设 5～10 个沼气生态示范村，全市完成 10 000 户高标准沼气池建设任务。建设了一批大中型农村能源项目建设，如农业部项目泰山区上高村秸秆沼气中温发酵二期工程、新泰市大地农牧公司沼气发电工程、肥城市湖屯镇纸坊村生态养殖场大型沼气工程，并积极申报和贮备了宁阳县正阳乳业有限公司和新泰大宝有限公司 2 个部级沼气工程项目和新泰市部级沼气国债项目以及肥城市、宁阳县和泰安金兰奶牛养殖场农村能源建设亚行贷款项目，为今后全市生态农业的进一步发展增添了后劲。积极推广太阳能热水器，推动全市农村能源工作全面发展。

（2）实施农业面源污染治理工程。针对全市畜禽养殖业快速发展、畜禽粪便污染较重的实际，在养殖小区和养殖场通过大力推广生态种养模式，实现畜禽粪便的无害化处理和综合利用，既为农民提供生活能源，又使畜禽粪便变为优质有机肥料，降低生产成本，增加农民收入。大力开展农作物秸秆综合利用，积极推广秸秆直接还田、过腹还田、秸秆气化和利用农作物秸秆发展食用菌等多种行之有效的技术措施，不断提高全市农作物秸秆综合利用率。大力推广配方施肥、生物治虫等新技术、新方法，降低化肥农药的使用量。

（3）实施生态农业示范工程。把生态农业建设与农业环境保护、农田水利基本建设、农业综合开发和农村扶贫开发有机结合起来，整建制搞好省级、市级生态农业示范县、示范乡镇和示范村建设，培植了一批生态效益、经济效益和社会效益优良的示范样板工程，辐射带动全市生态农业的深入健康发展。宁阳县组织实施的农业生态环境建设、农业结构调整、农业龙头企业建设、农村沼气建设、无公害农产品开发"五大工程"，使该县农业生态环境明显改善，农业经济结构日趋合理，农产品质量和竞争力不断提高，农民收入显著增加。积极推广秸秆综合利用，全市今年秸秆还田数量达 168.5 万 t，青贮秸秆达到 15.7 万余 t，直接饲喂秸秆 38.8 万余 t。

3. 广泛开展"一部两室三栏"创建活动，推动农村生态文化建设

创建文明生态村是一项系统工程。我们在"五化"建设上切入，在改善人居环境上破题，但却没有在"五化"成果上止步。着眼于提高农民整体素质，按照全面建设小康社会的大目标，把加强农村精神文明建设放在突出位置，引导创建村大力开展争创十星级文明农户活动，大力发展农村医疗卫生、文化体育等社会事业，大力加强公用设施建设。建立"一部两室三栏"的创建模式。"一部"就是要有一个规范的村部，使广大村民有一个共同的"家"；"两室"就是建有村卫生室和综合活动室，农民保健、就医、防疫灭病方便及时，读书阅览、开展文体活动有固定场所；"三栏"就是科普栏、宣传栏和村务公开栏，方便农民学习科普知识，了解党的方针政策，实行村务公开，落实农民政治民主权利。

4．从实际出发，科学制定不同的技术路线，确定不同的建设模式

泰安市地域广阔、人口众多，村与村之间自然环境和社会条件差别很大，为推动活动的顺利开展，每个县市区选择了 30～50 个基础条件好，有代表性的村庄，作为典型，与县直部门结成对子，部门在资金和技术上给予扶持，帮助其选定建设模式，制定规划，率先实施，探索路子。目前，全市已建成文明生态村 160 个，各具特色的文明生态村起到了很好的示范带动作用。

发展特色农业和生态旅游的肥城市仪阳乡刘台村，该村以建设文明生态村为目标，充分利用桃乡的自然优势，大力发展生态游，建成桃源山庄、桃花湖、民俗博物馆、桃花沟等 20 多处景点，成为了名副其实的世外桃源。结合村庄综合治理完善了卫生设施、停车场等基础工程。借助桃花旅游，发展起了吃、住、行、购、娱为一体的旅游产业链，很多家庭依托旅游发展起桃木加工、农家餐馆等经营项目。目前，刘台村已成为国家 AAA 级旅游景区、全国首批农业旅游示范点。

建设生态农业，发展民俗文化游的白马石村。该村在文明生态村建设中，一是通过小流域治理发展生态农业。在 16 km^2 的范围内，护河、截流、植树，建起了护河大堤 3 000 m，改河 300 m，截流 10 处，新建成并扩容水库 4 座，从而形成了立体的防护体系，生态环境步入了良性循环的发展轨道。二是通过旧村改造，优化人居环境。村里统一对村容村貌进行规划，对旧村进行大规模改造，同时采用土地置换的办法，让村民盖起二层小康楼，村里每 1 户给予 2 万元补助，80%的农民住上了小康楼。三是通过文化立村，发展民俗旅游。该村利用得天独厚的地理优势，大力开展民俗旅游活动，突出了民俗文化、岩石文化、石榴文化等。他们发展旅游接待户 34 户，形成了吃农家饭、干农家活、住农家院的参与式旅游，成为泰安市文明生态村建设的一道靓丽的风景线。

统筹安排、协调推进的肥城市潮泉镇柳沟村。在泰安市文明生态村建设中，肥城市潮泉镇柳沟村按照生产发展、生活宽裕、乡村文明、村容整洁、管理民主的要求，把创建文明生态村作为建设新农村的重要举措，2010 年村集体经济收入 446 万元，农民人均纯收入达到 8 280 元，林木覆盖率达 96%以上，创造了环境优美、生态良好的山区新农村美好景象，成为泰安市文明生态村建设的典范。柳沟村文明生态建设可归结为"划、改、建、清、管"五个字，具体做法："划"就是做好村庄整体规划，做到一次规划，分期建设，既保持了规划的连续性，又能客观考虑村民的经济承受能力，截止到 2010 年，民房翻建率和旧村改造率均达 85%以上。"改"就是改圈、改厕、改厨房。村里给予农户一定的物料扶持，按照易改先改、能改就改的原则，成立专业施工队，统一施工，严格质量，做到改一户成一户受益一户。截止到 2010 年已有 280 户改厕完工，计划今年将全部完成改厕工作。同时，引导农民发展沼气，使村容村貌进一步美化。"建"是指道路建设和精神文明建设。2010 年，村里主要街道实现了硬化、绿化、美化。同时，广泛开展了"道德评议会"、"鲜花送文明"、"文明信用户评选"等文明创建活动，丰富活跃了农民群众的文化生活，提高了农民群众的素质，营造了健康向上的村风民风。"清"主要是村容村貌的清理整治。拆除了影响景观的破旧房屋、残墙断壁，清理卫生死角、建筑垃圾等，整治村内乱搭乱建、乱占道路、乱倒垃圾、乱排污水、乱挖管线及拴养牲畜等现象。"管"就是民主管理。该村在处理村里事务时广泛征求群众意见，做到办事民主、公开透明，认真接受群众监督。

二、泰安市文明生态村建设的启示

文明生态村建设的初步实践，既彰显了社会主义新农村建设的生机活力，又给我们以深刻的启迪和思考。特别是从以上几个典型模式的剖析中，我们得到了诸多启发。

1．试点示范，以点带面

文明生态村建设是农村一种新的发展模式，尚无成熟的经验和模式借鉴推广，必须从试点、示范抓起，典型引路，以点带面，点面结合，取得成功的经验和模式后全面推广。在这个问题上切忌建设中的趋同化、同步化倾向，杜绝盲目跟进，一哄而上。要尊重群众的首创精神，尊重群众的自主选择，工作重心要放在引导、协调、支持和服务上。

2．因地制宜，分类指导

综合考虑不同地域和不同村庄经济发展水平、社会自然条件的差异，紧密结合自身实际，充分发挥其优势，选择自己的发展模式，不搞硬性规定，不强求一个模式。如潮泉镇柳沟村建设模式主要是从改造人居环境为突破口，通过人居环境的改善带动文明生态村的生态经济、生态文化建设；白马石村主要是以生态农业的建设为切入点，带动文明生态村的全面建设；而刘台村是以生态旅游为着力点，推进文明生态村的建设。各具特色，各有千秋。

3．科学规划，分步实施

文明生态村建设必须明确目标，科学定位、整体规划、分步实施，保持规划建设的长期性、连续性，正确引导，循序渐进。在这方面，潮泉镇柳沟村请来规划设计单位进行科学规划，结合本村实际提出村居环境建设、生态产业建设、生态文化建设的近期、中期、长期发展目标，并根据制定的规划保持建设的连续性。

4．政府推动，公众参与

各级政府要加强对文明生态村建设的领导，大力宣传文明生态村建设的重要意义。综合运用法律、行政、经济和社会手段，充分调动社会各界，尤其是广大农民群众的积极性、主动性，把文明生态村建设变成农民的自觉行动，这是建设文明生态村的组织保障和群众基础。为更好地推动文明生态村建设，泰安市委、市政府制定并下发了《关于开展村镇环境整治推进文明生态村建设活动实施方案》，把文明生态村建设列入文明、卫生、平安"三城联创"的内容，市政府成立了6个由市级领导为组长的专项工作督查小组，定期检查、督导。各县市区、乡镇均成立了领导小组和办事机构，层层召开动员会，明确任务，落实责任。通过广泛宣传、发动，已基本形成了领导重视，各部门积极支持，农民群众广泛参与的良好局面。

5．统一认识，营造氛围

文明生态村建设要把发动群众作为创建工作的重要环节，利用各种形式，广泛宣传发动群众，使群众认识到建设文明生态村是"功在当代、惠及子孙"的大事，引导广大农民克服"等、靠、要"思想，调动群众的积极性和参与热情，真正使广大村民成为创建的主体。

农村环境污染状况的调查与思考

——以新乡市农村环境污染状况与治理防护为例

河南省新乡市环境保护局　路文忠

摘　要：通过社会主义新农村建设，着力解决好危害农民群众身体健康，威胁城乡居民食品安全，以及影响农业、农村可持续发展的突出环境问题，是推动国家生态建设必须要研究的问题。本文通过对河南省新乡市农村环境污染现状调查、农村环境污染问题原因分析，提出了以新农村建设为契机，建立农村环境保护长效机制，建立完善农村污染监测体系，大力发展农村生态经济，积极推动农村环境保护工作上台阶的思考和建议。

关键词：农村生态保护；环境治理；环保政策

一、新乡市基本情况

新乡市南临黄河，北依太行，地处黄河、海河两大流域，黄河流经新乡市 170 km。平原占新乡市总面积的 78%，土地肥沃、光热充沛。全市总面积 8 249 km^2，总人口 570 万。2010 年，全市生产总值 1 181 亿元，粮食总产 38.1 亿 kg，连续 5 年创历史新高；城镇居民人均可支配收入、农民人均纯收入分别达 15 752 元和 6 241 元。农村经济发展迅速。是全国重要的商品粮基地、优质小麦生产基地和畜牧生产加工基地，优质粮比重达 85%。以新型农村住宅社区建设为重点的统筹城乡工作率先推进，城镇化率达到 42.76%，被确定为全省统筹城乡发展试验区。工业实力日渐雄厚。形成了生物与医药、动力电池与电动车、电子信息、现代煤化工、新型膜材料等新兴产业，特色装备制造、制冷、汽车零部件等优势支柱产业以及食品、纺织、造纸、建材、能源等传统优势产业。

二、农村环境污染现状

1. 农业生产对农村环境的污染

新乡市人多地少，土地资源的开发已接近极限，化肥、农药的施用成为提高土地产出水平的重要途径。随着农作物害虫抗药性的增强，农民农药施用量也随之上升。喷洒的农药绝大部分残留在土壤、水体、作物和大气中，既造成了环境污染，也对动物和人体造成危害。此外，农业生产中使用塑料薄膜，由于不注意回收清理而给农村带来了"白色污染"。化肥、农药和农膜的使用，使耕地和地下水受到了大面积污染。农药残留，重金属超标，制约农产品质量的提高。

2. 生活废弃物对农村环境造成的污染

由于历史上自然形成的农村聚居点（村、庄）与小城镇的基础设施建设先天不足和具体管制的不健全，加之环境管理滞后产生的生活污染物，一般直接排入周边环境中，造成严重的"脏、乱、差"现象。随着人民群众生活水平日益提高，村镇的生活废弃物也在不断增加。但由于农村基础设施建设和环境管理滞后，资金、技术有限以及其他原因，村镇的生活废弃物处理设施的建设及容量都不能满足实际的需要。

3. 畜禽养殖业对农村环境的污染

新乡市畜禽养殖业发展迅速，规模化率不断提高，全市仅生猪年出栏已达 310 万头。传统的农村畜禽养殖多为无序分散状况，且养殖户数量较多，规模较小，种植、养殖一条龙，畜禽粪便大部分作为农家肥，虽未经处理就直接排放，但对环境污染较轻。随着畜禽养殖业的迅猛发展，畜禽养殖业正逐步向集约化、专业化方向发展，不仅污染总量大幅增加，而且污染呈相对集中趋势，出现了一些较大的"污染源"。据调查，养 1 头牛产生的废水超过 22 个人生活产生的废水，而养 1 头猪产生的污水相当 7 个人生活产生的废水。畜禽粪便对地表水造成有机污染和富营养化污染，对大气造成恶臭污染，甚至对地下水造成污染，其中所含病原体也对人群健康造成了极大威胁。

4. 秸秆焚烧对农村大气环境的污染

新乡是全国重要的农产品生产基地，每年的秸秆生产拥有量上千万吨，秸秆资源极其丰富。由于农村中煤、煤气和火电逐步取代了取暖方式，机械化取代了畜牧耕作而骤减喂养的数量，加之秸秆综合利用率低，使得秸秆成了农村中的"剩余"物，造就了秸秆露天焚烧破坏性、有害化的原始处理方式。秸秆露天焚烧是农村季节性大气环境污染的主要因素。秸秆中含有大量的纤维素、木质素和粗蛋白等有机物质，适当处理是很好的生产生活资源，一把火烧之后，秸秆中有用物质丧失殆尽，仅留下的碳酸钾也随风随水流失。秸秆焚烧产生大量的有害气体，焚烧过程中产生的烟尘和炭黑，循环到大气环境中，还会加剧温室效应，造成臭氧层的破坏。秸秆露天焚烧有百害而无一利。

5. 工业企业向农村转移对农村环境造成的污染

乡镇工业企业的发展，为农村发展和经济增长作出了重要贡献。我们也由此看到，工业"三废"污染严重受乡村自然经济的深刻影响。首先是乡镇工业布局不当，其次是设备简陋，加之工艺技术落后，资源和能源的高消耗是必然结果。由于绝大部分乡镇企业防治污染设施薄弱，水平较低，直接导致农村工业"三废"的高污染。农村工业化实际上是一种以低技术含量的粗放经营为特征、以牺牲环境为代价的反积聚效应的工业化。村村点火、户户冒烟，不仅造成污染治理困难，还直接或间接地导致农村环境和农业环境污染与危害。随着城市工业企业的高标准污染治理和搬迁，以及城市污染治理监管机制的有效运转，城市污染企业在市区已无处藏身，城市工业"三废"污染有向城乡结合部和农村转移的蔓延态势。

三、农村环境污染问题原因分析

1. 农村环境污染的历史原因

（1）重工业优先发展战略。我国从第一个五年计划开始，实施重工业优先发展战略，执行增长第一的经济政策，高增长的工业超过环境承受能力，并且工业结构上严重失衡。

（2）以粮为纲政策。农业上强调以粮为纲，引发了大面积毁林开荒、毁草开荒和围湖造田，对自然生态环境造成严重的负面影响。追求农业高产导致化肥的使用越来越多。化肥的大量使用引起了一些河流、湖泊出现富营养化，含氮化合物进入含水土层则可能危害健康。

（3）"大跃进"。"大跃进"期间，一大批设备简陋、效益低下的小炉窑、小电站、小水泥厂蜂拥而上，资源浪费严重，经济效率极低，工业"三废"放任自流地排放，许多城市的工业区（大多数是农村地区）出现烟雾弥漫、污水横流、废物遍地的局面，环境污染迅速蔓延。

（4）"三线"建设。在"三线"建设中，许多大量排放有害物质的工厂建到深山峡谷中，由于扩散稀释条件差，形成了严重的大气污染和水污染。由于没有污染治理设施，许多排放量很大的工厂将废水直接排放，使天然水系变成臭水沟。

（5）改革开放以来，农村乡镇企业迅猛发展，农村面貌发生了巨大的变化。但是由于各方面的原因，我国农村环境面临的问题日益突出，特别是环境污染严重。

2．二元社会结构是农村环境污染的深层原因

（1）长期的城乡分割，形成二元社会结构。我国的城市化进程比较缓慢，大量人口被滞留在农村，从而加剧了农村人口与资源之间的紧张关系。

（2）在二元社会结构下，城乡差距持续扩大。由于贫困的处境强化了广大农民谋求发展的动机，在缺少资本以及适当发展途径的情况下，很多农民不得不走资源消耗型的发展之路，以非持续的方式掠夺性地利用土地和森林资源，从而直接造成土地退化、森林破坏、生物多样性减少、缺水以及农村环境污染等一系列环境问题。环境质量的下降又反过来制约了农民摆脱贫困。

（3）在二元社会结构的作用下，农村的产业结构过于单一。农业是农民主要产业，相当多的人是以农业为生的。劳动密集型的小规模农业生产增加了农村环境污染的防治难度。农村土地制度没有根本变革，一家一户的小规模土地经营仍是主要的农业生产形式。这种土地利用状况在加剧农村环境污染的同时，又严重制约着污染的有效治理。

（4）在二元社会结构下，农村的环境保护长期受到忽视。在农村仍然存在环保政策贯彻不力、环保机构不健全、环保人员缺乏，以及环保基础设施不足等问题，这些是农村环境污染失控的一个重要背景。中国的环保一直把重点放在大城市、大工业和大工程上。农村落后的基础设施与日益加大的污染负荷的矛盾日益突出，直接导致了农村环境污染的加剧。

3．当前农村环境污染未能得到改善的原因分析

（1）重视程度不够。我国现在正在进行的社会主义新农村建设，对如何建立健全完整的法律法规以防治农村环境污染还没有具体的计划。我国的环境管理体系是建立在城市和重要点源污染防治上的，对农村污染及其特点重视不够，加之农村环境治理体系的发展滞后于农村城镇化进程，导致其在解决农村环境问题上不仅力量薄弱而且适用性不强。广大农村的基层领导和基层组织为加快发展农村经济，解决农民温饱奔小康问题，往往忽视环境保护和生态保护。农村环境治理的范围广，牵涉的部门多，需要社会各界的配合，而按照现行的监管体系，有关职能部门各自为政，没有形成相互衔接的执法管理网络。农村环

境保障体系仍比较薄弱，广阔天地成了各类垃圾的天然排放场，"垃圾到处堆，蚊蝇满天飞"的场景在农村并不罕见。有关职能部门在监管或执法时往往力不从心，农村的环境保护难以落实。目前，我国农村环境管理体系呈现以下特点：环境立法缺位、农村环境管理机构不全、没有形成环境监测和统计工作体系。

（2）农业科学技术进步还难以满足农村环境污染治理的现实需要。同样产业结构的两个地区，如果使用的农业科学技术不同，产生的污染也不同。一般来说，使用低技术的地区，会消耗更多的自然资源，产生更多的污染。由于一些农技推广人员对指导农民提高农药和化肥使用效率缺乏积极性，以致化肥、农药不合理施用情况难以有效控制。我国的农村现代化进程有两个明显的特点：一是工业优先增长和依托工业的现代化农业快速发展，二是居民在空间分布上迅速集中。这使农村的产业结构从自然和谐型转变成自然危害型，农村原有的具有强大环境自净能力的自然循环被破坏，原本可以自然消纳的生活污染物因超出环境自净能力成害。农村各类环境污染呈现出的与城市污染迥异的特点，导致目前的环境管理体系及农业技术推广体系难以对付新的污染问题，也没有针对农村环境污染特点的设计治理模式，使得农村环境污染治理效率不高。

（3）对农村环境污染防治的财政渠道的资金来源不够，导致农村环境污染防治力度受限。长期以来，我国污染防治投资几乎全部投到工业和城市。城市环境污染向农村扩散，而农村从财政渠道却几乎得不到污染治理和环境管理能力建设资金，也难以申请到用于专项治理的排污费。由于农村土地等资源产权关系不明晰，致使农村的环境资源具有一定的"公共属性"，造成几乎没有有效的经济手段，对农业生产中社会收益大于私人收益的部分给予一定补偿，对社会成本大于私人成本的部分收取一定费用，实际上鼓励了农村居民采用掠夺式生产方式。由于环境保护尤其农村环境保护本身是一项公共事业，属于责任主体难以判别或责任主体太多、公益性很强、没有投资回报或投资回报率较小的领域，对社会资金缺乏吸引力，政府必须发挥主导投资作用。

（4）对农村环境污染防治没有像城市那样制定优惠政策，导致农村环境污染治理的市场化机制难以建立。我国对城市和工业企业污染治理，制定了许多优惠政策：如排污费返还使用，城市污水处理厂建设时征地低价或无偿、运行中免税免排污费，工业企业污染治理设施建设还可以申请用财政资金对贷款贴息等。而对农村各类环境污染治理，却没有类似政策。由于农村污染治理的资金本来就匮乏，建立收费机制困难，又缺少扶持政策，导致农村污染治理基础设施建设和市场运营机制难以建立。

四、对农村环境治理防护的实践与建议

目前我国农村环保工作虽然面临着许多困难和问题，但党中央明确提出的建设生态文明，促进人与自然的和谐，着力解决危害群众健康、影响农村可持续发展的突出环境问题的一系列政策和措施，为我们做好自然生态和农村环境保护工作指明了方向。新乡市借此强劲东风，在自然生态和农村环境保护工作方面做了大胆有益的探索。

1. 以农村生态环境建设和保护为牵引，积极推动新型农村住宅社区建设

我国社会主义新农村建设，为各地农村生态环境建设和保护工作提供了难得的历史机遇。新乡市政府以新型农村住宅社区建设为突破口，走在了全国社会主义新农村建设的先

进行列。在新型农村住宅社区建设这一动态过程中，各级环保部门就是要确保每一个新型农村住宅社区建设项目必须纳入全市农村生态环境建设和保护的战略框架之内，必须纳入全市新农村建设总体规划之内，做到环评前置，规划先行，不允许未批先建。已建成入住的新型农村住宅社区要确保生活垃圾清运处理和生活污水处理两个系统同步启动运行，变"谁污染谁治理"为"谁治理谁收费，谁治理谁受益"，使入住群众人人分享到农村生态环境建设和保护结出的硕果。新乡市新型农村住宅社区生活污水处理主要采取建生活污水处理园和沼气站的方法。以农村生态环境建设和保护为牵引，全面推动新型全国农村住宅社区建设，从根本上解决了农村聚居点（村、庄）与小城镇的基础设施建设先天不足和管制不健全、农村生态环境建设和保护滞后的历史难题，解决了农村突出的生活垃圾和生活污水污染问题，彻底改变了农村"脏、乱、差"的面貌。

2. 深入开展集中专项治理行动，努力实现规模化畜禽养殖企业达标排放

畜禽养殖业的规模化、集约化、专业化养殖，已成为对这一产业进行科学规划、集中整治的基本载体。在这方面，新乡市环保局会同畜牧、农业等部门科学划定畜禽养殖区、禁养区和限养区。对全市交通干线、重点河流两侧、城区周边的养殖企业进行了拉网式排查，对那些位于禁养区、问题突出、污染严重以及对我市河流断面构成严重影响的 98 家规模化养殖企业限期搬迁关闭。对新建的规模化畜禽养殖企业，必须做环境影响评价，其产生的污染物，必须建设污染治理设施，而且要与畜禽养殖场主体工程同时设计、同时施工建设、同时投入运行使用。鼓励建设生态养殖场。对不能达标排放的规模化畜禽养殖企业实行限期治理。根据治理规模，政府给予一定补助，银行等金融部门提供信贷便利，多方接力、上下联动、科学监管，稳步实现规模化畜禽养殖企业达标排放，有效解决畜禽养殖业造成的环境污染问题。

3. 以疏堵结合的方法抓禁烧，筑牢农村秸秆焚烧污染的防火墙

解决秸秆焚烧问题，关键在于为剩余秸秆找出路，禁烧是"堵"，综合利用是"疏"，秸秆禁烧和综合利用相互推动。综合利用好秸秆不仅仅是减低焚烧带来的各种危害，而且是有效缓解能源危机，变废为宝，造福人类，向可持续、绿色能源发展迈了一大步。新乡市环保局是该市秸秆禁烧工作的行政主管部门，一直以来不仅敢于在"堵"上下狠劲，也善于在"疏"的方面做文章，工作开展卓有成效，筑牢了农村秸秆焚烧污染的防火墙。新乡市发挥秸秆生物能源和饲料资源的作用，推广秸秆综合利用新技术，以生物发电、秸秆气化、饲料加工、秸秆还田、燃料利用为主要综合利用方式，提高秸秆资源利用程度。政府出台了一系列优惠扶持政策，鼓励生物发电企业、牛羊养殖企业、培育食用菌企业以及利用秸秆加工编织企业等做大做强，增加秸秆需求吸收能力。出台了补贴农户政策，激励农民将秸秆粉碎还田，有机物循环利用，有效促进农业良性可持续发展。

4. 加强农业生产环保科技的推广和应用，坚定不移地走生态农业发展之路

防止农业生产对农村环境造成污染，需要加强科技支撑力度，必须大力发展无公害农业。农业生产导致的面源污染排放主体分散、隐蔽，排污随机、不确定、不易监测，这使得对面源污染的管理存在成本过高、只能对受害地监测、很难监控排污源的现状。我国目前的环境管理体系是建立在城市和重要点源污染防治上，对农村污染及其特点重视不够，加之农村环境治理体系发展滞后，导致解决农村环境问题不仅力量薄弱而且适用性不强。农业技术的选择缺乏环境政策制约机制，导致一些农技人员对指导农民提高农药和化肥使用效率缺乏积极性，滥用化肥农药相当普遍。在农业生产过程中，片面追求数量而忽视农产品质量，忽视农药化肥的大量使用对农村土壤以及河道的污染。大多数农民对科学用药、平衡施肥知之甚少，不能根据作物生长规律、土壤养分状况进行测土配法施肥，只是一味单纯地加大剂量滥施农药，盲目施肥，结果不仅造成化肥农药利用率不高，而且对环境污染严重。针对农村面源污染问题，必须一改往日的粗放型农业生产方式，坚定不移地走生态农业的发展道路，充分考虑农村区域特点，实行生态平衡施肥技术和生态防治技术，从源头上控制化肥和农药的大量施用。新乡市作为全国重要的商品粮基地，必须紧密结合农业生产，切实抓好农村生态环境建设和保护工作。

5. 依托产业集聚区这一新兴载体，不断强化农村工业企业污染治理

可持续发展是我国社会、经济发展的基本战略，可持续发展要求企业在生产过程中降低消耗、减少污染，提倡清洁生产，保持经济、环境、社会的平衡、协调发展。为此农村工业企业必须改变现有的高能耗、高污染的生产方式，改进生产工艺、降低污染。污染型的农村工业企业的发展必然会受到各方面政策及社会的制约。产业集聚区是现代产业、现代城镇的载体，是优化经济结构、转变发展方式、实现节约集约发展的基础工程，是统筹城乡发展的重要依托，是实现社会主义新农村建设、县域经济发展的重要抓手。今天，产业集聚已成为发展农村工业企业的必由之路，这不仅是农村工业污染集中治理、降低治理成本的要求，也是加强企业技术经济联系、降低成本、增强市场竞争力、建设现代企业制度和加快农村城市化的必然要求。新乡市现有 28 个产业集聚区，遍布全市整个县（市、区）。2010 年年初以来，累计入驻企业达到 4 590 家，吸纳就业 42 万人，规模在持续壮大，承载能力日益增强。因此，在今后的一个相当长的时期内，依托产业集聚区这一新兴载体，积极引导和推动农村工业企业向产业集聚区转移，已成为强化农村工业企业污染治理的重要手段。

6. 严格落实农村环境保护领导责任制，不断强化农村生态环境监管工作

农村环保问题长期存在，迟迟得不到解决，一个重要原因就是农村环保组织和队伍建设不完善，甚至没有提上县、乡政府的重要议事日程。坚持保护与治理并重，强化依法监督管理，严控不合理资源开发，重视自然环境保护与修复，需要将农村生态环境保护工作列入各级政府领导干部政绩考核的主要内容，制定考核办法，优化考核体系和评价指标，建立激励与约束机制，保证农村环境保护工作有人管、有人抓，使农村生态环境保护逐步走上规范化、制度化。要尽快建立完善"农村环境监测体系"，随时了解和掌握农村环境保护中存在的突出问题，不断加大对农村环境保护的综合监测和整治力度。严格环境准入，严防污染由城市向农村地区转移。新乡市如雨后春笋般的新型农村住宅社区和产业聚集区建设，将农村污染集中控制与治理变为了现实，为加强农村环境监管奠定了坚实的基础。

农村环境污染防治，关键是要把广大农民群众发动起来。部分群众对农村污染危害的严重性和长期性认识不足，对环境危害问题认识不够到位，多数还认为只有工厂排放的污染物才叫污染，而化肥、农药、畜禽排放的粪便等都不属于污染。另外，相对于环境问题而言，农民更看重的是经济利益，他们普遍认为只要生活水平提高了，一切问题都可以得到解决。农民环境意识的淡薄，也是导致农村环境污染的原因之一。因此，需要我们广泛开展贴近实际、贴近生活、贴近群众的环保宣传和科普教育。农村环境保护本身是一项公共事业，政府必须承担起主导作用，要通过环境立法、增设农村环境管理机构、加大环境建设投入力度等措施全面建设社会主义新农村。

对农村环保与节能减排工作的几点思考

河南省三门峡市环境保护局　张中良

摘　要：本文以三门峡市第一次污染源普查 COD 数据为例，说明农村环境问题在人民生产生活中日渐凸显，越来越多地引起人们关注，农村节能减排工作不容忽视。本文简要介绍了三门峡市农村环境形势，分析了该市农村环境问题的产生原因，提出了解决农村环境问题的途径，探讨了如何做好农村节能减排工作。

关键词：农村环保；节能减排；思考

一、三门峡市农村环境形势

改革开放以来，在农村经济快速发展、农民收入大幅度提高的同时，由于农村生活污水、垃圾排放量增大，化肥农药使用量居高不下，城市工业污染逐渐向农村转移，农村地区的农民生产生活产生的污染物基本不经处理直接排放，散布在农村的小型企业大多工艺落后，能耗高、单位产品排污量较大，导致农村地区环境状况不容乐观，影响广大农民群众的生存环境与身体健康。以三门峡市为例，存在的环境问题主要有：一是农村环境"脏、乱、差"问题还比较突出。长期以来，由于广大农村地区基础设施建设投入不足，村庄建设规划滞后，环境管理落后，导致人畜粪便、生活垃圾和生活污水等废弃物大部分没有得到有效处理。二是农业面源污染问题没有得到很好解决。目前，三门峡市化肥施用水平平均每公顷 650 kg 以上，化肥利用率只有 30%，农药施用量每年在 1 960 t 左右，农药利用率也只有 35%，大量未被利用的农药化肥在自然环境条件下逐渐向环境迁移，造成水体富营养化、水质恶化，严重者使水体丧失使用功能。全市种植业地膜使用量 1 364.67 t，地膜年残留量 576.58 t，由于农膜在自然界不易降解，对环境的影响周期较长，尤其是对土壤环境的污染比较严重。每年产生各类农作物秸秆约 70.15 万 t，其中 28.96 万 t 未被有效利用，秸秆随处堆放或就地焚烧，严重污染了环境。规模化养殖业污染防治设施不完善，存在粪便、污水未经无害化处理直接排放现象，成为加剧河流污染的一个重要原因。三是城市工业污染向农村转移趋势加剧。一些重污染工业项目从城市向农村转移，大部分乡镇工业企业布局分散、设备简陋、工艺落后、能耗高污染重，企业污染点多面广，难以监管和治理，企业废水、废气、废渣不达标排放已成为影响农村地区环境质量的因素之一。四是农村燃料结构不合理，生产生活用能主要以薪柴、秸秆、煤炭为原料，太阳能、电能、液化气、沼气的利用普及率低。根据有关资料显示，我国农村人均用能折标煤 1.53 t。其中生活用能占 70.5%;生产用能占 29.5%。能源来源为：作物秸秆占农村生活用能总量的 5.6%；薪柴占农村生活用能的 41.7%；原煤占农村生活用能的 50%；其他能源占农村生活用能的

2.7%。仅此一项节能的潜力就相当巨大。

二、三门峡市农村环境问题成因分析

当前我市农村环境问题日益严重的原因，主要有以下几个方面：

1．农村环保基础设施建设严重滞后

基层农村环保基础设施非常薄弱，加之缺乏灵活有效的公共服务投融资机制和政策，农村环保基础设施建设基本处于空白状态，许多农村地区成为污染治理的盲区和死角。

2．农村环保监管能力薄弱

我市农村基层环保机构不健全，长期以来，县级环保部门一些环保人员还未纳入财政统一管理，县级环保机构监管装备配备不足，缺乏监管工作所必需的仪器、车辆、通信设备等，因而无法形成必要的监管能力；村镇一级基本无环境监管人员，环境监测和环境监察工作尚未覆盖广大农村地区。

3．农村环保法律法规和制度不健全

相对于城市环境保护和工业污染防治而言，农村环保工作起步晚、基础弱，法律法规和制度不健全，有些方面甚至是空白，针对农村环境污染的主要问题，如畜禽养殖污染、面源污染等，现行法律中的一些相关规定针对性和可操作性不强，给农村环保执法和环境问题的解决造成了一定的困难。

4．环保宣传教育在农村不够深入

受人力、资金条件限制，环保宣传教育还没有真正深入到农村，一些干部、群众的环境意识不高，环境法制观念和依法维权意识不强，对生产、生活污染的环境危害认识不足，日常生产、生活行为缺乏必要的环境知识作指导，难以适应社会主义和谐新农村建设的需要。

三、农村节能减排是解决农村环境问题的重要途径

要解决农村环境污染问题，首先应对污染的来源做简要分析。目前我国农村污染主要来源有三个方面：一是农村居民生活废物，包括生活污水、废气和生活垃圾；二是农业生产废物，包括农业生产过程中不合理使用而流失的农药、化肥，残留在农田中的农用薄膜和处置不当的农业禽畜粪便、恶臭气体，以及不科学的水产养殖等产生的水体污染物；三是散布在农村的乡镇企业生产中排放的污染物。要解决好农村环境污染问题，最主要的就是管理好这些污染源让其从无序变为有序，从直排变为处理达标后排放。农业和农村节能减排又是国家节能减排的重要组成部分，开展农村地区节能减排工作是解决农村环境污染问题的最有效办法之一。治理农业面源污染对实现"十一五"污染物减排目标具有重要作用。农业资源和环境问题已经成为制约农业可持续发展和新农村建设的"瓶颈"，如何促进农业和农村节能减排，解决农村环境问题，为建设"清洁水源、清洁家园、清洁田园"的社会主义和谐新农村作出贡献，这个论题已经摆在了我们面前。

"十一五"期间，我国节能减排目标是单位国内生产总值能耗降低 20%，主要污染物排放总量减少 10%。为了实现这一目标，各地方各部门纷纷下大力气制定有关政策，采取

了许多有效措施节能减排，效果很明显。2007 年全国 SO_2 和 COD 排放总量分别下降了 4.66% 和 3.14%，首次实现了"双下降"。在这场节能减排攻坚战中，有一种倾向应该引起注意。节能减排，大多只把目光盯在城市，盯在大企业，而忽视了农业农村的节能减排工作。据农业部统计，2006 年，我国农村能源消费总量约为 9 亿 t 标准煤，其中商品能源约为 6 亿 t 标准煤，占全国商品能源消费总量的 1/4。我国化肥使用量达到 4 300 多万 t，利用率仅为 35%。农药使用量 140 多万 t，利用率仅为 30% 左右。每年产生的畜禽粪便近 30 亿 t，农村每天产生生活垃圾近 100 万 t，大部分未经处理直接排放。根据三门峡市第一次污染源普查的数据，工业源 COD 排放量 6 688.63 t，农业源 COD 排放量 9 817.27 t，农业源污染已经超过工业源。由此农村节能减排前景广阔，农村节能减排工作大有作为。

四、如何抓农村节能减排，减轻农村环境污染问题

为了能有效解决农村环境问题，促农村节能减排，必须加强推广节能技术，开发生物质能源，提高投入品使用效率，减少污染物排放，降低农业面源污染、减轻环境压力。推进农业和农村节能减排，促进农业节本增效，有利于转变农业发展方式、加快发展现代农业。改革开放以来，我国农业和农村经济发展取得了很大成就。但总体上看，农业和农村经济增长方式还比较粗放，存在着资源消耗大、浪费严重、污染加剧等突出问题。抓好农业和农村节能减排，发展循环农业，提高农业资源和投入品利用效率，走投入少、效益高、可持续的发展之路，是发展现代农业的必然选择。做好农业和农村节能减排工作，必须深入贯彻落实科学发展观，按照建设资源节约型、环境友好型社会的总体要求，大力提高能源利用效率，减少污染物排放，推进废弃物能源化、资源化利用，走中国特色的生物质能源发展道路。着重采取以下措施：

1. 大力推进农业生产和农村生活节能

积极推进农业耕作制度改革，大力推广免耕或少耕等保护性耕作，实施各种类型的秸秆还田、节水保墒、保温防寒、生态间作等节约高效的耕作制度。大力发展节油、节电、节煤的农业机械和渔业机械技术及装备，加快更新淘汰高耗能农业机械和装备。推广应用复式联合作业农业机械，提高农业机械作业质量，减少作业环节和次数，降低农业机械单位能耗。推广节约、高效、生态畜禽养殖技术，大力推进农村生活节能，推广应用保温、隔热的新型建筑材料，发展节能型住房。

2. 大力推进农业废弃物能源化、资源化利用，适度发展能源作物，走中国特色的生物质能源发展道路

抓好农村沼气建设，以"一池三改"（沼气池，改圈、改厕、改厨）为主要内容，逐步普及农村户用沼气；以集约化养殖场和养殖小区为重点，加快建设养殖场沼气工程；在人畜分离、实行小区集中养殖的村庄，建设沼气集中供气工程。积极推广秸秆气化固化。推进乡村清洁工程建设，以自然村为基本单元，建设秸秆、粪便、生活垃圾等有机废弃物处理设施，推进人畜粪便、生活垃圾等向肥料、饲料、燃料转化。推广秸秆覆盖还田、秸秆快速腐熟、秸秆气化、过腹还田和机械化还田技术，实现农业资源和废弃物的高效利用和循环利用。在确保国家粮食安全和农产品有效供给的前提下，利用大量宜农宜林荒山、荒坡、盐碱地种植甜高粱、甘蔗、木薯等非粮能源作物，发挥其对我国能源供给的补充作

用。科学制定主要能源作物发展规划，建设能源作物专用良种的引进、选育基地和生产示范基地，鼓励大型能源企业引导带动农民发展能源作物生产。

3．积极发展农村可再生能源

我市农村蕴藏有丰富的小水电、风能、太阳能等可再生能源，但目前开发利用程度不高，在农村能源总消费中所占的比例还很小。应按照因地制宜、多元发展的原则，采取有力的扶持政策，克服技术和成本等方面的障碍，大力发展适宜不同区域、不同资源禀赋的农村社区、企业和农户使用的风能、水能、太阳能等可再生能源，向农民推广可再生能源技术和产品。

4．大力推广节约型农业技术，切实降低农业面源污染

以节肥、节药、节水、节能为突破口，推广应用节约型农业技术。广泛开展测土配方施肥技术指导与服务，提倡增施有机肥。通过推广测土配方施肥技术，减少氮肥使用量10%，有效控制和减轻农业面源污染。科学合理使用高效、低毒、低残留农药，淘汰"跑、冒、滴、漏"的植保机械，推广低容量喷雾技术，建立多元化、社会化病虫害防治专业服务组织，减少农药使用的次数和数量，提高防治效果和农药利用率。积极防治规模化畜禽养殖污染，建立和完善污染减排体系，切实降低农业面源污染。

5．抓好乡镇企业节能减排工作

加强乡镇企业能源消耗管理和节能设备更新改造，更新淘汰小立窑水泥、黏土实心砖、小冲天炉等落后技术、工艺和设备。引导和督促乡镇企业严格遵守资源利用标准和能源消耗标准。加大高能耗、高水耗和高污染乡镇企业的治理力度，严格限制污染环境的企业发展。引导乡镇企业聚集发展，统一建设治污、排污等基础设施，实现资源和能源的集约利用、环境污染的集中治理。

6．提高农村节能减排思想认识，加强农村和农业节能减排组织领导

农业和农村节能减排工作涉及面广、基础薄弱、任务艰巨，必须采取切实有力的措施，扎实加以推进。各级环保、农业部门、建设、水利和相关职能部门要把思想和行动统一到中央关于节能减排的决策和部署上来，不断提高落实节能减排的自觉性和紧迫感；真正把节能减排摆到重要位置，建立节能减排工作责任制，把节能减排的目标任务分解到各层级、各单位，强化监督、管理和服务，严格绩效考核，确保任务完成、目标实现。

7．制定工作规划，完善相关政策

实施好农业和农村节能减排工作意见。把节能减排作为各地农村制定产业发展规划的重要内容，明确提出工作目标、任务、措施。进一步完善农业和农村节能减排法律法规体系，完善农业各产业节能规范，建立农业和农村节能减排认证制度，强化执法监督。制定和完善农业节能减排标准体系，严格控制对各种农业资源的浪费和不合理利用。加快研究制定农业和农村节能减排的相关政策，建立和完善生态补偿机制，通过财政补贴、投资政策、税收优惠、价格支持、市场配额、用户补助等多种激励手段，鼓励农业废弃物能源化、资源化利用，鼓励发展循环农业和生物质经济。

8．加大支持力度，推进重点项目

加大对农业和农村节能减排重点项目、重大工程的支持力度，特别是继续实施好农村沼气、秸秆气化、节水农业、保护性耕作、沃土工程、生物质能源开发等重点项目。拓宽融资渠道，探索建立政府引导、企业带动、社会参与、多方投入的节能减排投入机制，逐

步形成农业和农村节能减排稳定的资金来源。

9．鼓励科研开发，推广先进技术

强化农业节能减排技术的研究开发与转化，引导和鼓励大专院校、科研院所、骨干企业等各方面的科技力量努力攻克节能减排的关键性技术，重点在农业资源节约和清洁生产技术、农业废弃物及相关产业废弃物的资源化利用技术等方面进行突破，打破农业和农村节能减排的技术"瓶颈"。坚持把企业作为技术创新的主体，引导和鼓励企业进一步加强技术成果转化工作，采用各种先进、实用、环保节能的新设施、新工艺和新技术。鼓励和扶持农业和农村节能减排技术的推广应用。

10．加强科普宣传，营造良好氛围

在农村广泛开展节能减排的科普宣传，加强对农民的节能减排技术培训，把节能减排作为新型农民科技培训、农村劳动力转移培训 "阳光工程"和农民素质教育工程的重要内容，营造"人人讲节约、事事讲节约、时时讲节约"的良好氛围，逐步使节能减排成为广大农民的自觉行动。

我们相信，认真做好农村节能减排工作，不仅降低了农村经济发展的能耗，减少了污染物的排放，而且大力发展了循环农业、生态农业。我们相信，以建设社会主义新农村为指导，我们的农村环境问题就一定能很好地解决。

结合我区实际浅析农村
环境污染的主要问题及治理对策

重庆市永川区环境保护局　雷　波

摘　要：随着农村经济的不断发展，环境污染问题日益凸显，并逐渐成为制约农村经济可持续发展的最大障碍。因此加强农村环境保护，是农村和农业可持续发展的当务之急。文章以重庆永川为例，剖析了当前农村环境污染的来源及现状，并提出了治理对策及措施。

关键词：农村环境污染；治理对策；措施

永川区位于重庆西部距重庆市区 63 km，总幅员面积 1 576 km²，永川区的地貌属于低山丘陵体系，全区现有农用耕地面积 49 802 hm²，人均耕地面积 0.92 亩。农业人口约 80 万，农业生产在全区国民经济中占有重要地位。近年来，永川区围绕农村生态建设和环境保护做了积极工作，并取得显著成绩。实施了临江河污灌土壤整治，采用工程技术、生物技术与农业技术相结合，按照污染程度分区治理，实现流域内土壤污染的系统治理与修复。扎实开展次级河流污染综合整治，出台《小安溪河流域（永川段）水环境综合整治项目实施方案》，并开工建设场镇污水处理厂、垃圾收运工程，实施工业点源污染整治以及农业面源整治。完成禁养区内养殖场（户）的搬迁、关闭工作以及部分生猪养殖场粪污综合整治。加大农村生活污水治理力度，推进"一池三改"和农村连片整治等。在整个农村环境保护上进行了卓有成效的探索，但就全区而言，农村环境保护的形势仍然十分严峻、任务非常艰巨。突出表现为：点源污染与面源污染共存、生活污染与工业污染叠加、工业及城市污染向农村转移的速度有加快的趋势，直接影响农民群众生存环境和身体健康，有悖于社会主义新农村建设的目标。

一、永川区农村环境污染的来源及现状

1. 不合理地使用农药化肥造成污染

随着农村经济的发展，农民在经济观念上越来越重化肥，轻有机肥，化肥的大量使用改变了土壤原来的结构和特征，造成土壤板结，有机质减少造成环境二次污染。我区农作物大量施用化肥，化肥的过量和不当使用，往往随大气降水或灌溉退水进入地表径流，造成肥力损失，加重地表径流污染，下渗后，又造成浅层地下水污染，直接影响当地居民的饮水安全；同时有机农药的长期过量使用、造成农药残留超标、对食品安全构成威胁等。

2. 畜禽养殖污染

近年来，我区农业生产能力获得较大幅度提高的同时，畜禽养殖业污染使农作物秸秆

等废弃物大量增加。而且畜禽养殖大多建于村民居所院内或村庄周围，多为无序分散状况，且数量较多，沿用传统养殖方法，粪尿随处堆积、露天堆放，大量畜禽粪尿未经任何处理就直接排放，极易造成环境特别是地下水污染。在人口密集的集约化饲养场，其规模和布局没有得到有效控制，没有注意避开人口聚集区，造成畜禽粪便还田的比例低，危害直接，不仅会带来地表水的有机污染，畜禽粪便中所含病原体也对人类健康造成一定威胁。

3．农膜污染

目前农膜覆盖技术在我国农业生产中得到了广泛应用，农膜覆盖栽培已成为我国农业生产中增产、增收的重要措施之一。我区农业生产对于农膜局部使用量大、部分使用方法不当等原因，其所产生的环境问题也日趋严重。一是薄膜残片使农村的白色垃圾污染不断增加；二是农膜焚烧产生大量有害气体，污染环境和人类健康。

4．生活垃圾污染

随着农业产品在农民生活中不断增多，农村的生活垃圾已经由过去的菜叶、瓜果皮逐渐被塑料袋、废旧电池、农药瓶等所代替，垃圾中的难降解有机物迅速增加。这些垃圾含有大量对人体健康有害的物质。我区部分农村生产方式、生活习惯相对较为落后，人畜粪便、生活垃圾和生活污水废弃物大部分未经处理，随意在道路两旁、田间地头、水塘沟渠倾倒，严重影响了农村的环境卫生、极易导致一些流行性疾病的发生与传播，直接损害农民的身体健康。

二、永川区农村环境污染的原因分析

1．环保意识淡薄

农民环保意识淡薄是环境污染不断加剧的思想根源，长期的传统农业耕作方式，环保知识的缺乏，造成广大农民环境保护意识比较差，认为环境污染与己无关。只顾眼前效益，不顾长远利益，更不考虑生态环境，无节制地使用农药、化肥等，从而加剧了农村环境污染恶化。

2．农村环境缺乏科学规划和管理

在农村加快经济发展和城市工业化向农村转移的过程中，一些乡镇政府一味讲发展，缺乏长远的科学规划。企业布局分散、生产和排污混乱无序，即使采取了治理措施，也没有得到应有的效果。甚至有部分化工、电镀等污染企业分散在乡镇、村庄、居民集中区，尽管近年来监管力度不断加大，"三废"污染有所减缓，但由于缺乏合理的规划和有效的治理，污染问题仍很严重。加之农村生活废水无序排放，各种垃圾随意丢弃等都形成较大的环境安全隐患。

3．农村环保基础设施建设较差

由于历史的原因，国家长期以来对农村环保基础设施投入较少，村里污水、垃圾处理设施几乎没有，加之政府相关部门掌握的污染防治资金以往把重点倾向于城市和工业污染治理，对农村环保基础设施建设重视不够。

4．农村环境保护监管能力薄弱，存在"管理真空"现象

目前农村生态环境保护职能分散在农业、林业、水利、环保等各个职能部门，导致农业和农村环境保护责任主体不明确，既有交叉重复现象，也有空白断档地方，特别是作为

基层一线的镇政府和村委会中，缺乏相应的机构和人员，政府管理弱化的问题比较突出。

三、治理农村环境污染问题的主要对策

加强农村环境保护工作是实现农业可持续发展的重要手段，是社会主义新农村建设的重要内容和实践保障。

1. 提高群众思想认识，加强宣传教育力度

增强各级领导及有关部门对农村环境污染治理的紧迫感和责任感，把治理工作摆上重要议事日程。认真搞好宣传工作，让群众充分认识到环境卫生与自身健康的利害关系，自觉养成良好的卫生习惯。加强对农村环境污染防治的宣传教育，不断提高广大农民群众的环境保护意识。

2. 加快农村环保法律法规的制定，依法保护农村环境

制定并印发加强农村环保工作的决定，相关部门抓紧研究农村环境保护条例、畜禽养殖污染防治条例和土壤污染防治条例，尽快改变农村环境保护无法可依的窘境，推进依法管理农村环境。比如我区已制定了《永川区畜禽养殖区域划分及养殖污染控制实施方案》，明确了辖区内的禁养区、限养区和适养区，同时还制定了相应的畜禽养殖管理规范。

3. 加大对农村环境保护的监管力度

一是开展区域性的农村环境污染综合治理活动，建立农村环境长效管理机制。二是落实环境保护领导责任制，设立环保监督员。我区将环境质量和生态保护工作列入乡镇政府领导干部政绩考核的主要内容，同时还设立了 30 名专职环保管理员具体负责本乡镇的环保工作，确保认识到位、责任到位、措施到位、投入到位。三是建立激励与约束机制，出台完善有关农村生态环境保护的考核办法，明确任务职责，实施目标考核，使农村生态环境保护走上经常化、规范化、制度化轨道。

4. 整合部门资源，加快乡镇垃圾和污水处理厂等基础设施建设进度

要结合社会主义新农村建设，整合部门资源，汇集力量，降低成本，统一规划和建设，实现污水集中处理，垃圾、粪便无害化处理，提高农村环境问题的应对能力，彻底改善农民生存环境。

5. 统筹规划，积极推行生态村镇建设

按照新农村建设要求，深化环保在农村发展中的地位和作用，大力推广清洁能源和可再生资源的利用，优化能源结构，推广普及沼气、太阳能等清洁能源技术。加快普及户用沼气，以沼气池建设推动改圈、改厕、改厨，引导和帮助群众切实解决住宅和畜禽圈舍混住问题，抓好生态示范区建设项目，实施"生态家园富民工程"、"康居工程"等，改善生活环境，推进农村文明卫生创建工作。

农村环境污染治理是一项系统又复杂的工程，需要整个社会的积极参与和共同努力，同时综合运用法律、行政、经济、科技等多种手段进行全面协调治理；统筹考虑各种利益关系，建立综合决策机制，逐步改善并保护农村环境，加快建设社会主义新农村的进程，实现农村的可持续发展。

日喀则地区生态环境保护与建设
调 研 报 告

西藏自治区日喀则地区环境保护局 刘 昆

摘 要：近年来，日喀则地区生态环境保护工作取得了长足的进步，但仍然面临着草地退化、土地沙化、水土流失、自然灾害频繁等严重的问题，本文通过深入调研分析，提出了日喀则地区加强生态环境保护与建设应采取的对策和措施。

关键词：生态环境；问题及原因；对策建议

一、日喀则地区生态环境现状

1. 区位特点

日喀则地区位于西藏西南部，国土面积 18.2 万 km²，总人口 70 多万，境内平均海拔 4 000 m 以上，边境线长 1 753 km，是祖国西南边疆的前沿阵地，战略地位十分重要。

地质构造的复杂性造就了区域内高山耸立，岭谷相间的地貌景观。南部为著名的喜马拉雅山脉，北半部为冈底斯山脉，两者几乎呈平行态势东西走向排列。平均海拔高度在 5 500～6 000 m。因受多次地壳运动的影响，气候特征表现为独特的高原气候，寒冷干旱，日照充足，太阳辐射强，自然灾害频繁。平均降雨量在 50～600 mm，雨季明显，大多集中在 7、8、9 三个月，占全年降水量的 98%。境内河流湖泊较多，水资源较为丰富，但分布极不平衡，空间上差异极大。

2. 区域内生态环境现状

日喀则地区主要生态系统类型有 4 类，即草甸、草原生态系统、灌丛生态系统、森林生态系统、湖泊-湿地生态系统。

（1）草甸、草原生态系统。全地区草地为 1.9 亿亩，其中可利用草场 1.8 亿亩，占 95%。天然草地是维护日喀则、西藏乃至全国生态安全的重要绿色生态屏障，是生态环境保护与建设的核心。同时，也是促进日喀则地区畜牧业和经济社会发展的重要基础。

（2）灌丛生态系统。根据 2002 年二类森林资源调查数据显示，有灌木林 1 653.7 万亩，分布于海拔 4 000～4 800 m。不仅具有涵养水源、保持水土的功能，同时，对群众的生产、生活起到重要作用。

（3）森林生态系统。森林资源主要分布于喜马拉雅山南坡的山地与河谷地带，总面积达 179.5 万亩，活立木蓄积量 3 256.7 万 m³。是生物多样性保护的重要基地，在我地区发挥着重要的生态屏障作用。

（4）湖泊-湿地生态系统。主要分为湖泊型、河流型和沼泽型湿地三大类；如：雅江源头马泉河湿地、日喀则市所在地的城郊湿地和昂仁县的桑桑湿地等。这些湿地是众多鸟类的繁殖地，也是藏羚羊等国家级珍稀野生动物的栖息地，不仅保障水资源的持续利用，同时，也对维护生态平衡，促进人类社会和谐发展具有重要意义。

二、生态环境保护与建设的经验和做法

日喀则地委、行署历来高度重视生态环境保护与建设工作。初步形成了地委领导、人大监督、行署负责、林业、环保、珠峰部门统一管理，农牧、水利、国土等各部门分工协作，全社会广泛参与的生态环境保护与建设工作机制，全社会齐抓共管的良好局面基本形成，有力地促进了我地区生态环境工作的全面开展。

1．草地生态保护与建设初见成效

党的十一届三中全会以来，实行了"牲畜归户、私有私养、自主经营、长期不变"的政策。1985年出台了《西藏自治区草原管理暂行规定》，截至2009年全地区有12个县市，60个乡镇草场已承包到户，面积为5 966.1万亩，其中冬春草场承包户面积4 651.5万亩。加大对草地生态保护的投入，自2005年实施退牧还草工程以来，国家累计安排投资27 231.9万元，实施草场休牧646万亩，禁牧684万亩，补播406.5万亩，草场网围栏建设面积累计1 330万亩，人工种草14.4万亩，同时进行了鼠虫害治理和部分草场灌溉。为切实转变草地畜牧业生产方式，提高农牧民群众市场经济意识，增强抵御自然灾害能力，实施了游牧定居工程，2006年以来，共投资3.4亿元，使5.3万户民定居（含安居工程）。

2．林业生态建设力度加强

2001年以来，共营造各类林木75万多亩，保存率在75%左右，其中工程造林（含迹地更新和防沙治沙造林)50多万亩，退耕还林6.1万亩。义务植树17万亩，种植经济林1 000余亩。加大对原生植被的保护，目前已列入国家重点公益林总面积为3 913 075亩。森林防火工作得到进一步加强，加大防火宣传力度，层层落实森防责任制。

3．水资源保护和水土流失综合治理开始起步

根据《西藏自治区水资源费征收管理办法》，从2006年开始征收城市生活污水处理费，雅鲁藏布江源已被列入国家重要生态功能保护区建设试点，在日喀则市等地初步实施了水保监测工作。截至目前，国家共投资700多万元，治理水土流失面积173.9 km²。

4．农牧区传统能源替代成效显著

日喀则农牧区传统能源替代工程实施了太阳能、农村沼气工程替代能源工程，通过国家投入和援藏，向农牧民发放太阳灶10万台，小型家用光伏系统896台，大型家用光伏系统1 393套，国家投资3亿多元，在18个县（市）完成122座小型光伏电站，总装机2 300 kW。建成沼气池32 765座，约13万人受益。农村小水电33台，总装机容量7 450 kW，初步测算全地区小水电供电节省柴木约5万m³，灌木林节省约1.5万m³。有效提高了农牧民生产生活质量和水平，减少了对生态环境破坏。

5．自然保护区建设对当地生态环境保护起到不可替代作用

目前，我地区已建立国家级和自治区级自然保护区3个，即珠穆朗玛峰国家级自然保护区、雅江中游黑颈鹤国家级自然保护区、昂仁县桑桑湿地自治区级自然保护区。总面积

约为 6.7 万 km^2。特别是 1989 年，成立珠峰自然保护区以来，通过对珠峰的保护、建设和旅游开发，形成"政府领导、专家指导、群众参与"的独特管理模式。使当地居民在生态环境保护过程中得到实惠。群众的保护环境意识和参与环保的能力得到提升，区域内的生态环境资源和生态环境得到极大改善。

三、生态环境保护与建设存在的问题及原因分析

1. 草地退化

全地区草地退化面积已达 6 463.5 万亩，占草地总面积的 36.1%。草地退化比较严重的有萨迦、日喀则、聂拉木和岗巴，其退化草地分别占各县（市）草地总面积的 82.3%、79.6%、70.1%、68.1%。

根据对定结县的扎西岗、多布扎、萨尔和郭加等乡的实地调查，草地生态系统群落结构破坏严重，建群种和优势种大为减少，毒、害草种类增加，草地植被覆盖度降低，特别是定结县郭加乡有些草地退化，植被覆盖度在 10% 以下，致使群众被迫跨县搬迁。目前，草地退化仍有呈扩大趋势。

原因：一是由于地处青藏冷高压干冷控制下，气候环境具有降水少、低温持续时间长、太阳辐射强烈和多大风的特点，生态环境较脆弱对外力作用的影响十分敏感。二是草地超载过牧，特别是冬春草场超载的问题非常突出。随着人口不断增加，造成牲畜饲养量不断增加，虽然每年地区农牧部门都要求提高出栏率，但根据实地调查发现，很多村和户并没有按上级指标出栏。个别村隐瞒存栏数达总存栏数的 1/3，因此，超载过牧是造成草地退化的主要因素之一。三是我地区草地面积大。投入严重不足，草地水利基础设施建设相对滞后，很多草地遭到破坏后，靠自身的生态系统极难恢复。

2. 土地沙化严重

全地区沙化面积 33 822.6 km^2，占国土总面积的 19%，其中极重度和重度沙化土地 1 802 km^2，占整个沙化土地面积的 5.3%；沙化土地主要分布于雅鲁藏布江上游地区的仲巴、萨嘎、吉隆三县及雅鲁藏布江中游地区的昂仁、拉孜、谢通门、萨迦、南木林、日喀则、仁布和喜马拉雅山以北的朋曲流域地区的定日、定结、聂拉木、岗巴以及年楚河流域（雅江支流）的白朗、江孜、康马等县。

原因：由于本区域属高原干寒多风的气候，疏松瘠薄的土壤，严酷的自然条件，使高原植被发育较差，广大地区主要分布稀疏低矮的灌草，植被覆盖度较低，导致生态环境本身非常脆弱，维持自身稳定的可行性小，恢复初始状态的能力很差。植被遭到破坏，生态环境恶化后难以恢复。因此，目前全地区土地沙化面积总体仍在扩大，危害程度继续加重，发展态势依然严峻，已成为制约经济社会发展的巨大障碍。

3. 水土流失较为严重

日喀则地区土壤被侵蚀主要类型有水力、风力两大类。根据地区水利部门在监测点提供的数据，雅江中游地区土壤水力侵蚀模数为每平方千米 3 500 t 以上。自治区有关部门对雅江中游水土流失的动态监测，该区域土壤水力侵蚀面积占该区域面积的 52.9%。中度以上侵蚀面积占到总面积的 31.9%。

原因：一是全球气候变暖，气候异常，干旱和洪水高发，地表植被被破坏。二是人为

因素加剧。随着人口的增加，广大农牧区生产、生活对传统能源的依存度很高。特别是对灌丛植被的依赖很强。根据实地调查，虽然目前各乡镇对天然灌丛的砍伐有很多的规定和限制，但农牧区群众生活习惯都以藏粑为主食，而炒青稞的主要燃料是灌丛植物。有些村群众生活燃料90%来源于当地的灌丛植物。天然灌丛被毁是水土流失的主要原因之一。三是由于经济社会快速发展，大规模实施基建项目，对砂石需求量急剧增加。有关部门虽然划定了采砂采石区域，但受利益驱使，乱挖滥采砂石问题突出，导致河床被毁，洪水泛滥，水土流失严重。

4．自然灾害频繁

由于人类活动对自然环境的破坏，加之经济建设等原因，生态环境恶化趋势加大。近几年，以旱灾、冰雹、雪灾、滑坡、沙尘、洪水、泥石流为主的气候地质灾害以及鼠、虫、毒草害为主的生物灾害越来越严重，不仅给经济造成重大损失，而且也严重威胁着群众的生命和财产安全。

（1）泥石流灾害。主要分布于江河流域，特别是河流两岸及其一、二级支沟内。

（2）洪水灾害。由于人为因素造成的植被覆盖度下降和全球气候增温减湿效应，洪水灾害发生有增大趋势。如2000年8月，日喀则年楚河连降暴水，致使水位暴涨，流域的三县一市发生了历史罕见的洪水灾害，给农牧民群众的生命财产造成严重损失，据不完全统计，直接经济损失达13 592万元。

（3）旱灾。由于农田水利工程建设标准低，加之洪水、泥石流自然灾害频繁，现有工程设施完好率低，同时全球变暖影响，雨季时间短且明显延迟，几乎连年出现干旱。

（4）沙尘灾害。主要发生在雅江流域，重点是日喀则市。因全年或季节性干旱，多大风，加之地表沙化严重，沙尘发生频率高，对当地生态影响较大。

（5）生物灾害。由于气候的变化，加之人类的狩猎活动，鼠虫天敌数量减少，造成鼠虫数量增加，对草地危害大，目前全地区所有草场都有不同程度的鼠虫害。对草场破坏严重的鼠类，主要有高原鼠和喜马拉雅旱獭。它们不仅啃食大量的牧草，而且形成与家畜争夺草场的局面，同时对草场生态破坏也很大。

5．生态保护与建设资金投入严重不足

日喀则经济发展较为滞后，生态环境保护与建设资金全部靠国家财政拨款。而草地、灌丛、森林和湿地四大生态系统面积大、自然条件差、治理难度强、投入成本高、见效慢，受投入机制不活，资金来源渠道窄等因素制约，目前对生态环境的投入远远满足不了生态环境保护和建设的需求。

6．机构不健全，科技人才匮乏

生态环境保护与建设是一项系统工程，涉及林业、环保、珠峰、农牧、水利、国土、发改、交通等多个部门。由于我地区生态环境保护与建设工作起步晚，底子薄，林业、环保等专业部门机构不健全，人员编制少，体制不顺直接影响生态环境保护与建设工作的正常开展。同时，科技力量薄弱，专业人才奇缺，使生态环境保护与建设的生产力处于较低水平，发展后劲不足，严重制约生态环境保护与建设的可持续和跨越式发展。

7．生态环境保护与建设工作难度大

日喀则地区幅员辽阔、人口稀少、居住分散，环境管理、生态环境保护与建设难度较大。替代能源建设滞后，农牧区农牧民取暖、做饭使用大量生物质能源和使用畜粪作燃料

等不利于生态环境保护的现象短期内难以改变。农牧业生产方式落后、矿产资源和旅游资源的粗放开发依然存在。畜禽养殖、农药、化肥、农膜等造成的生态环境问题日益凸显。青藏铁路建成运营后带来的人流、物流增加，将进一步推动西藏医药业、旅游业、矿业等特色产业的快速发展，这些产业对自然资源和生态环境的依赖程度非常高，加快发展将对自然资源和生态环境造成更大的压力，日喀则地区生态环境保护与建设工作面临更大的挑战。

8．生活垃圾日益成为城镇重要污染源

随着人民生活水平的提高，也面临着日益严重的环境问题，特别是"白色污染"问题。目前，由于生活习惯和环保意识不强，随时随地乱丢垃圾现象较为突出，如：在街道、农贸市场和其他公共场所以及湖泊、河流等地有大量被丢弃塑料袋、塑料饭盒、烟蒂、碎纸等，不仅有损于城镇形象，也严重影响居民生活质量。同时，很多城镇没有垃圾处理设施，生活垃圾随意堆放，为蝇虫和老鼠提供了滋生地，也产生很多治病微生物，对居民的身心健康产生危害。

四、生态环境保护与建设的措施、对策及建议

日喀则地区由于海拔高、气候寒冷干燥，生态系统十分脆弱。近年来，受全球气候变暖和人为活动的影响，生态环境出现了草地退化、土地荒漠化、水土流失加剧、冰川退缩、天然湖泊湿地萎缩干涸等问题，已成为影响经济社会可持续发展，农牧民增产增收和社会稳定边疆安全的制约因素。

1．提高生态环境保护与建设的重要性的认识

（1）加强生态保护与建设是确保水资源安全的重要举措。西藏众多的冰川、湖泊、湿地孕育了许多亚洲重要江河，是世界上河流发育最多的区域。水资源蕴藏量达 4 482 亿 m^3，居全国各省（区）之首，丰沛的水量构成了我国水资源安全战略基地。

（2）西藏的生态是保护生物多样性安全的重要举措。西藏作为世界上独特的环境地域单元，孕育了独特的生物群落，集中分布了许多特有的珍稀野生动植物，是世界山地生物物种最主要的分化与形成中心，是全球 25 个生物多样性热点地区之一。

（3）加强西藏生态保护与建设是确保国土安全的重要举措。西藏位于我国西南边陲，地处全球地缘政治热点地区。边境地区的生态环境遭到破坏，出现草场退化等生态环境问题，导致部分农牧民越界放牧等现象发生，容易引起国际争端。

日喀则地区国土面积占西藏总面积的 15%，因此做好我地区的生态环境保护与建设工作，对维护西藏乃至全国的生态安全至关重要。

由于该区域在日喀则经济社会发展中占有举足轻重的地位。因此加强河谷地区退化灌丛草原生态系统的恢复，防止水土流失，土地沙化对江河和农田的影响，要坚持保护与建设并重的原则。在高山区和山原区突出天然草地保护工程，在河谷及城镇、农田周边和公路沿线等重点区域实施土地沙化、水土流失治理、防护林体系建设、人工种草、重要湿地保护以及传统能源替代等工程。

2．生态环境保护与建设的措施对策及建议

（1）生态环境保护与建设的技术措施。结合国家实施西藏生态安全屏障保护与建设规

划，在巩固完善以往生态建设项目的基础上，严格按规划进行，全面推进我地区生态建设重点项目工程。

（2）生态环境保护与建设的政策措施。①加快产权明晰和流转工作。应本着稳定所有权、放活使用权的原则，加快草场牧场、林木、林地产权确认工作，该分户经营的，全部通过合法程序划分到户，及时确权发证，并依法保护所有者的使用权、经营权和收益权。②建立新型投融资体制。坚持"谁经营、谁治理、谁开发、谁受益，允许继承、转让、长期不变"的政策，将亟待治理的区域向社会公开招标、拍卖，不同地域、不同行业、不同经济成分的主体，只要具备经营治理能力，即可按照股份制、合作制等方式进行承包、租赁，明确产权，落实经营主体、利益主体和责任主体，进行治理经营。③健全生态建设扶持优惠政策。根据国家、自治区有关生态建设投资要求，结合地方财政状况，不断加大投入力度。④建立健全领导干部生态保护与建设目标责任制和考核制度。进一步明确各县（市）生态保护与建设工作的第一责任人和主要责任人，对生态保护与建设主要指标实行任期目标管理，建立领导干部任期生态保护与建设目标责任制和离任考核制度，将生态保护与建设目标完成情况，纳入干部政绩考核之中，作为干部选拔任用和奖励的重要依据，实行"一票否决制"。

（3）进行生态移民，减轻生态压力。要按照中央第五次西藏座谈会精神，科学制定生态移民规划。第一，在社会经济发展过程中，要注重产业结构的调整，加快第二、三产业的发展，同时，要加大对农牧民的培训工作力度，使之有一技之长，将尽可能多的人口转移到非农产业上来，减轻生态压力，目前人口应向商贸、交通、旅游、服务等第二产业和民族手工业上来。第二，对重度、极重度生态恶化、生态条件极差集中的地方，应采取生态搬迁，可建设一些新的农牧业开发区安置移民，使之有很好的生活保障，禁止人为破坏，减轻生态压力。

（4）提高生态环境保护与建设工作中的科技贡献率。科技是第一生产力，人力资源是第一资源。当前要实现生态保护与建设的跨越式发展，必须实施科技战略和人才战略。大力促进生态科技、人力资源开发和能力建设。优先确定生态保护与建设的重点区域，组织实施科技示范工程，加强生态环境保护建设的科技攻关。积极引进高等院校、科研机构参与生态环境保护建设。全面推进生态环境事业机构改革，积极发展公益类的科技服务，构建适应生态环境保护与建设的科技创新体系。加大生态环境人力资源开发力度，完善用人机制，利用援藏机遇，采取"引进来，走出去"的方法，培养和引进我地区急需专业人才，为日喀则生态环境保护与建设提供强有力的科技支撑和人才保障。

（5）加快建立生态补偿机制。有效的生态补偿机制，是遏制生态环境恶化、控制资源浪费，建立生态公平，促进人与自然和谐的重要措施。目前要积极探索和完善国家公益林和地方公益林生态效益补偿机制，形成以中央财政为主，以地方财政为辅的森林生态补偿体系。继续做好草原生态保护奖励和补偿机制的试点工作，探索适合我地区的草原生态补偿和减畜补偿机制，同时，也应考虑禁止和限制开发的区域生态补偿政策，如国家级、自治区级自然保护区，一些大江、大河源头以及冰川和湿地等。

天水市新农村建设中
环境保护存在的问题及对策

甘肃省天水市环境保护局　牛晓荣

摘　要：本文介绍了甘肃省天水市农村面临的主要环境问题，对当前农村建设中生态环境保护中产生问题的原因进行了分析，并根据农村环保工作面临的形势，对新时期农村生态环境保护的要求提出了相应的对策措施。

关键词：农村；环境保护问题；对策

长期以来，农村一直是城市污染的消纳方，是环境保护的死角，农村环境基本处于"自治"状态。但是，随着新农村建设的开展，农村集约化的快速发展和生活方式的转变，天水市农村的环境问题也日益显现，危害着人民群众的身体健康，制约着农村经济社会的全面发展，成为新农村建设中的焦点和难点。加强农村环境保护，对于加快天水市农村经济和新农村建设的步伐，推动全面建设小康社会的进程，具有十分重要的现实意义和深远的历史意义。

一、天水市农村当前的主要环境问题

1．农业面源污染没有得到有效控制

天水市人多地少，土地资源的开发已接近极限，由于化肥、农药、农膜、生长调节剂等农用物资的不科学使用和处置，造成农业面源污染严重。天水市的武山县是一个农业县，仅该县每年的化肥施用量就达 12 400 多 t、农药 150 多 t、地膜 3 700 多 t，并且使用量呈逐年增长态势。农药、化肥和生长调节剂的不科学使用，不仅破坏了农产品品质，而且在农产品和土壤间残留，造成土壤和水体的污染。农膜滞留在田里，极难降解，且降解过程中还会渗出有毒物质，对土壤和农作物危害也很大。

2．乡镇企业和个体作坊污染较严重

天水市乡镇企业中污染较重的有 970 家，"三废"排放分别占全市排放总量的 26.6%、35%、60%，且呈逐年增长趋势，已超出环境的承载能力。虽然环保部门在防治乡镇企业污染方面做了大量工作，但由于受经费、治理技术等客观条件和监管能力等因素的制约，乡镇企业污染环境的趋势还没有得到根本性好转。

3．畜禽粪便污染呈加剧态势

随着畜牧业的迅速发展，天水市的一些乡村养殖场，由原来的农村分散式养殖转变为

集中式养殖。目前，全市规模化畜禽养殖小区已达 150 多个。全市年出栏在 50 头以上的养猪户有 17 359 户，年出栏在 500 只以上的养禽户有 9 433 户。这些养殖场普遍缺少沼气池等标准化的处理设施，粪便、污水给周边环境带来了巨大压力，对环境造成污染。

4. 作物秸秆焚烧已成为一大公害

随着农村生活方式的变化，农作物秸秆 50%以上弃之不用，或一烧了之，或抛弃于河湖沟渠、道路两侧，不但浪费了大量的资源和能源，而且污染大气和水体，影响农村生态环境。尤其是冬季烧炕产生的烟气，加剧了空气的污染。

5. 村庄的生活污染不断加剧

随着新农村建设步伐的加快，村庄规模迅速扩大。但在新农村建设中，环境规划缺位，新村、新房的规划和配套基础设施建设未能跟上。天水市 90%的村庄没有标准的排水设施，大多靠自然渗漏，污染地下水；60%的农民没有卫生厕所，而采用地坑式厕所；95%的村庄固体垃圾未经任何处理，露天堆放。生活垃圾、生活污水乱倒乱泼造成的"脏、乱、差"现象十分严重。

6. 农村医疗垃圾成为突出的环境问题

随着农村医疗卫生事业的发展，农村医疗废弃物日益增多。天水市乡镇卫生院和村卫生室产生的医疗垃圾，由于处理设施严重缺乏，普遍无力处置这些医疗垃圾，相当一部分医疗垃圾未得到单独收集和安全处理，形成较大的环境安全隐患。同时，这些医疗废弃物带有大量的病毒、细菌，随意处置容易引起疾病传染，给人民群众的生命安全与身体健康造成严重危害。

二、天水市农村环境保护存在问题的主要原因

1. 环保意识淡薄，重视程度不够

从领导层面上讲，一些地方领导没有树立正确的政绩观，片面追求经济效益和政绩，在招商引资过程中没有把环境和生态优先考虑，没有将科学发展观真正落实到具体工作中。在处理环境与经济关系时，片面强调眼前和局部利益，以致在决策时，以牺牲环境为代价求一时的经济增长，走"先污染、后治理"的弯路。从企业层面上讲，一些企业环保法制观念不强，在利益的驱动下，对企业的污染防治消极对待，有的甚至闲置污染处理设施搞偷排。从群众层面上讲，由于对农村环保宣传教育的力度不够，群众的环保意识不强，许多群众往往会对涉及自身利益的环境违法行为进行举报或投诉，而对自身破坏或影响环境的行为缺乏自我约束。

2. 乡镇环保力量薄弱，难以适应形势需要

目前，全市配有的乡镇环保员大部分是兼职，环保员的主要精力不能全部放在环保工作上，许多工作只能是"点到为止"。乡镇环保队伍的学历参差不齐，专业"五花八门"，急需加强环保操作实务培训。由于环保工作业务性强，分管领导、环保员往往要干上一年半载才能熟悉业务。而部分乡镇环保工作人员变动过快，使刚刚启动的乡镇环保工作在工作质量和效率上大打"折扣"。因此，当前农村环保队伍建设难以适应日益繁重的环保任务。

3．环保资金投入严重不足

目前，环保资金短缺，仍是各地普遍存在的问题。环保投入不足，导致环保基础设施建设落后，环保队伍自身建设难以适应形势发展需要，环保机构设置滞后，缺乏有效的手段解决环境污染问题。由于工作经费紧张，一些基层环保部门没有财政拨款，环境监测、监理设备老化，环保执法手段和装备落后。环保投入不足已严重制约农村环境质量的改善和环保事业的发展，许多改善环境质量的措施和亟待解决的重大环保工程得不到落实，城镇环保基础设施建设明显滞后于农村城镇化进程。

4．环境规划的制定和实施难以到位

无论是农村城镇化建设还是农村经济的发展，都缺乏科学系统的环保规划，没有充分考虑到环境因素。城镇发展布局和产业结构不合理，一些小作坊和乡镇企业"遍地开花"，造成严重的农业资源浪费和环境污染。一些地方的生态环境保护虽然有规划目标，但一旦考虑经济发展，那些破坏环境的项目出现在经济规划中，就全然不受环保规划的影响；或一旦注意到资金、人才、物才的实际流向时，注重的会是经济增长计划，而非环保计划。

5．农民落后的生产生活习惯

长期以来，农村生产技术落后，信息资源匮乏，科学文化素质不高，农民养成了许多污染环境和破坏生态不良生产生活习惯。譬如，缺少科学种田的指导，滥用化肥和农药；卫生条件差，垃圾随处扔；前茬秸秆影响后茬，就一烧了之；等等。这种淡薄和落后的环保意识在农民身上根深蒂固，造成制造污染的主体十分庞大，因而污染现象相当普遍，且难以根治。

三、天水市加强农村环境保护的对策及措施

1．加强领导，健全机构

面对我市农村环保工作面临的严峻形势，市、县、乡党委、政府应把农村环境保护工作摆上重要议事日程，成立农村环境综合整治工作领导小组，在党委、政府的统一领导下，全面协调各方面工作。建立健全农村环境保护长效管理和干部考核机制，对党政机关干部实施严格的环保业绩考核。切实加强乡镇环保机构和人员配置、培训工作，设立专职环保员，具体负责本乡镇环保工作，形成组织健全、反应敏捷、管理高效的运行体制和机制。

2．多方筹资，确保农村环保投入

根据"工业反哺农业"精神制定相关政策，逐步建立完善政府、集体和个人多渠道融资机制，由各乡镇落实环保员的工资，各级财政保障环保基础设施建设和环境综合整治等方面的资金需求，保证稳定有效的农村环境综合整治资金投入。同时，要转变认识，正确看待农村人居环境基础设施的公益性质，从财政补贴、信贷支持、税费减免、土地优惠等方面大力扶持，调动和引导各方资本投资农村公共服务的积极性。

3．科学规划，将污染控制在"发生前"

在新农村建设中，坚持规划先行，力戒环保规划缺位问题。应重点从以下三个方面加强环境保护规划工作：①布局规划。新建企业要集中配置在工业小区内，工业小区设置在对村庄水、气污染最小的方位，集约化养殖小区应设置在远离村庄和水源且周边农田对粪便可负荷的地域。②污染综合治理规划。建立工业和生活垃圾的集中处理系统，集中供热、

供气系统，以及对重点污染源的综合监测和治理机制。③绿化规划。按照美化、香化、净化（阻尘吸污）、静化（降噪）等要求，建立村镇绿化体系。

4．综合整治，全面推进农村生态建设

按照新农村建设规划，编制环境综合整治工作计划。切实加大执法力度，建立健全农村环境影响评价和"三同时"等环境管理制度。加强对工业企业以及饮食娱乐业、商业活动中的污染治理和监督检查，严防城镇化和工业化进程中的污染项目向农村转移。以创建生态县、环境优美乡镇和生态村为抓手，促进"种养平衡区域一体化"。积极探索和研究土壤污染防治工作，进一步加强对农田灌溉用水的环境监控，保障农产品安全。探索和运行"村收集、县暂存、专业单位安全处置"的模式，规范农村医疗垃圾处置，防止村镇医疗垃圾产生污染，传播疾病。广泛开展农村生态文化建设，着力提高农村环境质量，加快实现生产技术生态化、生产过程清洁化、生产产品无害化、生产环境舒适化的目标，构建生态优美、和谐稳定的新农村。

5．科技带动，发展生态农业

充分发挥农技推广人员的职能作用，加快发展有机农业、无公害农业、生态农业及节地、节水、节肥、节药的节约型农业，引导农民配方施肥和推广使用高效、低毒、低残留的新产品农药和可降解农膜；推广病虫草害综合防治和秸秆、粪便沼气化还田，实施有机废弃物资源化处理，减少农村面源污染；大力发展农村循环经济提高农业经济增长的质量，促进农业可持续发展。建立生态环境监测体系，加强生态环境保护的科学研究和新技术的推广应用，保障生态环境保护的科技支持能力。

6．强化宣传，营造保护环境的良好氛围

充分运用新闻媒体等多种手段，广泛开展形式多样的宣传活动，在党校、乡村和中小学广泛开展环境普法和环境警示教育，通过家长会、群众会、黑板报及《村规民约》等多种形式向农民群众灌输环境保护知识，大力弘扬生态文化，倡导生态文明，教育引导农民改变传统的生产、生活习俗，提倡文明健康的生活方式，让农民群众自觉自愿地建设和保护自己美好的家园，努力营造节约资源、保护生态环境的良好氛围。不断提高各级决策者和广大农民的生态环境保护意识，形成全社会共同参与农村环保工作的合力。

统筹城乡发展，建设生态农村

宁夏回族自治区银川市环境保护局　尹伟康

摘　要： 宁夏银川市通过统筹城乡发展、建设生态乡村方面的具体实践，对农村环保工作之路进行了有益探索。本文结合探索实践中得到的启示，对农村环境保护工作面临着的一些难点问题进行了分析，提出了要创新体制、促进农村环保新发展的思路。

关键词： 城乡发展；生态乡村；思路探索

统筹城乡发展，加快社会主义新农村建设是新时期中央提出的一项战略任务。2007年，国务院办公厅转发了《关于加强农村环境保护工作的实施意见》，明确提出改变农村环保落后状况是统筹城乡发展的一项重要任务。按照环保部的整体部署，银川市在农村环境连片整治方面进行了探索。

一、把农村环境保护提高到事关社会整体发展的高度

党的十七大报告明确提出把生态文明作为全面建设小康社会目标的新要求。农村环境保护是环境保护事业的重要组成部分，生产发展、生活宽裕、乡风文明、村容整洁、管理民主，是社会主义新农村建设的总体要求。当前农村"脏、乱、差"现象普遍，饮用水和农产品安全得不到有效保障，危害群众身体健康。农村的环境安全不仅影响到农民的身体健康，也影响到城市的食品安全。作为城市的生态组成，加强农村环境保护，就是要统筹城乡环境保护，将环保基础设施向农村延伸，环保公共服务向农村覆盖；改善农村饮用水源水质，确保让群众喝上干净的水；确保让群众呼吸到清新的空气；确保让群众吃上放心的食物，使广大群众享受改革开放和发展的成果。加强农村环保是落实科学发展观、构建和谐社会的必然要求，也与银川市创建食品安全城市、建设"两型社会"和生态县区建设的整体需要相一致。农村环境保护直接关系到建设社会主义新农村的成败，也关系到全面建成小康社会的成败，甚至关系到构建社会主义和谐社会的成败。

二、探索农村环保工作之路

1. 纳入重点工作，建立健全农村环保机构

面对农村环保的新形势和新问题，市委、市政府高度重视，将农村环境连片整治作为树立和落实科学发展观的具体实践。将农村环境连片整治纳入重点工作之中，银川市及各县（市）区均成立了主要负责人为组长，相关部门主要负责人为成员的农村环境连片整治

示范工作领导小组，全面指导农村环境保护工作的开展。市机构编制委员会办公室印发了《关于在街道、乡镇设立环保专干的通知》。各县（市）区在街道、乡镇设立了环保专干，全市上下形成了市、县、乡（镇）、村四级管理体系，保证了农村环保工作的深入开展。

2．制定政策规划，完善和创新农村环保工作机制

2010 年，市委、市政府出台了《关于进一步加强农村环境保护工作的实施意见》，明确了农村环保工作是市委、市政府的中心工作之一，确定了未来农村环保工作的目标、任务和措施，针对农村环保人员的空白和资金投入的不足，要求各乡镇要设立专兼职环保人员，同时要求各部门要加大对农村环境整治的资金投入。为了做好农村环境整治，银川市坚持规划先行，结合农村村庄建设规划，编制完成《银川市村庄环境综合整治规划》、《银川市黄河金岸村庄环境综合整治规划》，合理确定黄河金岸沿线村庄、中心村镇、塞上农民新居等作为农村环境连片整治区域，以规划带动项目，以项目争取资金，有效指导全市农村环境保护工作有序开展。同时市政府办公厅印发《农村环境综合整治目标责任制试点工作实施方案和各县（市）区农村环境综合整治目标责任制考核年度任务书》，进一步把农村环境综合整治任务层层分解落实到各部门、各县（市）区，明确了组织领导和工作责任，定期督促检查。2011 年，市政府将"在 14 个乡镇开展农村环境连片整治"列为市政府为民办十件实事之一；市人大把"保护农村环境、建设生态家园"确定为"中华环保世纪行"首府行动的主题，进行了专题调研、跟踪报道，严格考核与奖惩，推动农村环保工作。

3．加大资金投入，加速推进农村环境连片整治

资金短缺是制约农村环境保护最重要的因素，也是解决环境问题的关键点。针对这一问题，市委、市政府坚持"工业反哺农业、城市支持农村"的方针，积极争取各类资金，加大资金投入，统筹城乡基础设施建设。建立了农村环保专项资金投入制度，从 2009 年起，每年从污费中拿出 30%以上的资金支持农村环境整治，同时积极争取中央及自治区环保资金；2010 年至 2011 年我市争取到中央、自治区农村环保专项资金 1.4 亿元，用于 28 个重点乡镇实施农村环境连片整治。为提高中央、自治区农村环保专项资金使用效益和项目管理水平，切实将"以奖促治"政策落到实处，我市制定了《实施中央农村环境保护专项资金及项目管理暂行办法》，确保实现"集中投入、整村推进、连片整治"的示范效果，三年来共投入资金 16 584.72 万元，实施了农村环保项目 55 个，对 74 个村进行了环境综合整治。

4．创新工作思路，抓好连片整治

我市按照"符合科学发展观、符合农村实际、符合农民心愿"的工作思路，突出重点，在重点乡镇、人口密集乡镇、中心村推动农村环保基础设施建设，通过建立示范，以点带面，完善农村环保制度，逐步改善农村环境质量。

（1）突出保障农村饮水安全。在全面调查评估的基础上，组织编制完成《农村饮用水水源地环境保护规划》，划定饮用水水源地保护区，设立保护标志，先后完成掌政镇镇河村等 54 处农村水源地打桩定界保护工程；开展水质定期监测，确保群众饮水安全。为加强农村水资源的管理，先后出台了《银川市饮用水水源保护区污染防治管理办法》、《银川市农村集中式饮用水水源地规范化管理规定》等法规规章，推进农村集中式饮用水水源地规范化管理。

（2）在农村生活垃圾收集、处理方面，探索城乡环卫一体化管理。市辖三区按照先易

后难、循序渐进，按照"中心城区向城郊（乡镇）扩展，中心城镇向农村延伸"的思路，将城中村、城乡结合部的环卫作业纳入全市环卫作业管理范围，建立了城乡环卫一体化管理；所辖两县、一市建立了"组保洁、村收集、镇转运、县处理"的收集、转运、处理系统。

（3）在农村生活污水处理方面，针对不同类型村庄，因地制宜建设污水处理系统。对邻近市区的村镇，将其生活污水纳入县（市）区城市生活污水管网统一处理；在人口集中的中心乡（镇）或村庄采用因地制宜、采用小型污水处理厂、氧化塘、净化沼气池、人工湿地等方式进行处理。

（4）发展循环经济，构建废物利用新模式。通过建设银川市固废代处置中心、银川市河东垃圾填埋场固废代处置中心、银川市污泥代处置中心、银川市塑料代处置中心等六大固废回收利用中心，促进固废资源化利用。目前银川"小分散、大集中"的废物处理模式基本形成，城市向农村倾倒固废的现象得到遏制；发展循环经济，探索生态养殖先后扶持建成海生养殖、志辉养殖有限公司等大型沼气池。建设了用于处理畜禽粪便的中青农业科技有限公司、达洁环保科技有限公司育苗基质和有机肥厂，提高了畜禽养殖废弃物综合利用水平；发展秸秆气化，推动生物质能发展。

（5）通过创建促进农村环境连片整治，先后建成国家级生态乡镇 2 个、国家级生态村1 个、自治区级生态乡镇 9 个、自治区级生态村 9 个，20 余万农民直接受益。

5. 开展环境执法、环境监测、环境宣传"三下乡"

加大对农村环境监督执法力度，开展了农村地区工业企业污染、农业污染专项督查，对不能达标排放的企业实行限期治理，限产限排；对污染严重，治理无望的企业坚决关停，农村工业污染问题得到有效遏制；在示范乡镇开展了农村饮用水水质、环境空气、土壤环境监测；强化农村环境保护宣传培训，举办全市农村环境连片整治示范项目培训班、农村生活垃圾分类收集知识培训班，在银川文体频道开辟绿色家园宣传专栏，不断提高农村生态环境保护监督管理队伍的素质。通过开展农村环境连片整治，示范区内的环境基础设施得到了完善，环境质量有了明显改善，并树立典型，发挥试点示范作用。

农村环境保护工作任务艰巨，存在着机遇也面临着一些难点问题，主要体现在：一是农村建设与环保治理规划不统一。各部门对农村的整治没有形成合力。二是长期的城乡二元结构模式，使农村的公共基础设施建设严重滞后，农村环境污染治理任务相当艰巨、繁重；而已建的污染治理设施又面临着运营成本高、无人管理的困难。三是农村环保实用技术缺乏成熟、实用、低成本的污水治理实用技术。四是农民观念还需提高和转变。五是各乡镇、村环保工作机构和人员缺乏，环境执法力量的薄弱，不能满足农村环境管理的需要。

三、创新体制，促进农村环保新发展

宁夏是全国农村环境综合整治目标责任制考核试点省区也是农村环境连片整治示范试点省区，中央、自治区财政将在未来三年内投入 10 亿元集中开展农村环境连片整治示范项目建设，农村环保工作迎来了难得的历史性机遇。面对机遇，我们将进一步完善机制、加大投入、突出重点，突出农村环境连片整治，通过"以奖促治"、"以创促治"、"以减促治"、"以考促治"为抓手，推动农村环境保护工作。

1．落实责任，形成合力，完善农村环保综合决策机制

进一步落实环境保护领导责任制，将农村环境保护工作列入各级政府领导干部政绩考核的主要内容，实行农村环境安全"一岗双责"和"一票否决"制度，严格按照《银川市农村环境综合整治目标责任制试点工作实施方案和县（市）区农村环境综合整治目标责任制考核年度任务书》和《银川市农村环境综合整治目标责任制考核办法》落实"以考促治"，实行严格的考核、奖罚制度。加强各部门的协调配合，形成分工明确，协调有力，齐抓共管的工作格局，确保连片整治取得成效。

2．政府为主，增加社会投资，建立资金投入常规渠道

深化"以奖促治"政策，按照集中连片整治的工作要求，选好示范区域，科学编制集中连片整治实施方案，积极争取中央、自治区农村环保专项资金支持，同时各级政府每年安排一定农村环境保护的财政预算，确保资金到位。调整本级财政投入结构和方式，建立政府引导资金，通过政府投入、财政贴息、前期活动补助等办法，逐步引导社会资本对农村生态、公益事业的投入。

3．突出重点、完善设施，建立农村环保长效机制

按照"建设中心村、迁并自然村、居住入区、产业入园"的基本思路，科学编制村镇建设规划，在此基础上继续在有一定基础条件的中心村镇，开展农村环境连片整治，建设一批农村生活污水处理、生活垃圾收集处理的环保示范工程，以镇、中心村为中心形成乡镇较为完善的垃圾分类、收集、转运、压缩处理系统；形成污水收集、污水处理体系，规范建设运作的管理模式运行机制。将污染设施的运作管理纳入各县区职能部门，归口管理，真正建立"组保洁、村收集、镇转运、市县处理"的垃圾清扫处理体系；建立污水归口管理，简易小型污水处理厂由乡镇管理，标准化污水处理厂委托有资质的污水处理公司运作。逐步制定和完善有关农村环境保护的地方法规、制度、考核办法；制定出农村环保设施运行管理制度和操作规范，形成资金投入、协调合作等方面的长效机制。

4．健全机构、加大培训，提高农民的环境意识

继续探索建立和完善基层环保管理体制和机制，加快推进镇级环保机构建设，在乡（镇）政府设立专（兼）职环保专干的基础上，对示范乡镇环保设施的管理人员和操作人员要尽快到位，确保要保障业务经费，确保有人管事、有人干事、有钱办事。

开展多层次、多形式的农村环境保护科技知识普及和传播，加大对村干部、群众的宣传教育力度，引导群众树立科学、文明的生产、生活和消费方式，提高村民的整体文明素质，调动农民群众参与农村环境保护的积极性和主动性。

和田地区生态环境保护工作现状及对策

——和田地区环境保护局生态环境保护调研报告

新疆维吾尔自治区和田地区环境保护局　卡哈尔江·艾合买提

摘　要： 新疆和田地区是典型的干旱绿洲环境，在经济发展取得长足进步的同时，生态环境问题也日益突出。本文针对和田地区的自然生态环境的主要特点、环境保护现状进行调查研究，分析生态环境变化的趋势和主要的生态环境问题，提出有针对性的保护生态环境的对策和措施。

关键词： 生态环境保护；和田地区；对策建议

一、和田地区生态环境的基本情况

1. 和田概况

和田地区位于新疆维吾尔自治区最南端，距首府乌鲁木齐 1 500 km。全地区总面积 24.78 万 km²，占全疆总面积的 1/6。其中山地占 33.3%，沙漠戈壁占 63%，绿洲面积仅占 3.7%。边境线 210 km，与印度、巴基斯坦实际控制区克什米尔接壤。辖 7 县 1 市，86 个乡镇，4 个街道办事处，1 383 个行政村，全地区户籍总人口 203.96 万，比上年末增加 8.38 万人，增长 4.3%。其中：农业人口 170.15 万人，增长 4.5%，非农业人口 33.81 万人，增长 3.2%，汉族 7.03 万人，增长 3.5%，维吾尔族 196.49 万人，增长 4.3%，其他少数民族 0.46 万人，增长 6.7%。

2010 年全地区生产总值（GDP）100.59 亿元，比上年增长 12.2%。其中，第一产业增加值 33.76 亿元，增长 4.9%；第二产业增加值 19.2 亿元，增长 17.2%；第三产业增加值 47.64 亿元，增长 15.5%。第一、二、三产业增加值占地区生产总值的比重分别为 33.6%、19.1%、47.3%。按户籍人口数计算，地区人均生产总值 5 035 元，增长 9.9%。

2. 和田生态环境的主要特点

典型的干旱绿洲环境。和田属干旱荒漠性气候，年均降水量 35 mm，年均蒸发量高达 2 480 mm。四季多风沙，每年浮尘天气 220 d 以上，其中浓浮尘（沙尘暴）天气在 60 d 左右。2010 年，和田市大气自动监测天数为 365 d，实际监测天数为 339 d。一级（优级）天气数为 1 d，占监测天数的 0.3%；二级（良好天气）天气数为 112 d，占监测天数的 33%；三级天气数为 157 d（轻微污染 117 d，轻度污染 40 d），占总监测天数的 46.3%；四级天气 20 d（中度污染 10 d，中度重污染 10 d），占总监测天数的 5.9%；五级（重度污染）天数为 49 d，占总监测天数的 14.5%。市区内首要污染物为可吸入颗粒物。

水资源矛盾突出。我地区 36 条河流年总径流量 72.53 亿 m³，同时有泉水 60 余处，全年径流量 11.92 亿 m³，地下水可采用量 21.41 亿 m³，河水资源和田人均水量仅 5 600 m³。按灌溉面积计亩均 1 800 m³，而且年际流量变化较为稳定，然而由于地表水时空分布极不平衡，4—5 月来水量仅占全年水量的 7%，6—8 月的径流量占到年径流量的 74%～90%，而且 52%集中在和田河流域。河流季节反差极大，夏季洪涝，秋冬严重干旱，春季极为缺水，水资源时空、地域分配不均匀等因素，致使农业发展受到严重制约。

脆弱的绿洲生态系统。和田地区国土面积 24.78 万 km²，山地 16 105.9 万亩，占总面积的 43.73%，其中有 3 288.9 万亩草场，1 057.51 万亩冰川，其余大部分为难以利用的裸岩荒山；平原面积 2 726.9 万亩，占总面积的 56.27%，其中沙漠 15 468.9 万亩，戈壁 3 099.74 万亩。绿洲面积 9 730 km²，占总面积的 3.96%。

和田绿洲沿河流呈"珠状"分布于盆地的边缘，是和田人民历代繁衍生息的地方。全地区具有经济意义的绿洲共有 24 大片，而这 24 片又由大小不等的 203 块小绿洲组成。各绿洲零星分布在各河流洪积冲积扇或洪积冲积平原上，大部分分布在海拔 1 500 m 以下的地区，每片绿洲的面积与河水量相对成正比，绿洲外部与戈壁沙漠相邻，被沙漠和戈壁分割成互不相连的自然块。最大的绿洲是分布在喀拉喀什河及玉龙喀什河中游的和田、墨玉、洛浦绿洲，面积 548.2 万亩，占全地区绿洲总面积的 37.56%。各绿洲之间相隔甚远，如皮山县的 53 片绿洲，呈带状分布在皮山河、桑株河、村瓦河沿岸，每块绿洲间相隔几十公里，甚至百公里以上。

和田绿洲受到塔克拉玛干生态环境、自然、气候等诸多方面的影响，河流断流、森林退化、沙漠扩张，迫使绿洲退到了昆仑山和喀喇昆仑山的北麓相当狭小的串珠形区域内，塔克拉玛干大沙漠强大的南侵与绿洲扩大相对，沙漠南侵的千年史令人感受到绿洲危机紧迫和人类生存的危机感。

在和田绿洲以北的塔克拉玛干大沙漠中，玛扎塔克、丹丹乌里克、园沙古城、喀拉墩、尼雅遗址、安迪古城都已成为沙漠侵吞绿洲的历史遗存，演绎了沙进人退的历史现实，这些绿洲的消亡，就是沙漠扩大夺取人类生存环境的历史见证。

二、在生态环境保护中的主要工作和做法

1. 生态环境保护与建设工作

红柳大芸生态建设取得"三效合一"的成效。从 2003 年开始，和田地区七县一市从东到西沿绿洲外围拉开了人工大面积定植红柳的序幕，人工定植红柳以年平均 4 万～5 万亩的速度推进，截至 2010 年底人工种植红柳累计面积达 28.82 万亩，人工接种红柳大芸累计面积达 21.48 万亩，其中 10 万亩红柳大芸产生经济效益，平均每亩产量为 35 kg，总产量为 3 500 t，每公斤收购价为 8 元，总产值达 2 800 万元。目前，万亩以上规模的人工种植红柳大芸基地已达 4 个，其中于田人工种植红柳面积 7.2 万亩，接种红柳大芸 5 万亩。在国家、自治区的大力支持和各级干部群众的不懈努力下，和田地区已成为全国乃至全世界规模最大的人工种植红柳大芸生产基地，取得了较好的生态效益、社会效益和经济效益。

加大了天然林、荒漠林的保护和"三北"防护林建设力度。通过人工引洪封育恢复胡杨林和建设防风固沙基干林带，完成绿洲外围防风固沙林建设。与 1980 年相比，全地区森林覆盖率由 1.01%增加到 1.42%，荒漠林中胡杨由 27.4 万亩发展到 77.45 万亩，疏林地

由 19.9 万亩发展到 189 万亩，红柳灌木林由 105.3 万亩发展到 144.6 万亩，形成扩大固沙草本植物 50 余万亩，全地区天然林、荒漠林总面积达到了 658 万亩，其中 439 万亩列入了国家重点公益林。

清洁能源利用得到全面推广。截至目前全地区天然气入户累计达到 27 700 户，建成 6 个汽车天然气加气站。农村天然气入户工程也已经启动。农村沼气入户累计达到 55 000 户。

2．建设项目环境管理工作

和田由于地处边远，经济发展相对落后，特别是工业发展刚刚起步，新型工业化水平低，工业产值占生产总值比例极低。因此，建设项目环境管理工作一直处于环评率、"三同时"执行率"双低"状态。近几年来，随着经济结构、产业结构的不断调整，环境保护工作越来越得到重视，地委提出了要"严格环境准入制度，绝不能以牺牲环境、破坏资源为代价换取一时的经济增长"的要求，在经济发展上坚持"绿色、特色、品牌、规模"的要求，对不符合环保要求的项目，该停的停、该关的关。

3．狠抓总量控制工作

2010 年地区工业 COD 排放量 98.89 t，比上年增长 63.3 t，工业 COD 占 COD 排放总量的比重为 1.85%；其中工业 NH_3-N 排放量为 1.02 t，比上年减少了 10.81 t；占总量的比重为 0.12%。工业 SO_2 排放 2 549.27 t，比上年增加 881.03 t，工业 SO_2 排放量占 SO_2 排放总量的比重为 37.58%。工业 NO_x 排放量为 1 691.62 t，比上年减少了 207.66 t。工业 NO_x 占总量的比重为 23.27%。工业烟尘排放量为 4 641.94 t，比上年增加了 2 149.05 t，工业烟尘占烟尘排放总量的比重为 54.78%。

4．加大环境监察工作力度

加强了医疗危险废物的管理。对医疗垃圾和一次性医疗用品的处置情况进行了定期检查，防止二次污染；加强了对放射源、辐射环境和危险化学品的监管，对全地区范围内医疗机构、矿山开发等拥有放射性同位素与射线装置的单位 130 余位从事辐射工作的管理和工作人员进行了专业知识及法律法规培训。对 114 家射线装置使用单位进行了现场监察，对地区人民医院、吾布力骨科医院等单位未办理审批手续，在没有取得安全许可证的前提下擅自使用辐射装置的违法行为，依法作出了行政处罚。

开展了企业排污口规范化整治和重点企业在线监测工作。对地区 17 家重点工矿企业排放口现状、性质、地理位置等情况进行调查摸底，并根据排污口规范化整治工作的要求，对 7 家国控、区控企业的整治工作进行现场督办。完成了 6 个污水排放口、22 个废水排放口整治工作。中央投资 186 万元的在线监控平台建设完成，并为 3 家重点企业补助了 70 万元的污染源治理资金。

加强了环境信访工作。2009 年 5 月，地区环保局、和田市、洛浦县环保局分别开通了 12369 环保热线，接受广大群众电话投诉，拓宽了群众投诉渠道。2010 年全地区接待群众来信来访 80 件，全部投诉都得到了妥善处理，保证了环境信访案件 100% 得到办结。

完善了环境监察报告制度。实现了环境统计、排污申报登记和总量控制数据的统一，改变了过去一个单位三种报表、三种数据的局面，给环境管理提供了科学的管理依据。

5．农村环境保护工作

一是开展了全地区县城及建制镇以上划定饮用水水源保护区工作。组织各县市典型乡镇饮用水水源地基础环境调查及评估，目前全地区已有 22 个集中式饮用水水源地根据技术规范，拟划定了保护区范围、编制了技术报告，并全部通过了自治区环保局的技术审定。

二是推进无公害食品、绿色食品和有机食品基地建设。于田县的管花肉苁蓉、策勒县的努尔羊顺利通过有机产品认证，已进入转换期。墨玉县在做好喀瓦克乡有机食品基地转换期管理工作的同时，又认证了2 200亩的核桃和500亩的有机玉米。和田县30万亩薄皮核桃已列入全国绿色食品原料标准化生产基地，绿色食品基地面积达到30万亩；全地区无公害农产品49个，面积达到114.9万亩。绿色食品基地和无公害食品基地面积占农业用地的57%。

三是组织开展和田地区中央农村综合整治项目的申报工作。制定了《和田地区农村环境综合整治规划实施方案》，规划总资金1.63亿元，完成了第一批10个项目的申报，申报项目资金1 440万元。目前皮山县、和田市、洛浦县和策勒县共6个村的综合整治资金合计530万元已到位，其中中央280万元，自治区250万元。

6. 环境监测工作

除按时完成大气、地表水、地下水、环境噪声、施工噪声监测外，重点对和田市给排水公司污水处理厂、慕士塔格水泥厂、布雅煤矿等9家重点企业和5家县级医院进行监督性监测；完成了105家采暖锅炉和40家建筑施工噪声的监测，完成浙江工业园区"规划环评"基础监测，完成24个新建项目"环评"本底监测，完成新建项目和污染治理设施5个项目的环保竣工验收的监测。

根据自治区要求，开展土壤污染现状调查工作。配合自治区完成和田地区13个土壤点，3个农产品（以粮食为主）点的采样、运送和交接工作。开展了4个县8个点的沙漠化及降尘监测任务。

7. 污染源普查工作

地区第一次全国污染源普查工作从2007年10月成立机构以来，历时2年，在全体工作人员和社会各界的共同努力下，全地区共计普查污染源7 879个，其中工业源303个、生活源2 699个、农业源4 866个、集中式污染治理设施11个，圆满完成了普查任务。《和田地区第一次全国污染源普查技术报告》获得自治区污染源普查优秀报告二等奖。和田市奴尔巴格街办和墨玉县环保局获得先进集体、35名普查工作人员获得先进个人，14名编写人员获得编写普查报告先进个人。

8. 环境宣传工作

多年来，我们一直把加强环境宣传教育、提高公众环保意识贯穿到工作当中，采取多种形式，利用可以利用的一切机会进行环境宣传教育。

一是利用"6·5"世界环境日、地球日等纪念日开展一系列活动，让广大干部群众参与进来，特别是近几年世界环境日期间每年依托一个主题活动连续开展了一系列丰富多彩、各具特色的宣传教育活动。2006年我们开展了全地区范围的环保知识竞赛，2007年开展了环保志愿者自行车巡游等绿色环保体育活动，2008年开展环保杯征文活动，2009年举行了"6·5"世界环境日专场文艺晚会，2010年结合绿色系列创建颁牌仪式在团结广场举办了文艺汇演。通过开展系列活动，让广大干部群众及青少年积极参与，扩大了环保的社会影响力，得到了社会广泛好评。

二是绿色创建工作全面开展。到目前为止，和田地区已有自治区级绿色学校4所、地区级69所、县级416所，自治区级绿色社区1个、地区级2个、县级7个，绿色机关8

个，绿色家庭 73 个。绿色学校创建总数排自治区第一位。

三是深入开展"环保法治六进"工作，在学校、机关、社区、企业、乡村和每个家庭开展环保宣传，在农牧区组织开展环保科普知识下乡进村活动，通过活动将环境保护的方针政策、法律规章、科学知识送到社区、学校、企业、农村、牧区，把环境友好理念渗透到社会各个层面。

四是在地、县、乡党校及各级各类学校开设环保法律法规知识讲座和环保课。

通过开展各种形式的宣传教育，使我地区广大干部群众的环保理念增强，环境保护的意识逐步提高。

三、生态环境保护工作中存在的困难和问题

1. 自然环境压力依然严峻

土地荒漠化面积仍在不断扩大，土地荒漠化严重。荒漠化土地面积 4 176.25 万亩，其中：土地沙漠化面积 41 116.59 万亩，土壤盐碱化面积 59.66 万亩。沙漠每年以 3～5 m 的速度向绿洲移动或扩展。

自然植被锐减。森林资源匮乏，沙漠化危害严重。森林覆盖率仅 1.42%，比全国平均水平（13.92%）低 12.7 个百分点。20 世纪 50 年代和田地区保存有珍贵的荒漠胡杨林 180 万亩，到 70 年代末仅有 27.4 万亩，经过 20 年的努力，目前才达到 77.45 万亩，还未恢复到 50 年代的水平。

自然灾害频繁发生。和田地区 17 m/s（8 级）以上的大风，每年都在 4～5 次。近 30 年来被流沙吞没的农田达 46 万亩，沙漠化的土地和草场面积达 3 万 km^2，历史上曾被流沙搬迁三次的策勒县城，如今流沙离县城只有 2～3 km，民丰县城距沙丘也只 3 km。

草场退化问题严重。我地区天然草场 3 853.53 万亩，可利用草场 2 785.17 万亩，天然草场以半荒漠草场为主，由于干旱、风沙、盐碱、虫鼠等自然灾害和超载放牧等人为掠夺破坏，退化天然草场 819 万亩中，沙、碱化 364.8 万亩；干旱退化 381.33 万亩；挖甘草退化 29.93 万亩；开荒退化 29.15 万亩；虫鼠害退化 14.2 万亩，占到草场退化总面积的 91% 以上。

乱采滥挖现象依然没有得到有效控制。矿山开发、玉石采挖不规范，砍伐天然林、采挖甘草麻黄草等严重破坏生态环境的行为时有发生。

2. 城市环境基础设施落后

和田地区共有 7 个县级城市，目前只有和田市和洛浦县有简易的氧化塘污水处理厂，其他县城的污水都是没有经过任何处理就直接排入大自然；只有和田市有一座生活垃圾处理场，其他县城的垃圾都是拉到戈壁或者低洼地带进行集中堆放。

3. 医疗垃圾和医疗污水处置困难

目前，和田地区共有各级医疗机构 100 多家，其中 50 张床位以上的医院 30 多家，医疗废水和垃圾存在的安全隐患不容忽视。目前和田市区内的医院仅地区人民医院、和田市人民医院、和田县人民医院和地区维吾尔医院等有污水处理系统，其中只有地区人民医院的污水处理设施经过地区环保局的验收，医院的污水基本能达标排放。其他医院的污水都是没有经过任何处理就直接排入城市下水道，而和田市污水处理厂是简易的氧化塘处理，

大量医院污水中的细菌和病毒在这里得不到有效处理，存在严重的污染隐患。医疗垃圾属于危险废物，必须专门机构进行处置，我地区部分医院医疗垃圾采取用焚烧炉焚烧，相当一部分医院的医疗垃圾和生活垃圾混在一起进入填埋场，甚至有部分医疗垃圾（特别是一次塑料制品）进入市场回收加工再利用，造成极大的安全隐患。

4. 农村环境保护工作严重滞后

一是乡镇一级没有环保机构，乡镇和广大农村的环保工作没有人去具体抓。二是农村生活垃圾得不到统一处理，全地区乡镇一级没有垃圾处理站，在许多乡镇周围的林带、水渠及河道旁，随处可见到生活垃圾随意堆放。三是部分农村特别是偏远地区农村人们生态保护意识较为薄弱，由于缺乏清洁燃料，生活、取暖采伐自然植被的现象还很严重。

5. 环保能力建设还跟不上经济发展速度

一是环保部门人员数量少、素质差，按环保部西部地区环境能力建设标准化建设要求，环保人员应占当地人口的万分之二，而目前全地区环保系统只有工作人员 159 名，人员数量远远没有达到这一要求，同时由于环保系统大都成立于 2002 年前后（地区环保局成立于 1999 年），从城建部门分离出来，专业人员少，人员素质不高。二是监测能力不能满足环境管理要求，按标准，地区环境监测站应达到国家二级环境监测站的标准，各县市应达到三级环境监测站的标准，目前只有地区和和田市有环境监测站，其他县虽然于 2010 年相继成立了监测站，但因缺少人员和设备，没有开展工作。

四、今后在生态环境保护工作中的主要对策和建议

坚持预防为主、全面推进的方针，按照"资源可持续、环境保护可持续"的要求，把环境保护和经济社会发展同步纳入地区经济社会发展中长期规划中统筹安排，坚持经济发展与环境保护并举，充分考虑环境承受能力，从产业布局上进行宏观调控，真正做到人口资源环境合理分配，协调发展。实现生产发展、生活富裕、生态良好的和谐社会目标。

1. 抢抓机遇，争取国家、自治区对我地区环境保护资金的支持力度

抓住有利时机，利用国家给予新疆特别是南疆四地州的倾斜政策，特别是今年国家将研究制定加强环境监管体系建设、环境能力建设和进一步扩大农村环境综合整治规模的方案。要抓住机遇，抓紧制定实施计划，重点做好农村环境综合整治、县级环保执法监测业务用房、监管体系、能力建设和节能减排项目建设规划，做好项目的前期准备工作，按照年度环保工作的目标，安排和上报项目，争取更大的支持。各县市财政要拿出一定的资金作为项目前期经费，项目资金到位后要专款专用，不得随意挪用或者截留。要结合环境保护工作的实际，提出需要国家支持和倾斜的环境经济政策，争取国家给予支持。在环评管理中，坚持"上大压小"的监管原则；在招商引资中，坚决支持大企业、大集团和高新产业的发展；在总量管理中，坚持先削减，后增量；鼓励发展循环经济，推进清洁生产，优化工业布局，推进重大环境保护工程建设，加快实施重点生态建设和环境保护项目，为实现我地区科学发展、构建和谐和田作出应有的贡献。

2. 全面加强环境影响评价制度的落实

积极推进规划环评工作。坚持从宏观把握环境保护，从源头控制环境污染和生态破坏。通过整合优势资源，进行合理产业布局，优化经济结构，提高发展质量。在招商引资工作

中，严格执行国家有关产业政策和环保标准，认真落实环境影响评价和"三同时"制度，强化现场监察和跟踪管理，切实规范建设单位的环境行为，完善公众参与机制，要加大违法建设项目的查处力度，对未批先建的违法项目，必须实行停止建设、依法处罚、补办手续。

结合即将开展的工程建设领域突出环境问题专项治理工作，把政府投资和使用国家资金项目特别是扩大内需项目作为重点，以群众反映强烈的突出环境为切入点，逐一梳理工程建设在规划、项目审批、建设、后续监管等过程中容易出现问题的关键环节，认真查找工程建设领域环境保护管理中存在的缺陷和漏洞，制定和落实改进措施，进一步完善相关管理制度，建立健全环境保护长效机制。

3. 加强生态环境保护，积极推进农村环境保护工作

和田地区生态环境十分脆弱，保护生态环境是环保工作的重点和难点，必须在积极推进生态环境建设的同时，认真做好生态环境监察。生态环境监察是强化监管，确保生态环境安全的重要手段。2009 年行署下发了《关于加强和田地区生态环境保护的实施意见》，各县市和有关部门要结合实际制定出具体的贯彻落实措施，制定出本辖区生态环境保护和建设的方案。要加强对各类资源开发、公路建设、水利、水电等基础设施建设施工现场的生态环境监察，防止边建设、边破坏的情况发生，确保我地区生态环境安全。

积极推进农村环境保护工作。要把农村环境保护与改善农村人居环境、促进农业可持续发展、提高农民生活质量和保障农产品质量安全相结合，统筹安排，全面推进。要将农村环境保护作为推进社会主义新农村建设的重要内容，按照"生产发展、生活富裕、乡风文明、村容整洁、管理民主"的要求，认真落实好《和田地区农村环境综合整治规划实施方案》，分步实施，整体推进，到"十二五"末使全地区重点村庄环境污染问题得到有效控制。

4. 加大执法力度，严厉查处环境违法行为

重点做好水污染防治工作，加强全地区主要河流的水质监测监察工作，抓好重点排污企业和医疗机构污水达标排放，防止水污染事故的发生。要做到对本辖区内各类重点污染源、危险化学品和放射源污染隐患心中有数，情况明了，发现问题要立即采取有效措施，消除隐患。建立环境监管后督查制度。把后督查工作作为环境监管与执法的重要环节，需要建立后督查工作程序、方法等相关制度，形成机制，环保部门要加强与纪检监察、司法、法制办、工商等部门的联系配合，采取综合措施，解决环境违法监管不到位、处罚不到位、执行不到位、督查不到位的问题。依据国家环保法律法规和政策，推进总量控制各项任务的落实。

强化依法行政，加大执法力度，重点查处影响群众健康的突出环境问题和破坏生态环境、造成重大环境污染事故的违法行为，对环境保护难点、热点案件，要在地方党委、政府的统一领导下，加大联合共同执法力度，切实保障人民群众环境权益和生态安全。

5. 努力完成污染总量控制目标

在污染源全面调查和环境容量核算的基础上，把总量控制指标作为政府和企业"环保目标责任制"的主要考核指标，把总量控制指标作为建设项目审批的依据。严格禁止向我地区输入落后淘汰的生产能力、工艺装备和产品。继续抓好重点工程、重点领域节能减排工作，进一步推进天然气入户工程和推广应用清洁能源，积极推进综合废旧物资利用和

生活垃圾资源化利用，加快重点城镇污水处理设施和管网配套建设，积极推进污水再生利用，建设节水型城镇。通过进一步削减增量，消化存量，为今后的发展腾出环境容量空间。

6. 要大力发展循环经济，切实提高经济发展质量

以循环经济替代传统经济发展模式，是坚持科学发展观、推进新型工业化的必然要求。各地要将发展循环经济的理念贯穿到能源资源开发利用的全过程，按照建设节约型社会的要求，加快制定促进发展循环经济的政策、相关标准和评价体系，以尽可能小的能源资源消耗，获得尽可能大的经济效益和社会效益。要加强循环经济技术研发、示范、推广和能力建设，提高自主创新能力。大力发展节能环保产业，加快水能、风能、太阳能等可再生能源开发利用，加强水、土地、矿产管理，搞好节水、节地、节材等工作，提高能源资源利用效率。

三、地方环保工作感言

关于开展信访减量工作的实践探讨

北京市昌平区环境保护局　李万升

摘　要：随着社会经济的快速发展，现阶段昌平区污染源数量迅速增长，人民群众对环境质量要求越来越高，环境信访受理量逐年递增，环境监察执法面临的压力不断增大。本文针对上述问题，积极探索开展"信访减量"工作，认真分析环境信访现状和成因，采取监察审批有机结合、消除隐患提前排查、办结信访及时彻底和跟踪督察强化成果等综合措施，提前化解社会矛盾，妥善解决群众身边生活环境污染问题。

关键词：环境信访；诉求；环境执法

一、引言

在 2008 年全国环境执法工作会议上，周生贤部长指出："近年来，人民群众改善环境质量的诉求越来越强烈。在全国信访总量、集体上访量、非正常上访量、群体性事件发生量实现'四个下降'的情况下，环境问题却上升为信访工作的重点之一。近几年环境信访和群体事件以每年 30%以上的速度上升。"事实上，当时昌平区的环境信访受理量也正处于爬坡期。通过对昌平区 2005 年至 2008 年的环境信访受理量进行统计，可知，2005 年昌平区环境信访受理量为 736 件，2008 年已增长到 1 800 件，年均增幅 34.7%。因此，人民群众的合法权益在环境保护领域受到一定的挑战。

其次，环境信访受理量的不断增多，增加了环境监察执法部门的行政成本和工作压力。根据 2010 年昌平区环境保护局开展的行政机关量化管理课题报告显示，2009 年昌平区环境信访工作所需时间占环境监察执法部门全年工作总时间 40%左右，即环境监察执法部门一年近 2/5 的时间用于接待、办理、回复环境信访，并且总是被动地投入大量的人力和物力用于解决环境信访问题。同时，环境信访量的增大，也表明群众对周边环境质量不满的情绪比较强烈，面对群众的不满，监察执法部门的工作压力无形增大。

此外，从理论角度上讲，"信访减量"与"污染减排"都是改善辖区环境的措施。"污染减排"是改善环境质量、解决区域性环境问题的重要手段，通过落实国家污染减排任务可以实现大区域环境的持续改善，这里的大区域环境是指辖区的大气环境、流域环境等生态生存环境。与之相对应，通过采取综合有效措施，努力减少辖区环境信访受理量，减少群众的不满情绪，则可以实现小区域环境的有效改善，这里的小区域环境是人们活动地点及周围的生产生活环境。因此，作为环境保护行政主管部门，持续改善辖区生态生存的大区域环境，与努力改善人们生产生活的小区域环境，两者同等重要，缺一不可。

鉴于以上三点，如何采取有力的执法手段和得当的综合措施，有效遏制环境信访增长趋势，减少环境信访受理量，还群众一片安宁、干净、宜居、和谐的生产生活环境，就成了昌平区环境保护局急需研究解决的一个重要课题。

二、影响环境信访的因素

环境信访量呈现递增趋势，可以说是由诸多因素决定，既有污染源数量增多、功能布局不合理等客观因素，也有群众环境保护意识不断提高、企业环保意识薄弱等主观因素。这里主要从经济社会发展、规划审批制度、环境信访特征等角度出发，研究决定环境信访的客观规律，为开展环境"信访减量"工作寻找依据和突破口。

1．经济社会发展因素

相关研究表明，欧美等发达国家在人均 GDP 8 000～10 000 美元的发展阶段，环境污染正处高峰值，环境状况总体才开始好转。然而，后期工业化国家和我国一些地区的实践表明，只要发挥后发优势，可以降低这个"峰值"。像韩国等新兴工业化国家使这一转折点提前到人均 GDP 5 000～7 000 美元的发展阶段。根据统计资料，2008 年昌平区人均 GDP 达到 33 950 元（按当年平均汇率折合为 4 888 美元）。因此，根据研究成果判断，2008 年昌平区正处于走向环境污染"峰值"阶段，环境信访量增多就是其中一个重要表现特征。

2．规划审批制度因素

在环境信访办结过程中，我们发现相当一部分投诉来源于特定历史条件下产生的工业居住夹杂区、商业居住混杂楼、垃圾填埋场周边区域等。之所以产生这种现象，这主要是因为在当时历史背景下，规划和审批制度不够完善，导致部分污染源单位存在环保手续不齐全、经营场所距离居民区防护距离不足等问题，这些问题在企业成立时并不突出，但是随着经济社会的发展才逐一显露出来，成为环境污染多发区和环境信访重点区，是影响环境信访递增的一个重要因素。

3．环境信访特征因素

虽然昌平区环境信访量呈现逐年增长的趋势，但通过对昌平区历年环境信访的数据分析，发现其内部构成变化不大，现阶段主要集中在餐饮企业区域的环境污染问题。据粗略统计，昌平区反映餐饮企业污染扰民的环境信访占全区环境信访量的 40.9%左右。这一特征决定了在办理环境信访过程中，相当一部分人力、物力都投入到解决餐饮污染扰民问题上。于是，只要着力减少餐饮企业污染扰民，很大程度上就能够减少环境信访工作量，对环境"信访减量"具有举足轻重的作用。

4．办理效率和质量因素

通过对昌平区多年受理的环境信访进行统计分析，可以发现其中存在一定量的"一件多投"和"一件重投"的现象。"一件多投"是指在办理时期内存在多个信访人同时投诉同一个污染源。以昌平区东小口地区为例，2009 年上半年该地区共受理环境信访 169 件，实际被检查单位为 144 家，可知该地区半年共有 25 件环境信访为"一件多投"。"一件重投"是指一个污染源被投诉，经环境执法监察部门调查办结后，一年内又有信访人举报该单位环境污染。同样以 2010 年昌平区东小口地区为例，一年被重投三次以上的污染源就有 20 个。由此可见，"一件多投"和"一件重投"在一定程度增加了环境信访受理量和环境信访工作量。

三、"信访减量"总体思路与具体措施

通过对影响环境信访因素的分析，可知，2008 年昌平区环境信访量正将处于"峰值"期，环境信访量有减少空间，开展"信访减量"有一定的现实依据和事实基础。为此，昌平区环境保护局提出了明确的"信访减量"工作目标、工作思路和具体的措施。工作目标是，从 2009 年开始，利用三年时间，遏制环境信访增长趋势，并努力实现每年信访受理量有所减少。总体思路是，通过采取"釜底抽薪"和"扬汤止沸"的方式，既从制度和源头进行杜绝预防，减少并消除环境信访隐患，又从环境信访现状出发，及时办理不拖拉，彻底办理不留根，回顾办理不松懈，减少环境信访多投和重投的数量。具体措施是：

1. 监察审批有机结合

探索环境执法监察部门参与建设项目审批工作，从 2010 年初开始，昌平区环境保护局在东小口环境监察分队试点环境执法监察部门负责餐饮项目的审批现场核查。即环境执法监察部门根据餐饮企业的申请，到项目现场进行核查，如实记录现场信息并转交审批部门，然后审批部门根据相关规定和现场记录信息决定是否给予批复。通过将监察与审批进行有机结合，让污染源监察部门参与把关污染源的环境准入，不仅实现了对污染源监管的关口前移，同时能够更好地从源头上排除环境污染隐患，减少环境信访受理量。至今，东小口地区共现场核查 126 个餐饮项目，无一家涉及环境信访。

2. 消除隐患提前排查

根据历年昌平区受理的环境信访件信息，深入研究辖区环境信访特点，总结得出辖区环境信访高发期、高发行业、高发地区，编制《昌平区环境信访投诉重点区域图》、《昌平区重点关注污染源黑名单》等，然后按图索骥，以单为据，在环境信访高发期之前，深入排查隐患，变上访为下访，力争减少环境信访投诉量。同时，加大对历史遗留环境问题整顿力度，以各项环保专项行动为契机，将专项行动与信访办理进行有效结合，对全区范围内老旧街道餐饮企业、村级工业区、煤场、垃圾填埋场等环境信访易发区逐一进行排查，把环境污染隐患消除在前端。

3. 及时彻底办结信访

根据《环境信访办法》的规定，环境信访事项应当自受理之日起 60 d 内办结，情况复杂的，经本级环境保护行政主管部门负责人批准，可以适当延长办理期限，但延长期限不得超过 30 d。然而，昌平环境保护局规定，环境信访必须在 30 d 内办结答复，并且做到急件急办、特件特办，提高环境信访办结效率，减少"一件多投"。对于群众反映比较强烈、办理比较棘手的重点疑难环境信访，坚持党政"一把手"协调处理，参加信访工作协调会；主管信访工作领导实行包案，直接参与调查处理，撰写处理情况报告，实现彻底办结，不留残根后患，防止死灰复燃，减少"一件重投"。

4. 跟踪督察强化成果

加大环境监察队伍建设力度，从 2009 年开始，昌平区环境保护局先后组建了东小口、城区、回龙观等 6 支镇级环境监察分队。环境监察分队的组建，不仅从横向上夯实了辖区环境信访办理力量，还从纵向上延伸了环境信访办理督察力度。环境监察分队建立环境信访跟踪督察机制，即每一年都对前一年被投诉的对象开展再次督察，对于多次被投诉的对

象，组织其负责人召开环境保护宣传和跟踪督察部署会议，实行企业自查和执法监察部门督察相结合。同时，向信访人再次征询意见，了解被投诉对象是否还存在污染问题。通过对信访对象和信访人的双向沟通协调，做到及时发现问题，解决问题，进一步强化监督，巩固前一年环境信访办结成果。

四、"信访减量"成果及结论

通过明确"信访减量"工作目标和工作思路，狠抓落实上述四项环境"信访减量"措施，昌平区环境保护局"信访减量"工作取得了阶段性成果。昌平区环境信访受理量在 2008 年达到 1 800 件的高峰后，开始呈现逐年下降趋势。2009 年昌平区全年环境信访受理量开始下降为 1 582 件，2010 年继续降至 1 471 件，2011 年上半年环境信访受理量为 664 件，平均年降幅为 10%左右。

根据以上数据，可以清楚地看到，在开展环境信访工作中，采取"釜底抽薪"和"扬汤止沸"的方式，既着眼当前行动，又考虑长效机制，既把眼前的一些矛盾解决好，又围绕长远从根本上改善环境信访问题，就能够减少辖区环境污染纠纷，提升人们生产生活质量，消除群众不满情绪，也能够遏制信访量增长趋势，实现环境信访受理量逐年递减的目标，减少行政成本和工作压力。因此，在环境信访量不断增加的背景下，开展"信访减量"工作是可行的，也是必要的，与"污染减排"同等重要，是当前环境保护行政主管部门的一项重要民生工程，对做好辖区环境保护工作具有一定的现实意义。

强化流动污染源监管，保首都蓝天

北京市通州区环境保护局　潘自欣

摘　要：机动车尾气中含有多种有害气体，对环境和人类身体健康造成严重的影响，机动车尾气污染已成为很多城市大气污染的首要污染源。本文主要介绍了北京市在加强机动车污染物排放监管，有效控制城市流动污染源方面的一些做法。

关键词：机动车尾气污染；机动车排放标准；流动污染源监管

一、引言

汽车尾气污染已从区域性问题变为全球性问题，随着汽车数量的增多与使用范围的增大，相应的流动污染源——机动车尾气污染对城市环境的危害日益突出，引发呼吸系统疾病，造成地表空气臭氧含量过高，加重城市热岛效应，使城市环境转向恶化，而城市市民则成为汽车尾气污染的直接受害者。在此背景下，流动污染源进入了政府管控的视野。为了把防治机动车污染从关注机动车本身拓展到监管机动车尾气排放的相关领域，北京市环保局成立了机动车排放管理中心，主要负责本市机动车、非道路机械和储油设施等流动源污染排放的监管工作。按照上级主管部门要求，各区县环保局随后成立了下属部门——机动车排放管理站。目前，全市已建立了一支专门的流动污染源监管队伍，配备了专业检测仪器并规范了监察制度，同时建立了完备的监管体系，以确保日常监管措施到位。

二、机动车尾气污染

1. 机动车尾气污染现状

大气污染已成为世界人民共同面临的严峻问题。在交通发达的国家，由汽车尾气排放的污染物越来越严重，汽车尾气污染已成为越来越多城市大气污染的首要污染源。在物流技术、运输技术高度发达的今天，汽车给人类带来方便快捷的同时，其尾气对环境的污染已经越来越引起人们和社会的关注。据资料显示，我国汽车尾气污染以每年逾 10% 以上的幅度上升，主城区氮氧化合物浓度的分担率高达 80%以上。目前，控制和治理汽车尾气对大气环境造成的污染已经成为城市环境保护面临的紧迫任务。

2. 机动车尾气的主要成分、形成机理及严重危害

所谓尾气污染，主要是指柴油、汽油等机动车燃料因含有添加剂和杂质，在不完全燃烧时所排出的一些有害物质对环境及人体的污染和破坏。据研究表明，汽车尾气成分非常复杂，有100多种，其主要污染物包括：一氧化碳（CO）、氮氧化物（NO_x）、碳氢化合物

（HC）、铅（Pb）、苯并芘（BaP）等，这些污染物不仅污染环境，对人体也有巨大危害。

（1）形成机理。汽车发动机排放的尾气中含有一部分毒性物质，燃料不完全燃烧或燃气温度较低时发生较多。尤其是在次序启动、喷油器喷雾不良、超负荷工作运行时，燃油不能很好地与氧化合燃烧。必定生成大量的 CO、HC 和煤烟。另一部分有毒物质，是由于燃烧室内的高温、高压而形成的 NO_x。

（2）对环境的危害。汽车尾气排放出的 NO_x 和 HC 在大气环境中受强烈的太阳紫外线照射后发生光化学反应而产生二次污染物，这种由一次污染物和二次污染物的混合物所形成的烟雾现象，称为光化学烟雾。光化学烟雾会对环境和人类造成严重的危害。1943 年，美国洛杉矶市发生了世界上最早的光化学烟雾事件，此后，在北美、日本、澳大利亚和欧洲部分地区也先后出现这种烟雾。经过反复的调查研究，直到 1958 年才发现，这一事件是由于洛杉矶市拥有的 250 万辆汽车排气污染造成的。

另外，汽车尾气中含有大量的 CO_2、SO_2。这些气体被称为温室气体，过量地排入大气会造成温室效应，使全球气候变暖，破坏大气臭氧层，给人们带来伤害。同时，酸性气体还会导致酸雨的形成，酸雨会污染水体和土壤，侵蚀建筑物，给环境和人类生存带来严重的威胁。

（3）对人体的危害。尾气中的 CO 进入肺泡后很快会和血红蛋白（Hb）产生很强的亲合力，使血红蛋白形成碳氧血红蛋白（CO_2 Hb），阻止氧和血红蛋白的结合。一旦碳氧血红蛋白浓度升高，血红蛋白向机体组织运载氧的功能就会受到阻碍，进而影响对供氧不足最为敏感的中枢神经（大脑）和心肌功能造成组织缺氧，从而使人产生中毒症状。中毒主要表现为头痛、心悸、恶心、呕吐、意识模糊，部分患者可并发脑水肿、肺水肿、严重的心肌损害、肝、肾损害等。

三、执行机动车尾气排放标准的意义和目的

1. 北京市机动车排气污染日趋突出

为改善首都大气环境质量，在国家有关部门的大力支持下，在市委、市政府的正确领导下，北京市自 1998 年以来实施了 11 个阶段的大气污染控制措施，机动车污染防治始终是重点内容，空气质量明显改善。

近几年来，北京市在采取多种措施缓解交通拥堵，大力发展公共交通的同时，采取了不断严格新车排放标准，加强在用车的检查和维修，加快老旧车辆的更新淘汰和不断提高车用油品质量等控制机动车污染的措施，收到了明显的效果。在机动车保有量快速增长的情况下，机动车排放污染得到了一定的缓解。

目前北京市大气环境质量距离国家标准还有较大的差距，进一步改善大气环境质量的难度越来越大，大气污染防治工作进入攻坚阶段，特别是机动车污染防治形势严峻。机动车保有量不断快速增长，到 2010 年底我市机动车保有量接近 500 万辆，居全国第一位。机动车排放污染已成为影响大气环境质量的主要来源之一，在机动车保有量快速增长的同时，加大力度控制机动车排放污染，实现机动车污染排放总量的大幅度削减是今后大气污染防治工作的重要内容和难点。

2. 实施标准可大幅度削减单车的污染物排放

达到国Ⅲ、国Ⅳ排放标准的车辆有两个突出的特点：一是可大幅度削减单车的污染物排放，其排放比达到国Ⅱ标准车辆减少 50%以上；二是可以加装车载排放诊断系统（OBD）。OBD 系统是监测机动车与排放有关的零部件是否正常工作，并及时对故障发出警报的环保专用装置。主要监测包括三元净化器效率降低、失火和氧传感器失效等。所以加装 OBD 系统的国Ⅲ车辆，可以及时发现车辆的故障和污染超标的情况，并警告司机尽快进行维修，同时有利于维修企业对车辆故障的诊断和维修。

3. 逐步提高新车排放标准是国际通行做法

逐步提高新车排放标准是控制机动车排放污染的根本措施之一，是国际社会的成功经验和通行做法。欧美城市在 20 世纪六七十年代曾出现过严重的机动车排放污染，后通过不断提高新车排放标准和加强在用车管理使之大大缓解。从 90 年代初实施欧Ⅰ或相当于欧Ⅰ标准开始，欧美国家每 4～5 年将标准提高一级，目前已实施欧Ⅴ标准。

我国目前参照欧洲标准体系制定机动车排放标准，但执行时间迟于欧美约 7～10 年。为控制机动车污染，北京市一直提前执行国家相关标准，如 1999 年执行国Ⅰ标准，2002 年执行国Ⅱ标准，2006 年执行国Ⅲ标准，2007 年执行国Ⅳ标准，均比全国提前 2 年左右。

四、流动污染源监管

1. 流动污染源监管职能部门

为了有效控制机动车尾气排放，北京市率先成立了机动车排放管理中心隶属于北京市环境保护局，主要负责本市机动车、非道路机械和储油设施等流动源污染排放的监管工作。

主要职责是执行国家和北京市有关机动车污染控制的法律法规、政策和标准，落实市政府控制大气污染的相关措施；组织指导各区（县）环保部门开展流动污染源的"五重三查"（重点时段、重点地区、重点道路、重点单位、重点车型；路检夜查、入户抽查、进京路口检查）及道路污染评估工作；按照有关规定，负责本市机动车排放定期检验和环保标志发放的监督管理工作，对机动车检测场定期检验资质进行审查；受北京市环境保护局委托，开展在京销售新车环保一致性检测和在用车符合性检查；开展机动车排放污染控制的科研和检测工作，为管理部门决策提供依据；同时，组织开展储油设施（加油站、储油库、油罐车）油气回收治理装置和油品清净剂添加情况的执法抽检（测）工作；负责接待、处理流动源污染相关信访投诉工作；完成北京市环境保护局交办的其他工作。

2. 加强流动污染源监管，减少机动车尾气对大气环境的污染

当前，城市空气质量并没有与高速经济的发展水平同步提高，流动污染源——机动车尾气对于空气污染的分担率较大，环保局作为负责流动污染源监管的主管单位，只有不断地加强行政监管职能，才能有效监督在用机动车的实际尾气排放情况，以保证达标排放。为此，应做好以下几点工作：巩固黄标车淘汰成果，提升高排放车辆监管水平，确保老旧车淘汰任务圆满完成；持续强化入户检查工作，定期更新车辆台账，深入挖掘监管模式，形成乡镇街道属地监管网络，为完成老旧车辆淘汰工作夯实基础；深化"五重三查"（在重点地区、重点道路、重点时段对重点单位、重点车型实行路检夜查、入户抽查和主要路口检查）开展系列流动污染源专项检查行动，并突出非道路动力施工机械和农用车的监管

工作；强化外埠进京车辆监管常态化环境监察工作，有效防治流动污染源污染；全面落实空气质量保障行动计划，狠抓流动污染源防治，积极配合完成市里下达的空气质量保障行动任务；创新监管模式，完善环境监管机制，指定专人定期到年检场进行倒查，构筑完备的流动污染源监察体系；对群众信访举报的案件及时进行核查回复，做到事事有着落，件件有回音；加强环保队伍建设，提高监察人员业务水平，为推动流动污染源监管工作提供坚强保障。

五、结语

随着我国经济的不断发展，汽车尾气对大气的污染和治理已经成为人民和政府共同面临的挑战。为治理大气污染，我国政府已先后颁布了多项法律法规及相关的治理办法，以法律为依据，有效地实现汽车尾气排放的控制与管理。

为了充分体现"人文北京、科技北京、绿色北京"的发展理念，加强机动车尾气排放控制，作为环境监察部门，我们要以严格监管和严肃执法为手段，以服务发展和改善大气环境为宗旨，以更高的要求、更严的标准、更大的决心，咬定高污染排放车辆不放松，集中精力抓监管，确保首都城市拥有洁净的蓝天。

天津滨海新区低碳经济发展现状及建议

天津市滨海新区环保市容局　曹立琴

摘　要：随着我国经济的迅速发展，能源消耗和环境问题日趋严重，碳排放造成的温室效应已经给社会可持续发展带来了严峻的挑战。天津滨海新区作为引领中国经济的第三增长极，同时又是全国综合配套改革试验区，肩负着发展与保护的双重责任。文章结合天津滨海新区的发展现状，具体分析了发展低碳经济的优势，并提出了促进低碳经济发展的对策建议。

关键词：低碳经济；现状；建议

在 2010 年年初召开的哥本哈根世界气候大会上，世界各国就如何应对全球气候变化，减少碳排放进行协商，并提出了到 2020 年各自碳减排的初步目标。2009 年底我国公布了"碳密度减排"的行为目标，即到 2020 年，我国单位 GDP CO_2 排放将比 2005 年下降 40%～45%，并将其作为约束性指标纳入国民经济和社会发展中长期规划。可以预见，低碳经济将会成为我国经济、社会发展的主旋律。

一、滨海新区低碳经济发展现状

2003 年英国首次提出"低碳经济"的概念，并成为全球低碳经济的积极倡导者和先行者。低碳经济是以减少温室气体排放为目标，构建一个低能耗、低污染为基础的经济发展模式，是人类社会继农业文明、工业文明之后的又一次重大进步。其核心是能源技术和减排技术创新、产业结构和制度创新以及生存发展观念的根本性转变。

发展低碳经济已经成为世界各国的广泛共识。据不完全统计，截至 2009 年底，发达国家已宣布的低碳经济发展计划规模超 5 000 亿美元。我国也明确提出要大力发展绿色经济，培育以低碳排放为特征的新的经济增长点，加快建设以低碳排放为特征的工业、建筑和交通体系。目前全国已有数十个省市正在向国家申请"低碳经济示范区"。湖北省将在武汉城市圈探索区域低碳能源、低碳交通、低碳产业发展模式；海南提出以建设国际旅游岛为契机，争创国家级低碳经济试验区；上海市也提出将崇明岛打造成为世界级"生态岛"，建立低碳生态实践区，在虹桥枢纽建立低碳商务实践区。此外，湖南、江苏、浙江、云南等地也在谋划建立低碳经济试验区。

天津滨海新区作为继深圳、上海之后，中国经济的又一增长极，同时又是全国综合配套改革试验区、肩负着成为科学发展排头兵、建成高水平的现代制造业、研发转化基地和宜居生态新城区的历史重任。这就要求新区要加快转变发展方式，大力发展低碳经济、绿色经济和循环经济，争创全国低碳经济综合试验区，走出一条科学发展、和谐发展、率先发展之路。

当前，滨海新区正按照中央政府的定位和生态兴区的理念，把建设资源节约型和环境友好型社会作为经济社会发展的主要目标，加强生态修复和环境保护，发展绿色产业和循环经济产业链，积极探索绿色经济、低碳经济和循环经济的新途径，努力实现绿色投资、绿色消费、绿色增长，逐步成为经济繁荣、社会和谐、环境优美的宜居生态型新城区。目前，天津滨海新区已具备发展低碳经济的以下五个方面优势。

1. 低碳产业基础雄厚

滨海新区汇聚航空航天、生物医药、电子信息、新能源新材料等新兴产业，并形成了一定规模，它们具有污染少、碳排放低的特征，是典型的低碳产业。滨海新区是中国最大的风电设备生产地区之一，新型能源建设和运用、水资源综合利用走在全国前列，达到世界先进水平。新区已经实施了经济技术开发区、北疆电厂等六个国家循环经济试点，总结了泰达、子牙等五种循环经济发展模式，形成了石化、冶金、汽车、海水淡化等循环经济产业链。汉沽垃圾发电厂项目成功引进和运用 CDM（京都议定书清洁发展机制），在联合国备案，并通过了 DOE（联合国清洁发展机制执行理事会批准的独立第三方审定、核查机构）的定性审定，此举标志着该项目碳减排量认证已进入实质性操作阶段。

2. 低碳市场发展潜力巨大

上海浦东新区和深圳特区的第三产业占 GDP 的比重较大，分别为 56%和 53%，而滨海新区第三产业占 GDP 的比重仅为 32%，第二产业占全区 GDP 的比重达到 67%（2009 年统计数据）。与上海浦东新区和深圳相比，滨海新区存在两个方面的天然的碳密度减排优势和市场潜力：第一，以工业生产为主的滨海新区碳排放总量大，工业项目减排潜力巨大；第二，以低碳经济服务为主的第三产业发展存在巨大空间；第三产业在增加 GDP 总量的同时，很少增加碳的排放量，能使碳密度显著降低。此外，滨海新区还有独特的区位优势，可以很好地实现低碳经济的辐射作用。紧邻山西、内蒙古等全国能源基地，被河北、山东、东北等重化工业基地基地所环绕，滨海新区的低碳技术转让、低碳项目投资具有巨大的市场空间。

3. 金融资源较为密集

节能环保技术的开放，低碳产业的发展都需要大量的资金支持。国务院批准了《天津滨海新区综合配套改革试验金融创新专项方案》，内容涉及搞好产业投资基金，发展证券期货业，支持股权产权交易，开展银行综合经营试点，进行排放权交易综合试点等 30 个重点改革创新项目。这为滨海新区大力发展低碳产业，推广低碳建筑，培育低碳消费提供了良好的金融基础。特别是作为国内唯一的专业从事碳排放权交易的天津排放权交易所，为新区大力发展绿色金融，绿色服务提供了很好的平台。

4. 智力资源汇聚

低碳经济发展的根本动力是科技创新，推进低碳、节能、环保技术的研发与应用。而滨海新区依托京津冀地区约占中国 27%的科技人才资源，新区建成了国家级、省部级工程中心 50 家，各类企业研发中心 150 多家，博士后工作站 52 家。高新技术产业产值占工业总产值比重达到 47%。智力资源的汇聚为实现新区产业向低碳化发展，提供了有力的技术支撑和人才保障。目前滨海新区已有天津市环科院滨海分院、天津排放权交易所、泰达低碳经济促进中心，天人合环保产业研发中心等一批从事低碳经济研究、促进的机构，并且拥有一批实力雄厚的环保企业正在为实现环保产业化做着努力。

5. 功能载体完备

滨海新区规划十五大功能区，其中：中新天津生态城将建设成为我国生态环保、节能减排、绿色建筑技术等自主创新的平台，环保教育研发、交流展示中心和生态型产业基地，参与国际生态环境发展事务的窗口与生态宜居的示范新城；先进制造业产业区、临空产业区、滨海高新技术产业园区将以电子信息和汽车产业为支撑，大力发展新能源汽车、风电设备、新材料、生物医药、航空航天等新兴产业，并不断提高能源、资源利用效率，探索产业低碳化发展的新思路、新方法、新模式；滨海中心商务商业区建设突出滨水、人文、生态的特色，采用新技术为区内建筑实行集中供热、集中供冷，以集约手法开辟节能减碳新道路；滨海旅游区已发展旅游业为主，是典型的低碳型经济，建成后将成为我国北方知名的国内国际旅游目的地和高品位的休闲区；临港工业区已申报了国家循环经济示范区，并通过验收。以上功能区将成为我区发展低碳产业，促进循环经济的坚实载体，成为全国发展低碳经济的示范区。

二、促进低碳经济发展的建议

1. 将滨海新区建成全国低碳经济、技术的研发和标准制定中心

吸引低碳经济技术人才组建滨海新区低碳经济技术研究院，主要进行滨海新区碳密度减排，建设全国低碳经济中心的各种政策、方案、规划的研究。吸引国内外低碳技术研究机构落户滨海新区，如争取中美清洁能源联合中心能够坐落滨海新区，或者与欧盟、日本、加拿大等国组建类似机构；加强与国内外低碳技术研究机构的合作，加快国外先进的低碳技术的引进、吸收步伐。培植南开大学、天津大学等高校形成低碳技术创新研发能力。另外，我国低碳经济标准制定尚处于空白阶段，滨海新区应借鉴国际低碳产业相关标准，制定我国低碳产业和低碳企业的技术标准，制定碳减排信用的核证标准，将滨海新区建成全国性的低碳经济规划和标准制定中心。

2. 将滨海新区建成全国性的低碳经济服务中心

利用将来的滨海新区政策与研发优势，把滨海新区建成国内外低碳经济技术交易市场。建立全国性的低碳经济论坛，一方面利用低碳经济中心的优势吸引亚太低碳经济论坛在天津滨海新区举行，另一方面，打造滨海新区定期举行的低碳经济论坛，吸引国内外政府官员、企业以及环保组织的参与，树立天津低碳经济中心的形象。

3. 努力推进宜居生态新区建设

《国务院关于推进天津滨海新区开发开放有关问题的意见》，提出了把滨海新区建设成为"经济繁荣、社会和谐、环境优美的宜居生态型新城区"的功能定位。建议进一步加大投入，加快环境保护与生态工程建设。中新天津生态城集合了国际先进的生态、环保节能技术，将其建设成为综合性的生态环保、节能减排、绿色建筑、循环经济等技术创新和应用推广的平台，成为国家级生态环保培训推广中心，成为现代高科技生态型产业基地，成为参与国际生态环境建设的交流展示窗口，成为"资源节约型、环境友好型"的宜居示范新城。努力建成国内外公认的宜居生态型新城区。

4．加快推动污染减排

针对"十二五"期间滨海新区经济快速发展的趋势，积极淘汰经济总量小，污染负荷大，治理难度高，技术水平和经济效益落后等一批不符合产业政策的工业企业，为新的经济发展腾出环境容量空间。严格实行环境准入制度，提高招商引资的环保门槛，促进产业优化升级，以科学发展观推动清洁生产、循环经济的发展，杜绝"三高一资"项目，促进产业升级和结构优化。积极做好规划环评工作，从决策和规划的源头消除环境隐患。

5．政府出台优惠政策，鼓励企业节能减排

针对大部分节能减排的新型能源，都具有初期投资高、运行费用相对低的特点。建议对采取低碳技术主动节能减排的企业予以支持，在政策、税收等方面予以优惠。对于这些企业政府可以给予优惠贷款，对于具有示范意义的企业，建议直接投资或给予补贴。

6．进一步促进碳排放权的交易

天津已经成立了全国第一家综合性排放权交易机构（天津排放权交易所），搭建了碳排放权的交易平台。建议政府牵头，进一步促进碳排放权的交易，推动政策研究，培养中介市场，建立秩序良好的碳金融交易市场。

7．加强机动车排放管理

全面实施环保标志管理，逐步实施对高排放汽车的限行措施。禁止没有环保标志的机动车上路行驶；对持有黄色标志的机动车实施限制通行措施。对于社会黄标车出台经济激励政策加速其淘汰进程。提高新车准入标准，提高机动车油品标准。通过路口交通区划确保路口更加有序，提高路口通行能力，降低排放。推广出租车电话预约，降低空驶率，减少污染。通过科学交通管理，优化城市交通出行结构，实施公交优先。积极开展宣传活动，培养低碳生活习惯，倡导"绿色出行"。

滨海新区作为引领中国经济发展的第三增长极，已经确立了创建宜居生态型新城区的发展目标，提出了建设资源保障、环境治理、生态产业、生态人居、生态文化等体系工程，开始探索建设生产清洁化、消费友好化、环境优美化、资源高效化的生态城市之路。只要勇于大胆创新和实践，就能够把滨海新区打造成为全国生态文明、绿色发展的示范区，真正成为世界上有影响、节能、低碳、循环和生态型城区，必将为中国探索绿色发展道路提供重要的启示。

优化环境管理，创建国家级生态工业园区

天津港保税区环境保护局　樊在义

摘　要：发展循环经济、创建生态工业园区是有效解决重化工业污染问题的有效举措和尝试。本文结合天津港保税区空港经济区在区域建设和环境保护方面所取得的成功经验，客观分析了区域环境管理面临的突出问题，就如何促进生态工业园区建设、完成节能减排任务和提高区域环境质量提出了对策建议。

关键词：区域环境保护；生态工业园区；对策建议

"十二五"期间，作为国家发展第三极的滨海新区将进一步加快实施开发开放的国家发展策略，区域开发建设和社会经济发展将持续保持高位运行。同时随着经济社会的发展，尤其是重化工业的发展，在某种程度上资源、环境问题也将日益严重；同时资源、环境问题也将制约经济社会的发展。未来只有更好地贯彻落实科学发展观，加快调整经济发展结构，转变经济发展方式，统筹经济社会和资源环境协调发展的关系，区域发展方能步入一个良性通道。而发展循环经济、创建生态工业工业园区是实现可持续发展的有效举措和尝试。

本文着力于研究思考作为滨海新区核心功能区的天津港保税区空港经济区在区域建设发展中，所取得成绩、面临的环境管理问题及相应的管理措施，希望在建设国家级生态工业园区指导区域可持续发展方面进行探索和交流。

一、区域发展现状

1991 年 5 月 12 日，国务院批准成立天津港保税区。20 年来，在国家有关部委、市委市政府领导和保税区人不断创新努力下，目前天津港保税区空港经济区总体开发面积达到 73 km^2，具备了海港保税区、保税物流园区、空港经济区、空港保税区、空港国际物流区和综合保税区等多种资源、政策和功能优势，在滨海新区内形成海空两港联动发展的独有空间格局，成为天津滨海新区核心功能区之一。

尤其是国家确立滨海新区发展战略以来，保税区紧紧抓住滨海新区开发开放的历史性机遇，全面贯彻科学发展观，以建设科技新区、生态新区、人文新区为目标，加快实施"三九六"空间规划和"六七十"功能开发方案，把招商引资作为区域发展的生命线，着力引进高水平重大项目、龙头项目和高端产业链配套项目，严禁"两高一低"项目入区发展，积极培育高端化、高质化、高新化的产业体系，全区形成国际贸易、展览展示、物流配送、总部经济、服务外包为主体的第三产业以及现代冶金、食品、航空航天、装备制造、电子信息等为主体的第二产业集群，区域综合实力日趋增强。2006—2010 年，地区生产总值由

153.6 亿元增加到 640 亿元，年均增长 33%；工业总产值由 162.3 亿元增加到 812 亿元，年均增长 38%；财政收入由 24.7 亿元增加到 111 亿元，年均增长 35%；五年累计实现固定资产投资 888 亿元，是"十五"期间的 6.2 倍。各项经济指标位居全国同类功能区前列，成为天津市和滨海新区的重要经济增长点。

二、区域环境保护现状

在保持区域经济高速发展的同时，我区始终重视环境保护工作，不断强化环保意识、节约意识，坚持节约发展、清洁发展、安全发展和可持续发展。在全区开展 ISO 14001 环境管理体系认证，推行标准化、规范化和科学化管理，严格执行环境保护法律法规和环境评价、"三同时"等管理制度，建立循环经济指标考核体系，签订节能减排目标责任书，加强集中供热、污水处理、雨水收集、垃圾清运、生态绿化等环保设施建设和太阳能、深层和浅层地热、污水源等节能技术推广，致力于把园区打造成为以航空产业为特色、各主导产业低碳发展、资源能源高效循环、设备工艺清洁先进、经济蓬勃优化发展、生态环境优美健康的国家级低碳型生态工业示范园区。

2010 年末，万元 GDP 综合能耗下降到 488 kg 标准煤，五年累计下降 26.9%；万元工业总产值综合耗能下降到 110 kg 标准煤，五年累计下降 24.2%；万元 GDP 碳排放强度 0.87 t；万元 GDP COD 和 SO_2 排放强度为 0.9 kg，均较"十一五"期间大幅降低。污水集中处理率达 88%，工业固体废物综合利用率达 95%，顺利完成"十一五"污染减排任务，新能源及可再生能源开发利用格局初步形成，实现环境保护优化经济增长，区域地表水和空气环境质量持续改善。

三、区域环境管理面临的问题

1. 区域发展带来的环境压力日益凸显

虽然所有的入区项目都要经过严格的预评估和环境评价，实施严格的环保"一票否决"制度，但由于天津市工业东移等历史原因，一些早期入区企业尚存在能耗物耗较高、污染较重的情况。尤其随着区域经济总量不断扩大和工业企业高速发展，环境问题日益凸显，很多企业在大量消耗资源的同时向环境中排放了更多的污染物。另外，受金融危机影响，区内众多外向型企业生产不稳定，甚至长时间不能稳定达产，不仅经济指标低，而且能耗物耗水平高、污染排放强度大。同时随着区域开发建设面积的扩大和施工项目的增多，保护环境的压力将进一步加大。

2. 企业环境管理有待完善

在 2010 年实施的环保核查行动中发现，部分企业在建设项目管理、环保设施运维、清洁生产、人员培训、在线监测、危化品、危险废物贮存和处理等方面，不同程度地存在环境保护管理缺失、环保治理设施和在线监测设施运维不正常、管理制度不完善、人员管理不到位、环境应急措施不健全、危险废物贮存和处理不规范等诸多环境隐患，个别企业还存在着未批先建、逾期不履行环保设施竣验等重大环保违法情况。

3. 机构不健全制约环保工作开展

天津港保税区参照"大部制"管理理念，精简管理机构和人员，目前环保局与安全生产、质量技术监督和节能等三个业务职能部门合署办公，这种机构方式在一定程度上方便了管理信息共享和交叉执法检查，有利于加强对企业的服务和管理，但在某种程度上也弱化了环境保护机构的设置，影响了环境保护管理工作的深入开展。目前三名环保管理人员要担负着天津市重点污染源数量最多、区域经济发展最快区域的环境管理工作，从招商接待、项目审批、设计审查、环保验收、排污申报及收费、环境统计、污染源普查、污染减排等全过程监管，环境影响因素涉及水、气、声、固废、辐射等各个方面；同时，还肩负着创建生态工业园区、建设生态城区的综合协调职责。工作压力大、人员少、机构不健全使在开展各项工作时常出现捉襟见肘、有心无力的状况。

4. 环境的改善无法满足公众日益提高的需求

天津市委对保税区生态工业化发展给予高度重视，在《天津市 2011—2013 年生态市建设规划纲要》中，明确提出将天津港保税区空港经济区建设成为国家生态工业园区。为此，管委会专门成立国家生态工业示范园区建设领导小组，将"坚持区域开发和环境保护共赢，实现绿色发展"作为区域发展的原则，妥善处理区域开发中经济增长与环境保护之间的关系，大力支持生态工业园建设。但由于区域经济的快速发展，人民生活水平的日益提高，尤其是区内居民的增加，公众对于提高居住环境的需求越来越明显，国家环境立法和执法日益严格，环境管理和污染减排要求越来越高，目前的环境质量状况还不能满足公众日益提高的需求。

四、以创建国家生态工业园区为契机，优化环境管理措施，确保完成节能减排任务，持续提高区域环境质量

1. 实施六大节能减碳工程，进一步降低区域能耗和碳排放强度

节能减碳工程是降低全区综合能耗、进而降低单位 GDP CO_2 排放强度，减少大气污染物排放、实现低碳发展的关键工程。节能减碳各项工程是落实园区单位工业增加值综合能耗、综合能耗弹性系数、单位工业增加值 SO_2 排放量、SO_2 排放弹性系数、单位 GDP CO_2 排放强度、环境空气质量达标等指标的主要保证。六大工程包括低碳能源体系示范工程、低碳建筑示范工程、热电联产工程、冷凝水回收和余热利用工程、低碳照明系统示范工程和重点企业清洁生产和能源审计工程。

2. 实施六大水环境治理工程，提高水资源利用率，确保完成水污染物减排任务

环境治理重点工程主要针对区域现状新鲜水耗较高、水资源循环利用不足情况，通过污水及再生水处理设施、水资源循环利用设施、水环境治理、生态景观湿地、绿地（碳汇）建设等具体工程从整体提高园区环境质量和水资源利用水平。环境治理各项工程是落实单位工业增加值新鲜水耗、新鲜水耗弹性系数、工业用水重复利用率、中水回用率、单位工业增加值 COD 排放量、COD 排放弹性系数、生活污水集中处理率等指标的必要保证。

3. 实施五大环境管理体系工程，提高环境管理能力

重点关注园区环境管理硬件和软件体系建设，落实园区工业固体废物综合利用率、危险废物处理处置率、环境管理制度与能力、污染物排放总量控制、生态工业信息平台的完

善度、重点企业清洁生产审核实施率等指标。主要包括健全环境监测制度和预警体系、固体废物回收体系、生态工业园区信息平台建设工程、节能减排政策保障体系和生态工业宣传普及体系等。

4．实施四大产业链构建工程，提高区域产业水平

产业链构建重点工程主要从园区特色航空产业、装备制造、电子信息和高新纺织等重点产业入手，为园区构建生态产业链提出明确发展方向，落实人均工业增加值、工业增加值年均增长率、单位工业用地工业增加值等指标要求。

5．严把项目入区关，严控"两高一低"企业入区

按照国家《产业结构调整指导目录》、《外商投资产业指导目录》及生态工业园指标体系的要求，综合考虑园区 CO_2 减排目标及发展低碳经济相关政策，制定区域企业准入政策，委托专业机构对入区企业的环境影响和能源消耗状况进行预评估。限制高能耗、高污染、低产出企业入驻，优先发展清洁的、低污染、低能耗、低水耗、高产出的产业。在对入区项目严格执行环境影响评价和"三同时"制度，对重大工业项目和环境基础设施项目，推行施工环境监理和文明施工，加强环保设施建设全过程监管，降低施工过程扬尘和噪声污染。

6．建立健全环境保护目标责任制，确保环境目标顺利完成

运用目标化、定量化、制度化管理方法，建立环境管理和节能减排指标考核体系，明确环保工作中各部门的主要责任者和责任范围，理顺各个部门在环境保护和节能减排方面的关系。签订目标指标责任书使区域环境保护和节能减排任务层层分解、逐级落实，推动环境保护工作全面、深入地发展。

7．积极借助社会中介服务机构，构建环境管理的技术支持平台

针对人员少、任务重以及执法过程发现的突出问题，充分借助中介服务机构和专业部门的力量，在区内开展重点企业环保核查、重点项目环境监理、在线监测和污染治理设施社会化运作等。同时制定政策，鼓励企业开展 ISO 14001 环境管理体系认证和已认证企业的环境监管，充分借助第三方认证机构的力量构建立体监管网络。

8．加强环保宣传力度，强化公众环保意识，构建全民参与的社会体系

开展形式多样的环保培训和环保意识宣传，包括废水、废气治理设施和在线监测设施操作人员上岗培训，企业高层管理人员和环保负责人的相关环保知识培训；定期举办企业环境责任论坛和节能减排技术推广，树立节能减排典型企业，传播低碳、环保、绿色、安全、健康理念；加强企业自律，完善环境信息公开和环保守法承诺制度，推动企业由指令控制型环境管理向自愿协议式环境管理的转变；进一步强化园区国家 ISO 14000 示范区的管理制度，并延伸渗透至区内每一家企业，利用财政补贴等政策引导企业实施自愿性的环境管理政策，如清洁生产、环境标志认证和 ISO 14000 认证等。充分发挥社会公众监督的作用，鼓励一切单位和个人举报违反环保法的行为，建立全民参与的社会体系。

"十二五"期间，虽然国际、国内存在着诸多变数，但我国仍将处于重要的战略发展机遇期，节能减排工作将愈加繁重。同时区域发展空间将进一步拓宽，开发建设将向更广更深的层次推进，区域环境也将面临着更大的压力和挑战。区域环境保护发展思路要严格贯彻落实科学发展观，以环境保护优化经济增长为原则，积极创建国家级生态工业园区，优化环境管理，持续提高区域环境质量，确保经济、社会、环境三方共赢。

阿拉善三大生态屏障受损机制及生态保育对策思考

内蒙古自治区阿拉善盟环境保护局 杨 海

摘 要： 黑河下游额济纳河沿岸绿洲、横贯东西绵延 800 多 km 梭梭林带、贺兰山天然次生林是阿拉善独特的三道生态屏障，同时也是我国西北地区的一条重要生态防线。但由于气候旱化和对动植物资源的不合理开发利用等因素的共同作用，目前这三个生态功能区退化严重，生态防御机能受损。改善阿拉善地区的生态环境状况，要尊重自然规律，在可持续发展原则指导下合理利用自然资源、布局产业发展，并综合运用经济、工程、法制、宣传等措施和手段加强生态环境保护与建设。

关键词： 阿拉善；生态屏障；受损机制；生态保育对策

　　阿拉善盟位于我国生态防线的前沿。历史上黑河下游额济纳河沿岸绿洲、东西绵延 800 多 km 梭梭林带、贺兰山天然次生林共同构成了阿拉善独特的生态屏障，同时也是我国西北地区的一条重要生态防线。但由于自然和人为因素的影响，目前这三个生态功能区退化严重，生态防御机能受损。本文试图通过对三大生态屏障受损原因的分析，提出阿拉善盟开展生态保护与建设工作的粗浅建议，为该地区生态环境保护和生态环境综合治理提供参考。

一、阿拉善三大生态屏障及其发挥的生态功能

1. 阿拉善盟基本概况

　　阿拉善盟位于祖国北疆，地处内蒙古自治区最西端。西与甘肃省酒泉、张掖、武威地区相连，东南隔贺兰山与宁夏回族自治区青铜峡市、吴忠市、银川市、石嘴山市相望，东北与区内巴彦淖尔市、乌海市接壤，北与蒙古国交界，面积 27 万 km²，占国土面积的 1/36，是内蒙古自治区面积最大的盟（市）。

　　阿拉善盟平均海拔 800～1 500 m，最低处海拔 742 m，最高处海拔 3 556 m。地貌类型以沙漠、戈壁、中山、低山丘陵、干燥剥蚀平原、湖盆、起伏滩地等为主，荒漠化面积达 22.38 万 km²。

　　阿拉善盟地处内陆高原，属极端干旱和干旱荒漠地区，气候干冷酷热，降水稀少，风大沙多。降雨量从东南部的 200 多 mm 向西北部递减至 40 mm 以下，而蒸发量则由东南部的 2 400 mm 向西北部递增到 4 700 mm。年均 8 级以上大风天气 50 d 左右。这一区域自然植被较稀疏，覆盖度在 1%～15%。主要以旱生、超旱生、盐生和沙生的灌木、半灌木和小半灌木为主，大多数植物具有耐干旱、耐高温、耐盐碱和抗风沙的特征。

　　额济纳河是盟内唯一的季节性内陆河流。黄河在盟境内流程 85 km，流经阿左旗乌斯

太、巴彦木仁苏木,在阿盟利用率较低。

2.阿拉善盟三大生态屏障的作用及现状

历史上的阿拉善地区大部分是水草肥美的天然草场,清朝中叶为王室的牧马场。黑河下游额济纳河沿岸绿洲、东西绵延800多km梭梭林带、贺兰山天然次生林以及沿贺兰山西麓分布的滩地、固定和半固定沙地,在空间上呈"π"字形分布,构成阿拉善地区最重要的生态屏障,同时也关系河西走廊、宁夏平原和河套平原、首都北京乃至全国的生态环境大局(图1)。

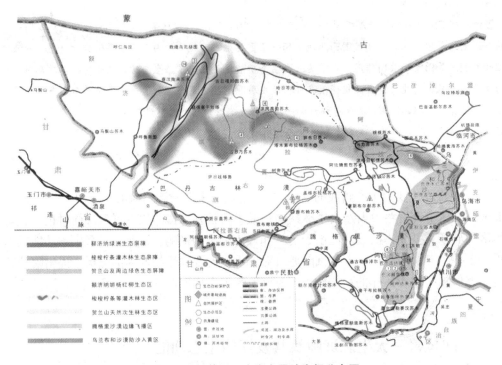

图1 阿拉善盟三大生态屏障空间分布图

(1)额济纳绿洲生态屏障。额济纳绿洲位于东经99°46′~101°41′,北纬40°23′~42°35′之间,正处在亚洲内陆干旱区的中心,与冬季风(蒙古高压气流)入侵我国境内的主风向相交(图2)。绿洲中的林灌草植被所形成的土地覆盖,对于减缓强风的侵蚀作用,减少地表扬尘具有十分明显的防护作用,同时对于绿洲内的局部气候条件及水文循环也发挥着重要的生态功能。可以说额济纳绿洲是我国西北最重要的一道生态防线。其生态服务功能的辐射区域范围超过200万km²(甘、宁、蒙、陕、晋、冀、京、津),受益地区的人口超过1.5亿。该地区的生态环境状况,不仅关系到本区域各族人民的生存和发展,更关系到西北和华北广大地区的生态安全。

额济纳绿洲由黑河的尾闾河冲击而成,其生存和繁衍依赖于黑河水的自然补给和滋养。黑河发源于祁连山北麓,流入额济纳旗后在巴彦宝格德分东西两支。西河注入嘎顺淖尔(亦称西居延海),东河下游分数支,注入苏泊淖尔(亦称东居延海)、京斯田淖尔(又称古居延海、天鹅湖)和沙日淖尔。这一三角区统称为居延海。卫星图像和考古证实,居延海几乎是和塔里木、罗布泊同时形成的。水域面积曾达到2 600 km²。秦汉时期湖面面积尚有 726 km²，与今天的鄱阳湖面积相仿。

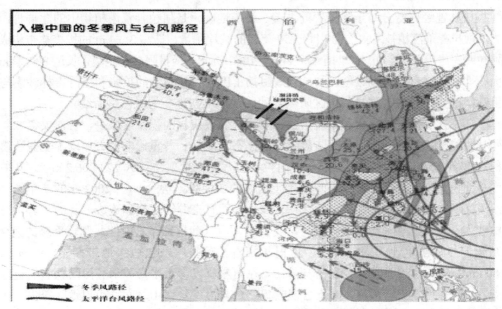

图2　入侵中国的冬季风与台风路径

　　20 世纪初到 50 年代末，额济纳绿洲生态系统尚处在相对稳定的状态。资料记载，1944年，额济纳绿洲还存活着 75 万亩胡杨林、225 万亩红柳林和几百万亩的沙枣林、梭梭林，芦苇高达 2 m 以上。湖中有成群的野鸭、天鹅、鸳鸯等禽类，绿洲上有野骆驼出没。1958年航片测量，东、西居延海水域面积分别为 35.5 km² 和 267 km²。此后由于上游来水逐年减少，加之蒸发作用强烈，引起绿洲地下水位的下降，多种植物枯亡。1961 年西居延海干涸，成为现代荒漠盐壳。1992 年东居延海干涸，同时两河周边的 12 个大小湖泊枯竭，16个泉子及沼泽湿地消失。沿河两岸原本十分稠密的芦苇、芨芨草等优质牧草及胡杨林、沙枣林、红柳林大面积枯死。据测定，2002 年，该地区胡杨、沙枣林面积仅为 49 万亩，红柳林面积为 150 万亩。中科院兰州沙漠研究所测算，1951—1983 年 32 年间，该区域林灌草覆盖面积减少了 573 km²，绿洲总面积减少了 900 km²。调查显示，可供牲畜采食的牧草由 130 多种减少为 30 多种，草场载畜量平均降低 50%～60%。天鹅、鹅喉羚、野驴、野骆驼均已消失。

　　生态环境的不断恶化严重地制约了该地区的农牧业生产和地方经济的发展，农牧业生产和地方经济的困境又加剧了对资源的不合理开发，使这一地区生态环境进一步恶化，形成了贫困化—荒漠化—贫困化的恶性循环。额济纳地区已成为内蒙古自治区乃至全国人口、资源、生态环境矛盾最集中、最尖锐的地区。按照北京大学陈昌笃、崔海亭两位教授对我国生态多样性划分与评价的原则，这一地区被划为二级类，即"生态危急地区"，属于再不抢救将会成为灾难性的生态上不可恢复地区，如果失去额济纳绿洲这一道生态屏障，将会使西起新疆、东到黄河中游的沙漠与黄土区的风沙流完全贯通，给我国西北以至华北带来更严重的生态灾难。

　　（2）梭梭林带生态屏障。梭梭是我国西北地区固有的荒漠植被，为强旱生-盐生植物。

多生于荒漠区的湖盆低地外缘固定和半固定沙丘、砂砾质—碎石沙地、砾石戈壁以及干河床。

梭梭林曾经广泛分布于阿拉善的戈壁、沙漠地区，是阿拉善荒漠植物中的建群种，被称为"阿拉善荒漠植被之冠"。20 世纪 50 年代的航片测量，株高 3～4 m 的梭梭林带构成东起阿拉善左旗巴彦木仁苏木，西至额济纳旗马鬃山苏木，横贯阿拉善全境，长达 800 余 km，总面积 1 700 万亩的天然绿色长廊，有效阻挡了巴丹吉林沙漠的扩张和巴丹吉林沙漠与腾格里沙漠的交汇，成为阿拉善地区防风固沙、维护生态平衡的绿色生命线。

多年来，由于气候旱化和过度采伐，阿拉善盟梭梭林面积持续减少，目前仅存 834 万亩残林。梭梭林带的减少，使其防风固沙的生态功能受到严重影响，更加剧了全盟沙漠化进程。据 2002 年卫星遥感数据显示，阿拉善盟荒漠化景观面积达 223 806.2 km²。其中：沙漠总面积为 72 620.34 km²，占全盟国土面积的 30.23%。从 1996—2002 年的 7 年间，全盟沙漠面积增加 2 471 km²，年均增加 353 km²，而且有继续扩展和连成一片的趋势。巴丹吉林沙漠不仅向北移动孕育而成雅玛雷克沙漠，而且翻越雅布赖山西北侧较平缓的区域，向东延伸与腾格里沙漠在莎日台、孟根布拉格、阿拉腾敖包边缘地带相连，总面积达 3 160 km²。雅玛雷克沙漠翻越巴音乌拉山，在阿左旗巴彦洪格日苏木额然陶勒盖嘎查分为两支，一支逼近本巴台沙漠，一支已从哈鲁乃山与巴彦希博山之间的山口地区流出，在巴彦乌拉山东北部与乌兰布和沙漠紧紧相握，并逐渐向吉兰泰镇和吉兰泰盐湖逼近（图 3）。

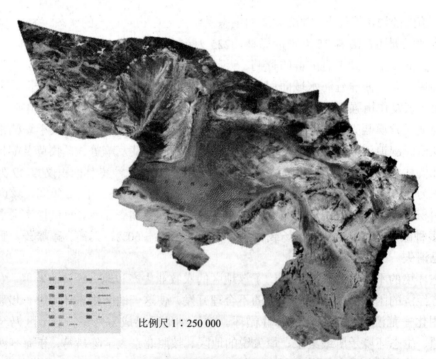

比例尺 1：250 000

ETM：7（r）4（G）3（B）假彩色合成（时间：2002 年 7 月至 9 月）

图 3　阿拉善盟生态环境卫星遥感影像图

（3）贺兰山及周边绿色生态屏障。贺兰山及周边区域指东经 104°57′～106°32′，北纬 38°01′～39°35′的广大地区。涵盖了内蒙古境内的贺兰山山体、山体坡麓荒漠化草原草场、坡麓外缘面积较大的草原化荒漠草场和腾格里沙漠的东端部分和乌兰布和沙漠南端部分。行政区域包括巴彦浩特、宗别立、巴润别立、嘉尔嘎勒赛汉、腾格里、察哈尔等，面积 1.66 万 km²。

贺兰山呈南北走向，长 250 km，宽 10～50 km，平均海拔 2 700 m，最高峰达郎浩绕海拔 3 556 m，是内蒙古自治区最高点。1992 年经国务院批准建立贺兰山国家级自然保护区，2003 年跻身国家森林公园行列。现保护区面积 886.7 km²。

贺兰山巍峨陡峻，犹如一道横亘南北的天然屏障，不仅削弱了来自西北的寒流，还阻挡了腾格里沙漠的东移，保护着宁夏平原和河套平原（图 4）。

贺兰山是外流水系与内流水系的分水岭，是沿山 10 多万阿拉善各族人民赖以生存的水源涵养地（图 5）。

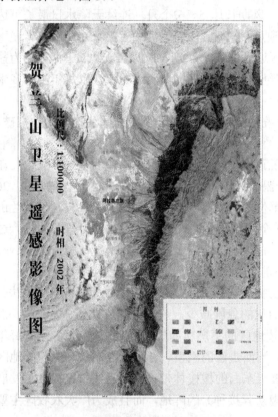 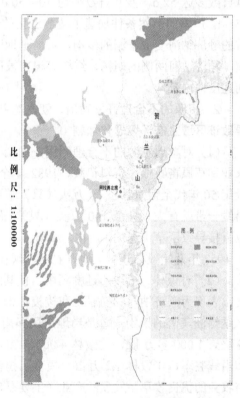

图 4 贺兰山卫生遥感影像图   图 5 贺兰山 2000 年水系图

根据《内蒙古自治区阿拉善盟生态环境"3S"技术定量动态分析》，尽管从 1999 年贺兰山实行了全面退牧，局部生态环境有所改善，植被有明显的恢复，但从 1996—2002 年的 7 年间，水体面积由 307 km² 减少到 240 km²，周边区域的沙漠面积在持续增加。黄沙已推进到贺兰山山前冲积平原，在有些地段，黄沙已"爬"上山体。

二、阿拉善三大生态屏障受损机制分析

实际上，阿拉善盟生态环境退化是在整体上发生的。之所以发生这样的变化，是由于

自然和人为因素共同作用的结果。从自然条件来看，由于全球性气候变暖的影响，致使北方地区特别是西北地区持续多年少雨干旱，这是阿拉善生态环境受损的主要因素，而多年来对水、土和动植物资源的不合理开发利用则进一步促使该地区生态环境恶化。

1. 气候旱化、河水断流、风大沙多，使原本脆弱的生态环境受到严重损伤，加剧了自然生态环境恶化的趋势，这是导致阿盟生态环境恶化的主要原因

从阿拉善生态环境演变的进程看，气候变暖、连年干旱造成某些物种的不适应而导致其灭绝；而旱、热、风等自然营力的叠加，是造成这一地区风沙活动日益猖獗、生态环境恶化加剧的动力学机制。以额济纳地区为例，气象资料显示，该地区自 20 世纪 60 年代以来，气候干热加剧，降水量明显减少。90 年代年均降水量仅为 41.4 mm，个别年份只有21 mm，而同期年均蒸发量则高达 3 877 mm，最高达到 4 700 mm 以上。年均 8 级以上大风日数多达 52 d，沙暴日数平均 10～50 d，风期长达 5～6 个月，连续无降水日最长可达253 d。严酷的自然条件加速了植被退化的速度。同时，由于黑河中上游来水量锐减，使下游的额济纳河变成干涸的沙沟，古居延地区近百处数千平方千米的水域全部干涸，沦为盐漠。额济纳河两侧的胡杨、红柳等树植被严重衰退，致使绿洲两边的流沙以每年 100 多米的速度向内延伸。

2. 资源的不合理开发利用，使生态系统的自我调节功能严重受损，生态平衡被打破，导致该区域生态环境恶化加剧

（1）对草地资源的不合理利用，加剧了荒漠化。多年来，阿拉善盟的主导产业定位在农业和草原畜牧业。资料记载，1982 年全盟的双峰驼总数为 25 万峰，占全国的 1/3。20世纪 50 年代全盟有牲畜 60 万头（只）羊单位，1992 年发展到 246.5 万羊单位，仅贺兰山沿线一带就有大小牲畜 140 万头（只），而全盟草场允许载畜量仅为 220 万只羊单位。过牧直接导致了草场退化、沙化，加剧了草原荒漠化。新中国成立初期，额济纳旗没有农业，从 1957 年开始毁林开垦土地办农业，现在耕地约 10 万亩。

（2）对森林、植被的过度利用，使其防护沙尘和调节气候的功能显著降低甚至丧失。突出表现为额济纳绿洲的退化和梭梭林带面积的急剧减少。从新中国成立到 1980 年，额济纳绿洲茂密的植物一直是当地居民和周边地区的"燃料库"。粗略估算，额济纳旗每年需烧柴 1 000 多万 kg，约毁林 4 000 多亩。河西走廊的酒泉、金塔、嘉峪关、玉门等地区和沿线驻军每年毁林 1.2 万亩。横贯阿拉善盟东西的梭梭林带不仅为沿线牧民提供了发展畜牧业的优良牧草、发展沙产业（主要是肉苁蓉接种）的阵地，而且成为广大农牧区主要的燃料来源，这种状况近几年才得到扭转。

（3）对水土资源的不合理开发和利用，不仅降低了资源的利用率，而且破坏了生态环境，使水土流失和沙化现象更为严重，加重了生态环境恶化的趋势。居延绿洲的开发就是一个典型的例子。居延海古代曾是连接河西走廊和漠北——（外蒙古和西伯利亚）的唯一通道。由于其在军事和交通上的重要性，几乎历代都把它当成一个战略要地来开发和建设。汉代在居延海地区修建了大量的军事设施，并在弱水三角洲西北地区进行了大规模的屯垦。自西汉起，屯垦戍边政策得到历代政权的推崇，一直延续到新中国成立以后。但是，居延海地区并不适合耕种。居延海地区表土很薄，一般只有二三十厘米。由于土层浅，秋冬季节多风而且风速大，地表的作物收割后，表层土很快就被风吹走了。到唐代时，汉居延城就不得不放弃，军民全部转移到弱水河东畔。然而，这个历史的教训并没有被现代人吸取。20 世纪六七十年代，在"以粮为纲"思想的指导下，阿拉善高原曾掀起几次大规模的开荒浪潮，不顾当地水土条件一哄而上开发农业种植基地。由于大量抽取地下水，不仅使当地的原生植被遭到破坏，而且最终导致土地盐碱化，最后只留下成片的废弃耕地，如今这些地方已全部沙化。

（4）水资源的不合理分配也是阿拉善地区生态环境退化的重要原因。新中国成立以后，黑河流域地区大力发展农业，上游张掖、酒泉地区的耕地从 20 世纪四五十年代的 157 万亩猛增到 360 万亩，黑河流域建成 100 万 m^3 以上的水库就有 30 座之多。中游用水量大幅度增加，导致下泄水量的急剧减少，植物主要生长期断流，使得额济纳绿洲不能得到及时的灌溉而发生退化。

三、阿拉善生态环境保育对策

阿拉善地区的生态环境恶化状况不是单指某个区域而言的，阿拉善地区是一个完整的生态系统。因此，改善这一地区的生态环境状况，必须实行统筹规划，使各个子系统及其诸要素实现系统耦合效应。鉴于阿拉善地区所处的特殊生态地位，改善这一地区的生态环境，必将使全区域及邻近省、区的环境与发展广泛受益。

1. 审视以往的发展道路，树立全新的发展理念

（1）实施有限目标行为。进一步摒弃"人定胜天"思想，树立"善待自然"、"人与自然和谐相处"的理念。阿拉善地区大面积分布的沙漠、戈壁，是长期地质演变和自然选择的产物，已经与自然地理各要素达成了一种动态平衡，一旦破坏，靠人的力量去重建是非常困难的，但只要减少人为扰动，保持其原始地貌状态，这些沙漠、戈壁就不会对人类产生更大的危害。尤其是沙漠周边地区的植被，其主要功能就是锁住沙漠的前移，不能因为短期经济利益而任意改变其分布状态。我盟在生态环境保护与建设上一度认为可以通过"人进"实现"沙退"，结果收效甚微，甚至在某些区域尝到了失败的教训。经过认真思索，我盟提出并实施了"适度收缩、相对集中"的"转移发展战略"（农业向绿洲集中、人口向城镇集中、工业向园区集中，以腾出更大的发展空间），收到了明显效果。今后要进一步从变革农牧民传统的生产、生活方式与解决草畜矛盾入手，严格控制、调整人类活动方式和活动范围，通过发展舍饲养殖业、沙产业、以高新技术为支撑的设施种植业和城镇的高标准建设，使分散居住的农牧民退出生态脆弱的荒漠化土地，转移到资源条件相对较好的地区发展。在不适合现代人类居住的沙漠、戈壁、山地和丘陵地区以及生态保护重点区，建立"生态无人区"，使自然环境通过长期的休养生息得以自然恢复。

（2）坚持可持续发展原则，合理利用自然资源。可持续发展是当代世界资源开发利用的主题，也是生态环境整治的重要原则。自然资源的开发利用必须以经济适度为目标，即不超过生态阈值。应建立资源生态与经济核算体系，从而达到以科学、量化的手段来促进自然资源的合理利用。同时，生态环境的保护与治理应注意因地制宜，合理布局；资源利用要养用结合，对于生态效益大于经济效益的自然资源应加大保护力度，如贺兰山地的油松——山杨林；封育退化、沙化草场，建立生态型草牧业模式；实施替代能源（风能、太阳能）建设；保护和合理利用水资源，使制约荒漠区最大的生态因素合理充分地用于本区域，减少人为生态灾难的发生。

2．合理布局产业发展

确定一个地区的主导产业首先要考虑这一地区的环境状况和环境容量，这一点已成为全社会的共识。就阿拉善盟而言，目前全盟荒漠化面积已占全盟国土面积的 93.15%，农田、山地、水域、人工建筑和绿洲总面积不足 1.65 万 km^2，适宜人类生产、生活的区域更小。所以这一地区的产业发展，首先应考虑环境的承载能力，产业发展的重点是对环境没有影响或影响较小的产业。目前我盟三次产业比例为 8∶60∶32，工业在整个国民经济中占据主导地位，对财政的贡献率高达 75%。但认真分析目前工业企业的类型，基本是以高耗能、重污染项目为主的。可以说目前的发展一定程度上是以牺牲环境为代价换取的，这势必会影响到今后发展的速度、质量和效益。所以在这一地区发展工业必须认真研究，要真正按照科学发展观的要求，合理规划产业布局，大力发展循环经济。淘汰那些污染大、能耗高、效益低的产业，真正为环保型、科技型、效益型产业腾出发展的空间。在发展畜牧业的过程中，也要注重通过改善畜群结构、提高牲畜个体生产能力等方式，发展产业化、规模化的集约型高效畜牧业，代替依赖天然草地、靠天养畜的传统畜牧业。

3．建立生态补偿机制

环境经济学强调，生态环境具有公共物品的性质，应该在经济建设和市场交换中体现它的价值。上游地区利用资源而导致下游地区环境受损的，应当从其获得的收益中按一定比例支付给下游地区，下游经济发达地区从受益收益中按适当比例支付上游欠发达地区，作为其保护源头损益的补偿。阿拉善盟生态环境的改善不仅对于本地区的经济社会发展具有重要的意义，而且对于保护西北、华北地区改革发展的成就，保护全国生态安全都具有重要的意义。因此，要继续争取国家将阿拉善作为"特殊生态功能区"。国家应该从维护生态安全的大局出发，尝试实施生态补偿，统筹这一地区的生态治理工作，促使该地区生态环境尽早改善。

4．以三大生态屏障区和沙漠边缘地区的锁边治理为重点，实施全境范围内的生态治理工程

根据各地理单元的生态功能，从空间位置分布上将阿拉善地区划分为五大生态综合治理区。通过综合治理，在逐步缓解生态环境恶化趋势的基础上，保护和恢复阿拉善地区特殊生态地域的生物资源，最终遏制生态环境恶化趋势，并建立起较完整的生态防护体系，形成稳定的自然生态系统。

（1）沙漠、戈壁、山地自然封禁保护区。本区主要包括巴丹吉林、腾格里、乌兰布和及北部雅玛雷克等沙漠及其周边的戈壁、剥蚀山地与低山丘陵。主要通过搬迁转移人口，对该区域实行全面封禁，维护戈壁、沙漠、湖盆的自然生态平衡。

（2）荒漠动物、植物物种保护区。通过围栏封育、退牧还林还草、特殊物种自然保护区建设等工程，使动植物资源得到有效的保护和恢复，保护特有物种基因库，维护荒漠生态系统平衡。

（3）贺兰山水源涵养林功能保护区。其植被更新、水源涵养功能的全面恢复需要一个长期的过程，该功能区的进一步保护，需要从三个方面加强，即扩大保护区规模、增强管理能力和防火等基础设施建设。

（4）额济纳极端干旱区河岸天然生态系统保护区。在保证国务院黑河分水方案长期不变和通过水利工程配套建设保证胡杨林、柽柳林生态用水的基础上，将胡杨林区内的农牧民全部转移出来，通过围栏封育保护工程，对胡杨林区实施全面禁牧，加强胡杨林、柽柳林的复壮更新，使额济纳绿洲生态系统得以恢复。

（5）沙漠边缘固沙锁边治理区。沙漠"握手"的实质是由于沙漠周边地区固沙植被带退化，使原先固定、半固定的沙丘活化而形成的。因此，需要在条件适宜的腾格里沙漠东缘及乌兰布和沙漠西南缘大面积实施围栏封育和飞播造林，其他地区则主要通过封沙育林草使其自然恢复。通过这些措施，尽快复壮更新严重退化的天然林草植被，提高其防风固沙功能，遏制沙漠化土地的进一步扩展，阻止几大沙漠的大面积交汇。

5．加强环境法制建设和环境宣传教育力度，营造良好的生态文明氛围

强化环境法制体系建设，使生态环境保护有法可依。认真落实好《环境保护法》、《环境影响评价法》，切实将生态环境保护纳入法制轨道。加强和普及环境保护宣传教育工作，提高管理者、决策者和民众的生态文明意识，树立"人与自然"和谐发展的观念。

抓住"三区一园"建设管理，
提升伊春生态市建设水平

黑龙江省伊春市环境保护局 陈庆铁

摘 要： 黑龙江伊春在生态市建设过程中，将自然保护区、生态示范区、生态功能区和国家公园"三区一园"建设作为重要内容，纳入到《伊春市国民经济和社会发展阶段性规划和年度工作计划》之中，通过连续多年的建设取得了显著成效。但随着国家大小兴安岭生态功能保护区和经济转型的战略实施，生态市建设中不断出现新的情况和问题。本文结合伊春市"三区一园"建设中取得的实际成效和推进过程中遇到的实际问题进行了客观分析，并就如何解决遇到的瓶颈问题提出了具体的对策建议，以求促进伊春生态市建设水平的提升。

关键词： 生态市建设；瓶颈问题；对策建议

伊春市位于黑龙江省东北部，南临三江平原，北靠中俄边境，黑龙江、松花江两大水系之间，小兴安岭纵贯全境，是国家生态安全保障区，东北乃至华北地区的天然屏障。2001年，伊春市启动了生态市建设，建设时间 18 年（2001—2018 年），分为启动、推进建设和完善巩固 3 个阶段，颁布了《伊春市生态市建设规划》。伊春市在生态市建设中，将自然保护区、生态示范区、生态功能区和国家公园"三区一园"建设作为重要内容，制定实施了总体规划和年度实施计划，并纳入了《伊春市国民经济和社会发展阶段性规划和年度工作计划》之中，连续多年持续推进取得了显著成效。但随着国家大小兴安岭生态功能保护区和经济转型的战略实施，生态市建设中不断出现新的情况，"三区一园"建设也要结合实际，研究解决推进中的瓶颈问题，使之成为生态市建设中强有力的助推器。

一、"三区一园"建设是提升生态市建设的有效途径

伊春林区开发建设 60 余年，由于森林资源的过度消耗，小兴安岭的生态功能明显减弱，局部地区生态环境严重恶化，严重制约了伊春经济社会的发展。如何走出一条具有国有林区特色良性可持续发展之路，成为摆在我们面前一个需要认真研究解决的重要课题。伊春市委、市政府认真分析伊春市经济、社会、环境发展现状，充分吸取以往的教训，统筹谋划、科学布局，将生态保护和建设作为践行科学发展观的有效载体，把小兴安岭生态环境作为伊春生存的根基、发展的命脉、城市的"灵魂"来持久地保护和经营，确定并实施了"生态立市、产业兴市"两大战略。截至目前，伊春市已建立市级以上自然保护区 21个、省级生态功能保护区 2 个，国家级生态示范区建设试点 2 个、全国首个国家公园试点

1个。伊春市相继被联合国有关组织与国家授予城市与环境可持续发展范例——绿色伊春、世界十佳和谐城市、联合国纲要示范城市、十大中国和谐名城。

1. "三区一园"建设实现了由过去单纯森林生态系统保护到重点区域环境保护并重的转变

国家、省对伊春的生态环境保护与建设工作非常重视，明确了伊春在全国的定位是生态安全重要保障区和限制发展地区，在全省的定位是生态功能区和生态经济区。省政府将大小兴安岭生态功能区列入了全省经济发展八大区域之一，伊春市委、市政府将生态保护与建设作为伊春市经济社会发展中的先导地位，提出要把具有典型性、代表性和生态地位特殊、动植物物种多样丰富、地域相对集中的区域保护起来。市五大班子多次召开协调会、研讨会，解决"三区一园"建设和发展等问题，并列入人大与政府重点工作督办。"十一五"期间，为有效保护珍稀濒危生物资源及其生态系统，伊春市晋升国家级自然保护区4个，晋升省级4个，建立市级1个，自然保护区总面积704 497hm^2，覆盖率达到21.47%，比"十五"期末增加了6.1个百分点，居全省之首，高于全国自然保护区覆盖率6.28个百分点；为强化流域生态环境保护，增强松花江、黑龙江两大水系的蓄水涵养能力，建立了汤旺河源头、呼兰河源头省级生态功能保护区2个，总面积88.16万hm^2；为加强农村生态环境保护示范工作，建立铁力市、嘉荫县国家级生态示范区建设试点2个，总面积13 183 km^2，通过国家验收，生态示范区创建率达到100%。通过积极争取和努力，2008年9月经环保部和国家旅游局正式批准汤旺河为国家公园试点，总面积21.535 1万hm^2，成为全国唯一的国家公园试点。2009年12月《黑龙江省汤旺河国家公园发展总体规划》在京通过了评审，重点区域生态保护工作迈出了新步伐。

2. "三区一园"建设实现了由过去单一生态资源保护到综合资源保护的转变

伊春市从保护良好生态的功能，维护生物多样性和环境价值的角度出发，不断拓展生物资源与生态系统环境保护的范围，加大了"三区一园"建设力度，先后建立了丰林、凉水、朗乡、汤旺河守虎山、伊春河源头5处森林生态系统类型保护区，1997年丰林自然保护区被选定为联合国计划开发署（UNDP）项目温带森林可持经营示范区，开辟了伊春市保护区历史上开展国际性课题之先河。2004—2009年，建立了红星湿地、乌伊岭湿地、翠北湿地、友好湿地、库尔滨河湿地自然保护区，使湿地资源得到了保护。为保护小兴安岭濒危物种，1997年至今，建立了中华秋沙鸭、白头鹤、紫貂3个自然保护区，设立鸟类观察站20余个，完成了种群数量调查，中华秋沙鸭由过去不足10只的偶见种，增加到现在的70余只常见种，占目前世界数量的5.9%；白头鹤由过去的30只偶见种增加到现在的90余只常见种，占目前世界数量的1.5%；汤旺河源头、呼兰河源头省级生态功能保护区，完成了功能区划界、权属界定及《汤旺河源头省级生态功能保护区总体规划》、《呼兰河源头省级生态功能保护区总体规划》编制与实施工作，完成了《松花江流域水污染防治规划》6个项目建设工作，分别通过省、市验收，形成了强大的减排能力。制定实施了汤旺河和呼兰河流域综合治理实施方案，实行了跨行政区河流水质断面责任制，定期排查解决沿河污染隐患，考核断面水质达到水体功能目标；铁力市、嘉荫县政府编制完成并实施了《黑龙江省铁力市国家生态示范区建设规划》、《黑龙江省嘉荫县国家级生态示范区建设规划》，完成了包含社会经济发展、区域生态环境保护、农村环境保护、城镇环境保护四方面26各项建设目标，顺利通过国家验收，国家级生态示范区创建率100%。

3."三区一园"建设实现了由过去单纯注重生态保护到社会、环境、经济共赢的转变

为规范自然保护区的管理,伊春市省级以上(含省级)的自然保护区均制定《自然保护区管理办法》,并经当地人大通过颁布实施,实现了"一区一法"。每两年进行一次资源本底调查,根据调查情况,制定规划,报请主管部门批准后实施。通过有效的管理,1997年,丰林、凉水自然保护区分别被批准加入联合国、中国人与生物圈自然保护区网络;2006年,丰林、凉水 2 个自然保护区被国家林业局评为全国林业系统标准化自然保护区;2009年,翠北湿地、乌伊岭湿地自然保护区被批准加入中国人与生物圈自然保护区网络;2010年,在国家七部委对全省国家级自然保护区联合评估中,伊春市 3 处国家级自然保护区参评,其中丰林、凉水 2 个自然保护区被评为优秀,乌伊岭湿地自然保护区被评为良好。与此同时,坚持合理开发利用自然保护区资源,以"核心区管死,缓冲区管严,实验区科学合理利用"为原则,在丰林、凉水、嘉荫龙骨山、红星湿地、汤旺河石林等保护区的实验区内,开展适度有序的科教、科学考察、科研、摄影、旅游等活动,年创收入达 500 万元左右,汤旺河国家公园按照国家公园总体要求,采取大项目带动,多渠道融资等有力措施,2010年,重点开工建设棚户区改造、滨河主题公园二期建设、家庭旅馆建设、旅游特色街区建设、基础设施建设、林场所撤并、景区景点建设 7 项工程,取得了较好的经济效益和社会效益。汤旺河接待旅客 21 万人次,旅游收入 1.4 亿元,国家公园效应正在显现。实践证明,在"保护第一"的前提下,在保护区与国家公园内开展适当的旅游活动,可以变封闭保护为开放保护,变消极保护为积极保护,不但给保护区带来可观的经济效益,也为保护区当地的百姓提供了可观的就业机会,为保护区创造了良好的发展环境。

二、"三区一园"建设中的现实问题

虽然伊春市在实施"生态立市"和"生态立区"战略,加强"三区一园"建设中取得了一定的成绩,但还存在一些问题需要研究和解决。

1."三区"建设缺乏资金支持

虽然伊春市"三区"建设有了长足的发展,国家级自然保护区、部分省级自然保护区、嘉荫县、铁力市国家生态示范区有部分的资金渠道和投入外,其他市级和部分省级自然保护区和生态功能区属地方管理,经费由各县(市)、区支付,基础设施建设和能力建设方面的资金缺口较为严重,缺少必要的资金匹配和项目支持,使保护区职能的发挥受到阻碍,现有的管理人员缺乏专业知识,需要知识更新、培训,使保护区科研项目的开展受限,影响了生物保护进程和区域生态环境的保护。

2.汤旺河国家公园建设资金没有来源

按照国外国家公园建设的一般惯例,保护和建设资金都是由国家投资,列入国家财政预算。而汤旺河国家公园自批准建设以来,虽然有省市和有关部委的一些支持,但与公园建设的需求相比远远不够。从汤旺河区(局)自身来看,目前每年只有 17.6 万 m^3 的木材采伐任务,销售收入仅有 1.4 亿元左右,其中各种利费上缴近 40%,成本费用和管理费用支付 40%,几乎所剩无几;其他的产业还都处于起步阶段,地方财政收入每年只有 500 万元左右,根本没有能力开展大面积的保护和建设。

三、深化"三区一园"建设的主要对策

1. 建立有序资源利用方式和区域生态补偿长效机制

制定自然保护区资源利用生态补偿管理办法，尽快形成政府有投入也有收益的良性管理模式，解决保护和开发管理的问题。旅游开发、电力等建设经营项目，凡是涉及利用自然保护区资源，都应在保护优先的前提下，通过科学的评估，依法批准，并按投资或收益总量的一定比例提取生态效益补偿费用，用于保护区的管理建设以及当地经济社会发展。通过自然保护区生态效益补偿机制的建立和完善，调动全社会力量保护自然环境和自然资源。国外的国家公园都是国家投入建设，部分服务性项目采取特许经营的方式交给指定的企业经营，以避免商家盈利性投入和开发对资源的破坏。汤旺河国家公园建设资金也应该列入中央财政预算，明确建设投入机制，保证国家公园建设的基本所需。

2. 应成立国家公园建设专业的科研机构

国家公园建设在我国刚刚起步，没有现成的规范和模式。要把汤旺河国家公园建设成世界级的国家公园，必须成立以高等院校为依托的国家公园科研中心，有针对性、有重点地开展国家公园体制、机制、制度和生态保护、自然科普等方面的研究工作，为国家公园建设积累经验、提供样板。

对新形势下白山市环境执法监察
工作的几点思考

吉林省白山市环境保护局　孙佩海

摘　要： 如何适应新形势的要求，更好地发挥执法监察职能的作用，为改革、发展、稳定大局服务，是当前和今后一个时期环境保护工作面临的一个重要问题。笔者从吉林省白山市环境保护工作的形势出发，从五个方面明确了环境执法监察的任务，提出了加强白山市环境保护执法监察工作的对策措施。

关键词： 环境保护；执法监察；对策措施

环境执法监察是环境保护工作的重要组成部分，是运用法制的、经济的和行政的措施，加强对排污者排污行为的监管，查处环境违法行为，保障环境保护法律法规的贯彻执行的重要手段。近年来，我市两级环保部门认真贯彻国家、省和市委、市政府要求，认真开展环境执法监察工作，取得了积极成效，也积累了一些经验，但与新形势下的新任务要求，与广大人民群众对良好人居环境的新期待相比还有较大差距，我们要认清环境保护工作面临的形势和任务，分析存在的问题，采取应对措施，做好新形势下的环境执法监察工作。

一、白山市环境保护工作的形势和环境执法监察任务

党的十七大首次作出建设生态文明的重要部署，十七届四中全会把生态文明建设作为中国特色社会主义伟大事业总体布局的重要组成部分，十七届五中全会第一次提出了提高生态文明水平的新要求，并强调要加快建设资源节约型、环境友好型社会，大力发展循环经济，加强资源节约和管理，加大环境保护力度，加强生态保护和建设，增强可持续发展能力，这一系列重大战略思想和任务，为贯彻落实科学发展观、加快转变经济发展方式、做好环境与资源保护工作指明了方向，提出了更高的要求。这标志着：党中央、国务院把环境与资源保护工作摆上了更加突出的战略位置，把建设资源节约型、环境友好型社会作为经济转型的重要着力点，将当前发展与长远发展统一起来，将当代人的发展与下代人的发展统一起来，全面推进资源环境可持续利用，实现资源环境与经济社会协调发展，促进人与自然和谐共处。我们必须始终坚持科学发展观，才能实现又好又快发展；节能减排、发展循环经济、提高资源综合利用水平是当前的重要任务。

白山市市委五届十三次全会提出，"十二五"时期是我市大有作为的战略机遇期，也是经济社会发展的关键期和加速期，更是白山能否实现提速发展、后来居上的"成败期"。要按照科学发展观的要求，突出区域经济大提速这个主题，以转变经济发展方式为主线，

坚持生态立市、产业强市，打资源牌、走特色路，坚持绿色发展不动摇，在集约利用资源中求发展，在保护生态环境中谋崛起，实现青山常在、绿水长流、资源永续利用；坚持共享发展不动摇，发展成果由人民群众共享，使城乡居民生活得更加美好，为统筹白山经济、社会和环境保护的关系，实现又好又快发展明确了努力方向。这就要求我们环保部门：一要维护好经济发展大局，为项目建设和经济发展做好服务；二要在发展进程中为政府当好参谋，把好环保关口；三要努力做好环保工作，完成总量减排和其他各项工作任务，为后续项目建设留出环境容量，努力促进环境质量的明显改善；四要严格执法监管，解决好关系民生的环境问题，维护社会稳定，保障环境安全。

近年来，尤其是"十一五"以来，白山市的环境保护工作为白山市环境质量的改善、维护人民群众的合法环境权益、促进经济社会和环境保护的协调发展发挥了积极作用，但白山作为后发展地区，仍然存在着资源利用率和产出率较低，结构性污染问题比较突出，农村环境污染趋势仍在加剧，污染防治历史欠账比较多，全民的环境意识还有待于进一步提高，环保系统自身建设和人员素质还有待于加强和提高等问题。这些问题的产生原因主要有：一是过去对环境保护工作重视不够。没有正确认识和处理好经济发展与环境保护的关系、当前与长远的关系、局部与全局的关系。由于重视不够，投入不足，环保欠账多。二是产业结构不合理，经济增长方式粗放。三是环境保护执法需要进一步加强。个别地区在环境保护执法中存在执法不严、违法不究的现象，对环境违法处罚力度不够，造成违法成本低、守法成本高。目前，白山市正面临着加快发展新的机遇，站在新的历史起点，随着形势的发展变化，环境保护工作会不断产生新问题、新矛盾，需要我们顺应新形势新变化，用创新思维去谋划和落实"十二五"环境保护工作，顺应全市人民过上美好生活的新期待。

我们要清醒地认识到当前白山市环境保护工作面临的新形势，针对存在的问题，从五个方面明确环境执法监察工作任务。一是解放思想、转变作风；二是依法加强监管，改善环境质量；三是关注民生，维护群众环境权益；四是加强生态保护，提高资源综合利用水平；五是加强队伍素质和能力建设，提高依法行政水平。

二、加强白山市环境保护执法监察工作的对策措施

面对新形势、新任务对我们的环境执法监察工作提出的新要求，我们要准确把握环境执法监察与热情周到服务的关系，处理好经济发展与保护环境的关系，深入贯彻落实科学发展观，切实解决关系民生的环境问题，改善环境质量，积极应对各种新变化，以更加开放的眼界、思维和工作方式，创造性地开展工作，切实发挥环境监察机构的监管和监督作用，促进环境保护执法监察工作取得新的、更大的成绩。

1. 进一步解放思想，开拓创新

解放思想是发展中国特色社会主义的一大法宝，我们党在理论上的每一次重大突破，实践上的每一次重大发展，发展上的每一次重大进步，无不伴随着思想的解放。我们要以创先争优活动为契机，全面推进党的思想、组织、作风、制度和反腐倡廉建设，为实现"十二五"宏伟目标提供坚强的组织保证。继续推进思想大解放，深入开展和谐班子、和谐队伍建设，增强做好新形势下环境保护工作的使命感、责任感和紧迫感，强化大局意识、忧

患意识、责任意识、进取意识和创新精神，发扬"5+2"、"白+黑"的工作作风，以 "等不起"的紧迫感、"慢不得"的危机感和"坐不住"的责任感，深入一线抓落实，用新思维、新招法破解新问题。

2. 加强污染整治，改善人居环境

第一，以总量减排为重点，促进产业结构调整。积极做好对总量减排项目和松花江流域规划项目的执法监察，确保项目的落实，完成省政府下达给我市的年度污染减排任务；通过运用环保调控手段，淘汰落后产能，推行清洁生产，大力发展循环经济、绿色经济，鼓励企业积极进行技术改造，促进产业结构调整，提升发展质量。第二，以城市环境综合整治为重点，解决突出环境问题。开展城区锅炉房撤并网以及建筑施工噪声、饮食业、洗浴业油烟和燃料烟尘污染整治，推进集中供热和联片供热步伐，解决煤烟型污染问题，创建清洁安静舒适的人居环境。第三，以整治违法排污企业为重点，保障环境安全。加强对饮用水源的保护，保证饮用水源一、二级保护区内无工业排污口存在，杜绝饮用水源上游建设项目开发活动。加强执法检查和隐患排查治理，将环境隐患问题解决在萌芽状态。对重点风险源、危险源加强监控，落实监管责任和安全防范措施，健全环境应急组织管理体系，做好随时应对各类突发环境事件的应急防范准备。第四，以优化经济发展环境为重点，做好服务工作。转变重管理轻服务的观念，把企业的兴衰与我们自身的发展联系起来，想企业之所想，急企业之所急，只要是合法生产，诚信经营，我们都要给予支持。在执法工作中，发现问题，要以积极的态度，帮助企业解决，坚决杜绝趋利性处罚。在企业项目建设中，要积极主动地帮助、指导相关单位办理环保手续，提供污染治理技术信息，落实好"三同时"制度，切实为企业排忧解难，优化经济发展环境。

3. 做好环境信访工作，为群众排忧解难

建立、健全环境信访各项工作制度，继续推行领导干部定期接访、组织下访和对重点环境信访案件包案以及信访责任制，强化对污染源及环境信访隐患的超前排查，开展环境污染纠纷排查化解，及时发现可能侵害人民群众环境权益的问题，做到早发现，早控制，早化解，把矛盾和问题解决在基层，化解在萌芽状态，维护社会稳定。在处理环境信访工作中，要本着对人民群众高度负责的精神，第一时间妥善解决问题，真心实意为群众办实事。

4. 加强生态环境监察，规范资源的合理开发和永续利用

加强对区域矿产资源建设项目服务期满（退役期）的生态恢复工程的监督检查，鼓励企业利用新技术、新工艺对共伴生资源和尾矿、废弃物的综合利用，提高资源采收率，发展上下游产业，拉长产业链条，提高资源利用效率，把资源优势转化为经济优势。督促相关企业和个人开展矿山环境治理和生态恢复工程，切实预防环境污染和生态破坏。

5. 加强执法队伍素质和能力建设，提高依法行政水平

以造就一支"政治素质好、业务水平高、奉献精神强"的环境监察队伍为目标，多方筹措，积极争取资金，加强环境监测、监察、应急、信息等基础能力建设，加快推进"数字环保"工程，提高环境管理现代化水平，适应新形势、新任务下环境执法监察工作的需要。结合争先创优活动，加强和创新社会管理，推进学习型党组织和机关建设，积极创造条件提升各级干部的综合素质，形成良好的精神状态和务实的工作作风。认真执行系统内及市委、市政府党风廉政建设的各项要求，严格落实党风廉政建设责任制和"廉政准则"，

完善反腐倡廉监督制约机制，加强行政决策程序建设，严格依照法定权限和程序行使权力、履行职责。大力加强干部队伍作风建设，加大服务力度，努力提高政行风和软环境工作水平，树立环保队伍以人为本、执政为民、清正廉洁的良好形象，不断推动白山市科学发展、提速发展。

环境执法问题与解决途径的探讨

上海市虹口区环境保护局　孙正红

摘　要： 环境行政执法是环境保护工作的重要环节，依然严峻的环境形势，原因非常复杂，其中一个非常重要的方面就是环境执法问题。本文从我国当前不容乐观的环境形势出发，深入分析了环境执法存在的问题及原因分析，并从四个方面提出了相应的解决途径：强化立法，提供环境执法的依据；加强环境执法队伍的建设；拓宽思路、加强沟通，探索环境执法的联动机制；加大环保宣传力度，创造良好的环境执法氛围。

关键词： 环境问题；解决途径

一、引论

1. 我国目前环境形势发展依然不容乐观

改革开放 30 多年来，我国经济社会发展取得了举世瞩目的成就，环境保护工作也取得积极进展。"十一五"期间，我国污染减排成效明显，部分环境质量指标持续好转。据测算，2009 年全国 COD 和 SO_2 排放量继续保持双下降态势，SO_2 "十一五"减排目标提前一年实现。

但是，由于我国巨大的人口基数，特有的以煤为主的能源结构，以及正在加速的工业化进程，依然对环境和资源造成了超乎寻常的压力，使我国面临着严峻的环境保护和可持续发展问题。世界银行在其《2020 年的中国》研究报告中写道："在过去的 20 年中，中国经济的快速增长、城市化和工业化，使中国加入了世界上空气污染和水污染最严重的国家之列。环境污染给社会和经济发展带来巨大代价。如果中国空气污染的程度下降到政府规定的标准，则每年可以减少 28.9 万人的死亡。从总体上看，中国每年污染的经济损失大约占国内生产总值的 3%～8%。将来，如果不改善人们生存的物质环境，实现中国雄心勃勃的增长目标也只是空洞的胜利。"[①]

深层分析，首先，发展的资源环境代价还将在一定时期内居高不下。未来 20 年是我国基本实现工业化的关键阶段，第二产业增长仍是经济增长的主要动力，传统意义上的污染型行业依然存在增长的空间。尽管工业行业随着科技进步、技术改造、加强管理，单位产值（或产品产量）污染排放强度将降低，但由于经济总规模增长，污染物排放总量还有进一步增加的可能。工业发展规模的扩大，还将导致对矿藏、耕地、能源和原材料等自然

[①] [美]世界银行《碧水蓝天》编写组. 2020 年的中国，碧水蓝天：展望 21 世纪的中国环境[M]. 云萍，祁忠译. 北京：中国财政经济出版社，1997.

资源的需求增加，进而使自然资源开发强度随之加大。

其次，结构性污染和粗放型增长方式使环境资源压力持续增加。由于结构调整需要一定的时间和过程，因此传统污染型工业快速发展的势头短期内还不可能得到根本性转变。预计未来 20 年，一些传统污染较重的行业，如钢铁、水泥、有色金属、煤炭、石油工业、化学工业、电力、交通运输等原材料工业和基础工业将保持相对平稳的增长态势。在传统污染密集型行业继续保持增长态势以及这些行业技术进步渐进发展的情况下，进一步削减 COD 和 SO_2 等污染物总量困难很大。对某些城市和环境敏感的地区，通过调整结构，减少污染密集型产业的生产，是减少污染物排放总量可行的办法。但对全国总体而言，未来 20 年这些行业依然是国民经济发展的重要支柱产业，还会有较大发展空间，污染物排放量依然很大，简单的结构调整不能解决问题。

再次，城市化进程加速对环境形成的负荷不断加重。大城市的环境基础设施建设依然处于历史"欠账"时期，绝大部分中小城市和城镇的基础设施建设严重滞后，若不能加快建设步伐，环境质量有可能进一步恶化。预计到 2020 年，城市化率将达到 50%，城市生活污水和垃圾产生量将分别比 2000 年增长约 1.3 倍和 2 倍。同时，大城市汽车尾气污染趋势加重，加上其他能源消耗过程，NO_x 将成为一些城市的主要污染物之一，而且也会加重一些地区的酸雨危害。大件的电子用品垃圾、废弃的汽车和轮胎，以及其他有害废物也将加大城市垃圾处理难度。[①]

因此，我国的环境形势依然十分严峻，环境问题已经成为一个非常紧要的课题，必须把环境保护工作当做各项工作的重中之重。

2. 研究的背景和意义

我国目前依然严峻的环境形势，原因非常复杂，其中一个非常重要的方面就是环境执法问题。长期以来，我国学者把研究的精力主要集中在环境立法方面，相对于环境立法来说，环境执法问题的理论研究起步较晚、成果较少。作者目前从事的是基层的环境监察亦即环境执法工作，在实际工作中确实碰到过许多问题，也形成了自己一定的思考，对一些体制、机制、立法上面的情况有了一些看法。本文就试着从我国依然严峻的环境保护形势谈起，从基层实际出发，归纳环境执法过程中存在的主要问题，分析执法过程中存在的法制、体制、机制以及观念、能力等障碍，进而探讨环境执法难的解决途径。

环境保护工作关系到我国现代化建设的全局和长远发展，是造福当代、惠及后代的事业。加强环境保护工作，就是落实"科学发展观战略"的具体体现。而环境执法是环境保护的重要组成部分，是实现国家环境目标任务的有力保障，是环保执法体系的基础，是落实各项管理制度和环境法律、法规、政策的重要手段，因此探讨环境保护执法问题具有重要的理论意义。同时，在保持经济快速增长的条件下，有效地控制环境恶化的趋势，已经成为我们必须思考的课题。目前我国的发展已经进入了环境高风险阶段，环境违法行为高发，在环境违法行为的高发期中，分析环境执法难的原因并针对产生的原因寻找解决问题的途径和对策十分必要，对我国的环境事业建设有着十分重要的实践意义。

---

① 唐丁丁. 环保部专家称环境执法存在权责分散等难题[J]. 瞭望新闻周刊，2010（4）.

二、环境执法存在的问题及原因分析

1. 环境执法存在的普遍问题

改革开放以来，我国的环境法制建设取得了长足的发展，颁布了 6 部环境保护法律、9 部与环境有关的资源法律、29 项环境保护行政法规[①]，系统性的环境保护法律体系基本形成，但是环境执法还是存在着诸多问题。比如，近年来频发的环境事故多数是由于疏于执法或执法不力造成的，前段时间报道的湖南省耒阳市就是一例，明知存在着污染企业，环保部门也已采取罚款和征收排污费等手段，更是多次向同级人民政府申请对企业停业整顿，但是污染企业依然日夜生产，环境执法如同虚设。2005 年刮起的"环保风暴"，是从环保部层面叫停未报批环评而违法上马的企业，然而也只是叫停，而未跟上后续的执法措施，最终的结果也是不了了之。类似的报道无奈地体现着环境执法难的现状。

有人将环境执法与企业比作猫和耗子的关系，耗子总能找到躲的地方。对部分地方政府而言，在保经济增长，追求 GDP 政绩的驱动下，环境保护往往让位于经济发展，环境执法遭遇尴尬境地。一些重要的环境保护领域立法薄弱，有法不依、执法不严、监管不力的问题仍十分突出，对环境违法处罚力度不够，造成环境执法普遍存在着"一低两高三难"现象，亦即排污企业违法成本低、排污企业守法成本高、环保部门执法成本高、环保部门执法举证难、环保部门追究法定代表人难和强制排污企业整改难。环境执法面临着尴尬的境地。

2. 问题的根源

环境执法存在的问题是多方面的，国内的学者也有一定的研究。江西理工大学的赵娜、郭晓旭在《环境执法难的原因和对策》中从环境主体的原因、立法和执法的原因、环境污染本身的原因三个方面进行了分析。他们认为环境主体的原因主要包括：环境执法队伍薄弱；执法人员素质不高、法律法规意识淡薄；以及社会公众的环保意识，尤其是环境参与意识仍然处于低水平。而环境立法不够配套、完善，使环境行政执法难以准确到位以及环境执法手段缺乏刚性是立法和执法的主要原因。至于环境污染本身的原因是由于环境污染的复杂性、长期性、主体的多样性等环境固有的属性，以及潜在污染问题所造成的。[②]

金光在《浅谈县级环境执法中存在的问题及对策》中认为地方保护主义和不当的行政干预、环境法制观念的淡薄和环保法律法规的不完善、环境执法机制不健全和环境执法程序不完善、环保执法队伍素质不高和执法手段滞后等四个方面是造成环境执法难的原因。[③]

总的来说，环境执法存在问题的原因比较多，有人为因素、体制因素、内部因素和外部因素，还有法律法规不完备因素。作者通过结合实际工作的上海市虹口区的情况，进行了概括归纳，认为主要有以下几个原因：

---

① 张全，黄永辉. 适合国际化大都市的环保执法工作新机制探讨[J]. 上海环境科学，2003（12）.
② 赵娜，郭晓旭. 环境执法难的原因和对策. http://www.110.com/falv/ huanjingbaohufa/hjbhflw/2010/0802/ 205437.html. 最后访问日期：2010 年 12 月 22 日.
③ 金光. 浅谈县级环境执法中存在的问题及对策. http://www.studa.net/faxuelilun/090807/11231728.html. 最后访问日期：2010 年 10 月 20 日.

（1）环境法律体系不够完善。

1）立法真空地带多，环保执法依据不完善。市场经济的快速发展，导致很多新生事物的产生，环境执法也随之碰到许多新问题、新情况，而相应的法律措施有时会略嫌不足。比如马路边的铝合金加工，其用切割机切割铝合金时产生的噪声环保部门就很难处理，既不可认定为固定源噪声，又不属于社会噪声，执法上很难。民无禁止即自由、官无授权即禁止，因而造成环境执法管理上的被动。

相应地，环境执法的范围也显得狭窄，根据虹口区近年来的环境执法情况看，特别是2004年起行政处罚相对集中以及管辖权的变化，环境执法的对象日趋单一，主要集中在建设项目、排污申报、固定设备噪声等方面，常用的行政处罚也只有几种。2009年虹口区共处罚环境违法案件17家，其中13家为违反排污申报规定、4家为违反建设项目规定；2010年处罚的案件中，违反建设项目规定的案件占了75%，其余的则是固定设备噪声超标的违法案件。

2）立法过于原则，环境法律的可操作性差。由于我国幅员辽阔，各地实情不同，因此国家环境保护法律、法规只能作一些原则性的规定，相对基层执法而言，部分法律、法规可操作性比较差，缺乏相应实施细则。还有一些地方性法规，比如《上海市饮食服务业环境污染防治管理办法》，就作者个人而言，出台略嫌仓促。法规上对居民楼下不准开餐饮采取"一刀切"的做法，由于我国特有的饮食习惯以及大量的历史遗留问题，造成目前油烟气投诉依然有增无减，没有达到预定的目的，反而由于其硬性规定，连疏堵结合的办法都无法采取，变相造成环境执法的困难。

3）执法手段比较软弱。法律、法规赋予环境执法的手段比较单一，常用的主要依靠行政处罚（罚款、警告），但是不管是口头还是书面警告，对违法企业的威慑力都是远远不够的；而行政罚款囿于区级层面的权限，对比较大的违法案件经济制裁力也不足，而某些企业一次违法所得就可能不止这些。因此也就造成了企业"守法成本高、违法成本低"的现象发生。其他比如行政强制（责令停止使用和生产）等手段，真正执行起来往往是一句空话，很多最终都需要申请法院强制执行，因而增加执法成本。如几年前虹口区一家私人浴室未经环保部门验收擅自开张营业，对其违法行为进行处罚后，责令其停止使用一条执行起来就较为困难。根据实际情况，该单位确实存有安全隐患，不适应在原地继续经营。但由于环保部门无后续的制约措施，只能不定期地组织力量继续上门督促、检查，行政执法的实际效果不够明显。

4）土政策阻挠环境执法。2010年，安徽蚌埠固镇县环保局6名执法人员因为一个月内3次对辖区内一家企业进行检查遭到投诉而被停职，便是土政策阻挠环保执法一个非常典型的例子。6名环保执法人员在官方的调查中未发现有违纪行为，而仅仅是因为依法行政，因为照章办事而被停职，让人倍感惊愕。而当地县委领导解释称频频检查企业不利于本地的招商，则是一语中的。类似的土政策在我国部分地区还是普遍存在的。

（2）环境执法队伍能力与职能不匹配。

1）执法队伍总体素质不高。当前，我国环保执法队伍和人员的整体素质与严格履行环境监督执法职能的要求是极不相适应的。有的地方环保机构不健全，人员不足，经费缺乏，而有的地方机构臃肿，人员过多，负担过重，连生存下去都困难，更谈不上去环境监督执法了。某些地方把基层环保部门当成安插各种关系的理想场所，导致大量低素质人员进入一线环保执法队伍，无法胜任环境管理工作。更有一些人员以权谋私，或者责任心不强、或者与企业串通一气弄虚作假，虽是少数，但败坏了环保队伍的形象，也影响了环境监督执法的有效性、公正性和严肃性。

而从虹口区环境执法队伍的人员组成来看，大部分同志是从环境工程专业毕业的，缺乏相应的法律专业知识，因此在法律意识上，对法律、法规的理解能力存在着一定的缺陷。部分外单位充实的人员熟悉环境执法工作还存在着一个先后的差距。因此，在具体行政执法过程中，文书制作有好坏、突发情况应变能力有强弱，特别是一旦碰到行政相对人提起行政复议或行政诉讼时，明显感到底蕴不足，自身的法律知识显得捉襟见肘，无法充分利用法律赋予的权利，来维护自身（行政机关）的合法利益。

此外，随着执法队伍纳入参照公务员管理之后，意想不到的后遗症逐步显现，每年公务员招考时很多人宁愿去报考正式的公务员，而不愿报考参照公务员，造成环保执法队伍在招聘人员的时候往往出现无人应聘的尴尬局面。

2）监督执法装备不全，影响执法效力。随着环境监察标准化建设的深入，环保执法队伍的执法装备有了一定的完善。但是环境污染检测方法的多样性和复杂性对检测设备的技术要求愈来愈高，更新淘汰的频率也加快，但是囿于体制原因，很多无法实现。以虹口区为例，区财政对仪器设备的使用年限是"一刀切"的规定，根本不考虑实际使用频率与使用状况，比如好几年前购买的 100 多万像素的数码相机由于使用年限未到，仍在用于监督执法，一定程度上影响了执法的效力。

环境监测的能力未能跟上形势发展的需要，使许多环境污染行为难以绳之以法，如废气的无组织排放、工业特殊因子排放等。[①]2010 年 11 月本区发生的一起化粪池窨井盖突然弹出伤人事件就非常使我们困扰，区领导一再要求环保部门查清化粪池内气体成分，而环保部门配备的监测仪器主要是针对大气环境的，诸如化粪池窨井内的甲烷、硫化氢等物质由于大气环境中几乎没有，环境监测仪器一般是不配置的，这就变相造成由于缺乏相应的监测数据支持而导致的环境执法困难。

（3）环境监管体制不健全，部门协调机制和监督机制缺乏导致执法效果差。我国环境管理中确定的是"统一监督管理与分级、分部门管理结合"的基本原则，但是由于在实际工作中尚未真正建立，容易产生三个方面的问题：

一是由于是双重领导的环境管理体制，极容易引起地方保护主义对环保执法的干扰，环保工作得不到当地政府领导的支持，根本没有履行环境监督执法职能的能力。

二是环保部门上下联动的问题，如就本市而言，市、区两级层面的环境执法工作还存在不协调，分工协作、上下联动的机制并未完全形成，仍然存在着分工不够明确、执法或有交叉或有盲区等现象。

三是横向之间的问题。在实际操作中，由于环境执法主体林立、权责分散，容易造成部门协调难、执法成本高、效能低下等现象产生。最典型的莫过于环境噪声问题，法律规定：经营性娱乐噪声、固定设备产生的环境噪声、经许可的建筑工地夜间施工噪声属于环保部门监管；社会噪声、人为噪声属于公安部门受理；未经批准的建筑工地夜间施工噪声属于城管部门监管。因此，居民想要正确投诉有关环境噪声污染的问题，需要自己对号入

---

① 张全，黄永辉. 适合国际化大都市的环保执法工作新机制探讨[J]. 上海环境科学，2003（12）.

座，到底是环保管，还是城管部门管，抑或是公安部门管，往往需要兜一个大圈，方才投诉有门，变相造成居民的不满。同样，在扬尘污染防治工作中，也存在着这一问题。众所周知，建筑施工、道路管线施工和拆房施工是造成扬尘污染、地区降尘量增加的主要因素，《上海市扬尘污染防治管理办法》中也明确了环保部门牵头，相关职能部门共同参与的扬尘污染监管模式，各区县也成立了由多个职能部门参与的管理平台，但是在实际操作中，管理平台发挥的作用还是微乎其微的。扬尘污染产生的大户如建筑施工、道路管线施工和拆房工地，其监管权是属于建设、房管部门，而这些部门首先重视的是施工项目的安全与质量，文明施工、扬尘防治说到底都是可有可无的内容。环保部门在监督执法中即使发现问题，也不能处理，只能进行移交，而移交后后续的处置也只能听之任之了。部门之间协调时可以在面上沟通得很好，但是在实际操作中走样，造成部门协调流于形式、环境执法难上加难、环境污染依然存在。

另外，监督机制依然缺乏，一是环保部门的内部制约与监督机制仍不够完善，从上海市环保系统行风、政风建设的反馈情况上表明，执法透明度不够、程序不规范、处罚标准不一等现象仍有存在。二是外部监督机制，由于受计划经济惯性思维的影响，在我国比较注重政府部门对环境的行政监督作用，不太注重发挥社会公众监督在环境执法监督中的作用。虽然近几年社会公众的环境意识得到大幅的提高，很多人都能够主动地检举揭发破坏环境的行为，同违反环境保护法的行为作斗争，环境的社会监督有所加强。但是社会监督的渠道有时还不是很畅通，机制不健全，手段单一，制度保障条件缺乏，其影响力有限，媒体的舆论监督发挥作用不够，非政府环保组织的监督作用没有得到全面发挥，有时反映的问题得不到及时解决，甚至有的时候根本得不到解决，影响了社会公众环境监督的效力和积极性。再加上各级环保部门对环境信息披露不够，公众缺乏获得环境信息和参与环境监督的有效机制。①

（4）环境法律意识淡薄。

1）公众的总体环境法律意识淡薄。近年来，公众的环保意识较以往有明显提高，据调查，94.4%的市民觉得自己环保意识很强或较强。②但是事实上，公众增加的环保意识多数是对他人的要求，比如对自己居住地的水、空气质量、安静度的要求，而自己本身遵守环保的意识并不强，缺乏参与环境保护的积极性与自觉性，与发达国家相比仍然存在着很大的差距。

2）一些地方部门领导的环境法治观念也很淡漠。虽然近年来国家大力提倡可持续发展战略，但实际工作中，在一些领导的思想深处仍然把环境法律看做是"软法"，在进行建设项目评估、决策和管理的时候，注重的是传统意义上的技术、经济的可行性，很少考虑可持续发展因素，以保护地方经济利益为主，严重损害了环境法律法规在人们心中的形象，同时损害了环境行政执法的公正性。③

3）企业法人的环境意识淡薄。环境执法中普遍存在着"违法成本低、守法成本高"现象，部分企业为了追求利润的最大化，往往忽视或故意减少环保投入，逃避环境行政执法。此外，大量的小餐饮、小沐浴等小企业或是无证无照经营，或是环境污染防治设施不

---

① 丁丽君. 环境执法中的问题与解决路径思考[D]. 苏州大学高等学校教师硕士学位论文，2008.

② 季萍，汪菁. 上海部分地区市民环境意识调查分析[J]. 上海环境科学，2002（6）.

③ 丁丽君. 环境执法中的问题与解决路径思考[D]. 苏州大学高等学校教师硕士学位论文，2008.

到位，引起店群矛盾和环境污染。小业主法律意识淡薄，或是层层转包造成污染主体复杂，都给环境执法造成了一定的难度。

三、解决环境执法难的途径探讨

1. 强化立法，提供环境执法的依据

（1）健全和完善环保法律法规和环境管理制度。上海作为国际化大都市，必须要有与之相适应的环境面貌。立法机构应该对现行法律的执行情况进行评估，完善立法体系，使环境执法有法可依。属于空白的要加快立法，对旧的、不合时宜的法律法规要及时修改。比如环境噪声的监督管理，必须有一套配套的地方性法规来明确环保、公安、城管等部门的各自职责；又比如，《上海市扬尘污染防治管理办法》、《上海市饮食服务业环境污染防治管理办法》经实践证明存在着一定的缺陷，需要尽快抓紧修订等。同时，需要有效整合和改进环境管理制度，进一步细化环保部门统一监管职能，改变多头监管状况为环保部门单一执法监管，形成一个既吸收国际先进经验，又能够在我国国情下得到有效实施的环保法律制度和环境管理制度。

（2）提高环境执法的刚性和强度。增加环保部门强制执行权限，赋予环保主管部门一些必要的强制执法手段，如查封、扣押、没收等，类似昆明市设立环保警察值得进一步的推广。同时，规定具体监督措施，如相关职能部门"不作为"，环保部门可有权向同级政府和法院提请责令改正或裁定撤销，对法院不执行的由人大监督执行并追究领导的责任。

2. 加强环境执法队伍的建设

（1）树立正确的环境执法理念。通过开展行风建设或警示教育，培养环境监察人员树立正确的环境执法理念：树立实践科学发展观、服务科学发展的理念，着力解决影响可持续发展和人民群众生产生活的突出环境问题；树立生态系统执法的理念，整合环境执法监督资源；树立公平正义的理念，保障人民群众的环境权益；树立执法效能先进的环境执法监督理念。进一步严格执行环保系统"五项承诺"、监察人员"六不准"规定，为环境执法提供强有力的思想保障。

（2）提高环境执法监督能力。加强环境执法人才队伍建设，建设一支数量与任务匹配的环境执法监督队伍；实行科学管理，继续推进环境监察标准化建设，上海市等发达地区的环境执法监督机构率先实现现代化，提升环境执法装备水平；提高环境执法信息化水平，建设污染源自动监控系统、环境违法行为举报投诉信息管理系统、污染源现场执法信息管理系统、生态环境遥感与地理信息监测系统、环境污染事故应急指挥系统；建立企业环境监督员制度，设立法律援助机构、污染损害评估机构等社会中介机构，充分发挥这些机构对环境执法的服务作用。

（3）提升执法人员的素质。对现有的执法人员要强化政治思想教育与业务水平的培训，采取法规学习、执法技能培训、典型案例模拟等方法，提高执法人员的水平，规范执法文书的制作。同时，加强执法人员责任感和使命感教育，抓好典型人物与典型事迹的宣传，并经常性地贯彻"环保不执法、等于自己在违法的"理念。[1]

---

[1] 张全，黄永辉. 适合国际化大都市的环保执法工作新机制探讨[J]. 上海环境科学，2003（12）.

（4）完善内部制约与监督机制。根据目前在环境执法中存有态度粗暴不文明、办事推诿拖拉、管理服务不到位以及标准不一、处罚随意等现象，虹口区环保系统在内部建立了相应的制约与监督机制：一是明确一次投诉反映查实，领导谈话、本人检查；二次投诉反映查实，调离岗位、学习反思；三次投诉查实必须行政处分。二是坚持推广"六个一"服务规范，即一张笑脸相迎、一把椅子让座、一杯清茶暖心、一腔热情待人、一股正气办事、一句好话送行。服务好对象、关心好群众、协调好各方。三是如发生行政复议，因行政行为不当，造成变更、撤销原决定的，对经办人、负责人给予政纪处分；如发生行政诉讼，因行政行为不当，造成败诉或产生后果，将追究经办人、负责人的责任，按照有关规定严肃处理。

（5）建立效能评估制度。上海市在市级层面已逐步建立了环保系统行政执法联席会议，主要职责是制订计划、布置任务、反馈信息、讨论疑难问题、组织效能评估。效能评估的重点是完成任务的情况，具体行政行为的合法性，执行行政执法"三告知"工作情况，对改善环境质量的贡献情况，群众满意度等。[1]该联席会议制度的建立，既是对区级环保执法的监督制约，同时又提供了一个信息沟通、疑难案件答疑、互通有无的机会与平台。同时，环境执法部门要经常听取工厂、企事业单位和社区市民的意见，从而科学、正确地评估环保执法效能。

（6）建章立制、长效管理。执法工作的成果必须要以制度来保证，因此，虹口区在环境执法工作中坚持实行"法律顾问制"、"重大案件处罚集体审议制度"、"监督反馈领导走访制"、"行政过错实行责任追究制"以及"行政执法责任制"等，坚持做到了依法行政、文明执法。

3. 拓宽思路、加强沟通，探索环境执法的联动机制

（1）拓宽环境执法的领域。近年来，环境执法覆盖的范围已经越来越广，从传统的"水、气、声、渣"拓宽到建设项目、放射性物质等，此外，消耗臭氧层物质、有毒有害化学品、新化学品物质也纳入监管范围，环境执法要加快跟上形势发展的需要，必须尽快掌握这些新内容，将环境执法覆盖到环境保护的各个领域。

（2）探索更多的环境执法手段。虹口区环保部门曾对一家恶意偷排照相印版废水的单位进行了行政处罚，鉴于该单位规模不大、偷排废水量不多，行政罚款为5 000元。但是考虑到该单位法定代表人环保意识淡薄，疏于对职工的教育，环保部门还致函该上级单位，建议对法定代表人进行行政处分，实际取得的警示效果不低于行政罚款。因此，行政建议、行政调解、行政强制等手段都可以充实、加强环境行政执法工作。此外，在解决环境纠纷中，可以尝试建立环境仲裁制度，为解决环境纠纷提供经济、有效的途径。[2]

（3）加强上下环保部门的互动。市、区两级环保部门应分工明确、重点突出、分开跑道。市级层面的环保执法重点应为大案、要案，以及新领域、特殊领域带有探索性的执法和监督性、补缺性的执法。应重"质"、重宣传、重指导，并充分利用环保系统联席会议制度，加强执法经验交流、疑难问题解答、组织效能评估。区级层面的执法应重"量"、重涵盖面，并应结合区域特点，着重加强生活污染源的环境执法。此外，充分利用环保应

① 张全，黄永辉. 适合国际化大都市的环保执法工作新机制探讨[J]. 上海环境科学，2003（12）.
② 周杰. 关于环境纠纷解决方式的探讨[J]. 上海环境科学，2002（3）.

急热线已建立起来的执法平台，加强上下联动，发挥环境执法的作用。

（4）加强横向职能部门的联动机制。区级层面的执法部门相互联动，近年来已在较多领域得到了一定的开展：诸如扬尘执法、施工管理、焦点问题处置等，如虹口区环保部门与城管监察大队就建筑工地夜间施工管理形成了一定的联动，一是信息共享，包括夜间施工作业的审批情况、违法夜间施工单位的处罚情况；二是加强互通，主要负责人定期沟通、执法经验相互交流、使用相同频率的对讲系统；三是执法联动等。但是在更多的方面还是缺乏有效的联动机制，很多问题领导层相对沟通方便，执行层操作起来会碰到很多具体的问题，有时更多的需要靠私人的交情。

上海市特有的"环保三年行动计划工作推进会"是一个很好的联动平台，近年来依靠这个平台在市级层面取得了一定的成效。但是市和区以及各区之间的发展不平衡。必须进一步发挥平台联动的作用，以某一特定的执法内容，一个部门牵头，各执法部门共同参与进行综合执法。同时，充分发挥街道作为一级管理层面的作用，由其牵头，相关职能部门参与，进行环境综合执法新思路的有效探索。

4. 加大环保宣传力度，创造良好的环境执法氛围

（1）加强警示教育。近几年，上海市环保局每年都在"6·5"世界环境日期间公布环境形势与环境违反典型案例，就是对社会公众一个很好的警示教育手段。此外，应继续加强环保政策、制度、标准的宣传教育力度，特别是"谁污染谁治理"、"三同时"、排污费的征收使用规定等，对排污企业的负责人，通过举办培训班、专题讲座、召开现场会等形式，使其不断提高认识、更新观念，切实增强治理污染的积极性、自觉性与紧迫性。

同时，要多层次、全方位地加强对社会公众环保意识的教育，要让全社会清醒地认识到，解决环境问题，不仅需要技术的更新、经济法律制度的变革和工业文明的转型，更有赖于我们哲学范式的改变、伦理观念上的觉悟。[①]

（2）充分发挥公众舆论的监督作用。要进一步加强环保应急热线的建设，利用热线平台，推动公众参与，发挥群众监督作用，举报环境违法行为，降低环保部门的执法成本、提高执法效率。

---

① 吴卫星，印卫东. 对产生环境问题的根源分析[J]. 上海环境科学，2003（1）.

后世博时代金山环保长效管理的思考

上海市金山区环境保护局　黄永辉

摘　要：上海市金山区作为长三角经济区域中心，如何保持巩固世博环境综合整治成果，是环境保护工作者面临的重要课题。本文从世博会开始以来环保工作所取得的主要成效入手，客观分析了当前环境保护所面临的主要问题，进而提出后世博时代强化金山区环境保护长效管理的对策建议。

关键词：后世博时代；环境保护；长效管理；对策建议

上海世博会的主题是"城市，让生活更美好"，其重要的内涵就是"绿色、低碳、生态、环保"。世博会从举办至今，环保理念深入人心，环境质量显著提升，城市面貌较大改善。金山区作为长三角经济区域中心，如何将办博工作中的经验制度化、规范化、长效化，如何保持巩固世博环境综合整治成果，防止世博会后各种问题回潮，促进环境可持续发展，如何实现"创业金山、宜居金山、和谐金山"目标，是我们环保工作者值得思考的一个重要课题。

一、世博以来，环保工作的主要成效

1. 环保三年行动计划有序推进

我区第四轮环保三年行动计划任务共 31 项，按照水环境治理与保护、大气环境治理与保护、工业污染防治、农业与农村环境保护、生态保护与建设、环境保护能力建设六大领域同时推进。其中，各方最为关注的金山卫地区化工集中区域综合整治项目已启动了 1 km 动迁方案，基本动迁上海石化周边 1 km 限制带和二工区内的居民，建设区域范围内的绿化防护林带工程。

2. 污染减排工作取得重要进展

为完成我区"十一五"期间 COD 总量控制 9 152 t/a 和 SO_2 总量控制 4 499 t/a 的目标，我们重点推进了以下工作：一是加强对污水处理厂和污水处理配套管网建设和管理，提高污水处理率，目前，全区城镇污水集中处理率已达 80%。二是开展脱硫除尘设施改造工程。改造后的锅炉 SO_2、烟尘排放符合本市排放标准，环境空气质量得到进一步改善。三是进一步推进集中供热，减少大气污染。督促协调集中供热单位和工业区加快推进集中供热工程建设，要求集中供热范围内符合条件的企业停止使用现有燃煤锅炉。四是强化污染治理，减少污染物排放。加强产业结构和布局调整与优化，推广清洁生产工艺。完成一批落后生产力的关停任务，关闭不符合产业政策、高耗能、高污染的工业企业。五是严格执行"环评"和"三同时"制度，控制污染增量。把总量控制作为环评审批的前置条件，新建项目必须符合国家产业政策、行业准入条件、区域功能定位和环保标准要求，做到增产不增污或减污。

3. 环境安全体系构建取得重大突破

针对我区特定环境现状和产业特征，我们着力加强化工污染的风险控制。开展化工企业环境风险控制示范化建设活动，建立 72 家主要化工类企业环保管理档案；编制《金山区环境安全和突发事故应急处置规划》，完善环境突发事故防范措施和应急预案，定期开展环境突发事故应急演练；加强放射源管理，建立公共源库；按照全市统一部署，进一步加强我区饮用水源地安全保障，形成专业保护规划和专项工作方案；以"三区"同创共建联席会议为平台，在环境安全防控方面深入开展区域合作与交流。

4. 城市环境面貌得到了较大改善

一些直接影响市民生活质量的环境问题得到了缓解。环保领域重点开展了河道整治行动，强化了建设工地扬尘污染、锅炉烟尘排放、机动车冒黑烟和鸣号、道路交通噪声、秸秆焚烧等方面的整治，加大了执法和监管的力度。2010 年环境空气质量优良率达 94.2%，多年不见的蓝天白云开始在申城出现。

二、存在的主要问题

1. 环保理念尚未深入人心

在新形势下，随着经济的快速发展，环境新问题进一步凸显，环保硬任务进一步加重。相比其他经济发达地区，我们的环境保护观念意识还需要进一步增强。现实工作中，对于环境与经济协调发展的重要性往往缺乏足够重视，仍然抱着先发展经济，后做好环保的心态。在区域快速发展的大背景下，既要保经济发展又不能放松环保标准，以牺牲环境为代价来换取经济发展。

2. 环境污染与风险问题严峻

企业偷排、超标排放废水造成河道污染的问题依然存在，固体废物随意处置造成信访投诉时有发生，冒黑烟、扬尘污染、秸秆焚烧问题突出，特别是化工废气甚至有毒有害气体扰民现象仍然不能杜绝。部分化工企业环保意识淡薄，管理制度不完善，环境安全隐患不容忽视。

3. 环境管理能力有待提高

（1）执法手段较为单一。区污染源信息监控平台虽已建成，但安装污染源在线监测装置企业数量相对较少，未实现区内重点监管企业全覆盖。对各类污染源主要还是采用现场检查、突击抽查等执法手段，以环境监察支队现有人力，难以实现全方位、有效监管。

（2）管理模式相对滞后。受人员编制、能力限制，目前环境管理主要还是末端应急式管理。由于缺乏系统化的区域环境预警体系，往往是部分地区发生污染事件后，采取拉网排查、集中整治等方式。尚未形成行之有效的区域污染预防、预警管理机制。

4. 环境基础设施相对薄弱

（1）污水处理厂及管网尚未全覆盖。部分污水处理厂受管网建设、企业纳管等因素影响，造成实际处理负荷不足或达到饱和；镇区污水收集管网尚未全覆盖，城镇生活污水集中处理率有待提高；非保留工业区污水收集管网不完善。

（2）固废处置设施需进一步完善。区生活垃圾无害化处理设施尚未建成，一般工业固体废物无害化填埋场也未建成导致一般工业固废缺乏出路。全区尚无秸秆综合利用产业化项目，由于秸秆无出路，集中堆放，占用劳力、农田，部分农户将产生的秸秆就近堆放在河道或岸边，影响了河道水质。

三、后世博金山环保工作的对策

今后 5 年，环境保护工作应努力实现"三个转变"，处理"三个关系"，做到"三个坚决不要"。实现"三个转变"，就是要从重经济增长轻环境保护转变为保护环境与经济增长并重，从环境保护滞后于经济发展转变为环境保护和经济发展同步，从主要行政办法保护环境转变为综合运用法律、经济、技术和必要的行政办法解决环境问题。处理好"三个关系"，就是要处理好环境与发展的关系，在科学发展中促进环境保护，在保护环境中实现科学发展；处理好预防与治理的关系，既要着力于治，又要立足于防，注意从源头上防治污染和保护生态；处理好重点与一般的关系，既要重视解决水和大气污染，也要防止生态破坏，既要重视解决城市环境污染，也要防止农村面源污染。做到"三个不要"，就是坚决不要牺牲环境的发展，坚决不要浪费资源的增长，坚决不要未经环评的建设，让人民群众有一个良好的生产生活生存环境

1. 进一步提高对发展的科学认识，牢固树立保环境就是保发展的观念

目前，环境问题已成为制约我区科学发展的主要瓶颈之一。环境保护需要各级部门齐抓共管的理念已得到社会各界的认同并逐渐形成共识，但还需要在今后完善工作机制中进一步落实和体现。各级部门应进一步加强环保法律、法规、知识的学习、宣传、教育、培训力度，深刻理解科学发展观的内涵，把建设生态文明、保护生态环境放在经济社会发展的优先位置，牢固树立经济、社会、环境协调发展才是实实在在政绩的观念、牢固树立在发展中同步解决环境问题的观念、牢固树立环境保护与发展生产力都是硬任务的观念。把环境保护摆上与经济发展同等重要的位置，树立全局意识和长远眼光，做到两者协调发展。

2. 进一步建立和完善环保工作机制，调动各级政府力量参与环保

一是完善环保参与政府综合决策机制。环境问题，既是经济问题，又是社会问题，关系到国家和人民的长远利益。认真落实各镇、街道和工业区基层政府"对环境质量负总责"的法律责任，丰富环保参与政府综合决策的内容和形式，使环境保护政策从"软约束"转向"硬约束"，让环保更好地为发展开路。

二是完善党政领导干部环保实绩考核制度。建议在乡镇目标责任制考核过程中，增加环保考核权重，促使基层政府对环保工作给予更多的重视。此外，在原来的基础上，结合实际制定一些客观、简练、易操作的环保考核指标，除了考核镇、街道、工业区以外，还要考核区级相关部门。

三是建立环境保护责任追究制度。严格执行环保有关法律法规和上海市环保条例，切实加大环境保护责任追究力度。对不执行环境保护法律法规和政策、不认真完成环境保护目标责任制，造成严重后果的；因违反产业政策，违反区域产业规划，在项目招商引资上决策失误以及行政干预导致环境恶化或生态破坏的；放任、包庇、纵容环境违法行为，要依法依纪追究有关单位及有关责任人的责任。

四是健全多部门联合监管工作机制。建立社会公众广泛参与，职能部门齐抓共管的环境保护"统一战线"。例如，经委是做好产业结构调整优化升级的责任部门；水务局是开展河道整治、污水处理和饮用水源环境保护的责任部门；绿化市容局是实施垃圾无害化集中处置、控制扬尘污染、管理夜间施工的责任部门；公安分局是处理城市生活噪声的责任单位；教育局是开展中小学环境教育、创建绿色学校的责任部门；宣传部是协调环境宣传教育的责任部门等。日前，环保部、中宣部和教育部联合发布文件，对做好新形势下环境宣传教育工作提出意见，为进一步形成环保工作合力提供了很好的借鉴。

五是完善区域联动，构建跨界联防治污机制。进一步加强与上海化学工业区、上海石化股份有限公司 VOC、恶臭排放、放射源管理、危险废物监管及环境应急管理工作的协商和对接。并加强与周边平湖嘉善市、奉贤区、松江区信息互通，做到相互监督、防患于未然、构建跨界联防治污机制，及时有效地预防和处置交界区域的污染矛盾纠纷。

3．进一步加强环保队伍建设，提高环境执法能力

一是强化环保队伍建设。未来一段时间，我区环境形势依然严峻，现有人员、装备难以对辖区内所有污染源实施全方位、有效监管，为此须进一步增加环保队伍人员编制，增配必要的车辆、仪器、设备等执法所需各项装备，并将执法人员学习、培训、交流制度化常态化，塑造一支拉得出打得响的环保队伍。

二是完善资金、政策保障机制。每年安排一定环保专项资金用于我区污染减排、秸秆禁烧、环境监测预警体系和环境执法监督体系建设，完善污染源、农村面源污染治理"奖惩机制"，并将其制度化常态化。

三是加强环境执法力度。增强环保执法的力度和效率，加大对违法行为的处罚力度，从重从快处罚，重点解决"违法成本低、守法成本高"的问题，坚决杜绝对待环境违法行为心慈手软的现象发生。

四是健全基层环保管理制度。在金山卫镇、漕泾镇、亭林镇、枫泾镇等环保任务重、压力大的地区率先成立环保所，增加环保管理人员，并逐步向全区其他镇、街道、工业区推广。

五是加快推进污染源在线监测装置安装力度。对直排水体重点企业、一类污染物排放企业、环境风险企业、废气重点排放企业逐步安装污染源在线监测装置，基本实现区内重点监管企业全覆盖。实现重点企业全方位、实时监管，提高执法效率。

4．进一步加快推进经济发展方式转变，促进产业结构优化升级

当前，我区经济还处于"爬坡"阶段，为推动金山经济社会又好又快发展，我们要通过全社会共同参与环境保护来推动经济发展方式的转变，充分发挥污染物减排约束性指标在产业结构调整优化中的刚性作用，使环境保护充当加快转变经济发展方式的加速器。

一是用严格的环境标准、先进技术和先进管理来改造提升传统产业。推进产业结构调整，加快淘汰高能耗、高污染、低效益的落后生产能力，实现产业升级，提升经济发展质量。

二是引进资源节约型、环境友好型企业，推动产业结构优化。对于工艺中涉及剧毒原料、致癌物质以及环境风险较大的项目，坚决不予引进。要以环保标准达到不达到，人民群众满意不满意，持续发展需要不需要为标准，严格环保准入标准，提高项目准入门槛，不断完善和创新项目的准入机制和退出机制。

三是适时实施区域限批。对环境容量不足、污染物超标严重、环境质量达不到功能区要求的地区，不得审批有相关污染物排放的建设项目。

5. 进一步加大污染源治理力度，改善金山经济社会发展大环境

一是要加强工业污染整治。工业污染源治理是环境污染整治工作的重点，必须抓实抓好，要突出重点区域、重点行业、重点企业的治理，确定一批重点监管企业进行跟踪督查，联合镇政府、工业区管理部门共同督促企业落实污染整治方案，限期实现治理达标。

二是要加强生活污染整治。深入基层，察民情、知民意、解民忧，真心实意为人民群众办实事、办好事，及时化解矛盾，消除环境隐患。针对社会反映强烈的油烟和噪声扰民问题，要联合环卫、工商、城管等有关部门在城区范围内开展专项整顿，还群众以安静、舒适、卫生、健康的生活环境。

三是要加强农村污染整治。以畜禽牧场整治为重点，依据所处区域、污染状况、环境敏感程度等因素，稳步实施搬迁和关闭，把畜禽牧场污染防治管理工作纳入法制化、规范化、程序化轨道。进一步调整优化农业产业结构，大力发展无公害、绿色、有机食品，推广使用高效、低毒、低残留农药、生物农药和有机肥，努力减少农村面源污染。

四是要加强环境基础设施建设力度。落实新江污水处理厂二期扩建的投运；确保兴塔和廊下污水处理厂减排取得成效。推进枫泾工业区集中供热项目建设，力争"十二五"期间完成集中供热锅炉和相应管网建设，并取消管网覆盖范围内燃煤小锅炉。研究落实秸秆综合利用工程化措施，引进 1～2 个适合我区区情的产业化项目，并在税收、政策、秸秆收集渠道等方面给予一定的扶持，实现秸秆资源化利用和农民节支增收。

五是要加强科研攻关力度，提高破解环境难题的能力。针对秸秆等农业废弃物综合利用、绿萍处置、工业固废"减量化、资源化、无害化"等环境难点问题，充分发挥本市科技与人才的综合优势，加大环保科技投入力度，开展相关基础性科研，攻克难题，并将研究成果产业化，推进我区循环经济发展。

坚持环保优先　建设生态文明

江苏省无锡市环境保护局　刘亚民

摘　要： 近年来，无锡市以科学发展观为指导，在环境保护方面进行了有益探索：坚持以太湖治理为重点、以节能减排为倒逼、以生态创建为载体、以环境执法为手段、以强化保障为抓手，动员全社会力量，切实改善生态环境质量，促进产业结构调整升级，营造生态和谐人居环境，着力构建环保法治格局，加快完善环境保护机制，从整体上改善了全市城乡生态质量和环境面貌，取得了显著的成效。

关键词： 生态文明；环境保护；成效显著

无锡地处长江三角洲中部，是一座历史悠久、经济发达、风光秀美的江南名城，有 3 000 余年的建城历史，是中国吴文化、中国民族工商业和乡镇企业的发祥地。全市总面积 4 788 km^2，常住人口 637 万。现辖江阴、宜兴两个县级市和锡山、惠山、滨湖、崇安、南长、北塘、新区七个区。2010 年，全市实现地区生产总值 5 758 亿元，人均地区生产总值 9.4 万元，是中国十大最具经济活力城市之一。

近年来，全市上下以科学发展观为指导，以太湖水环境治理为重点，动员全社会力量，以前所未有的力度加快环境保护和生态建设，努力从整体上改善全市城乡生态质量和环境面貌，取得了显著的成效。污染减排超额完成任务。截至 2010 年底，全市 COD、SO$_2$ 排放总量在 2005 年基础上分别累计削减 32.9% 和 32.03%，超额完成"十一五"目标任务，完成情况名列全省前茅。太湖治理成效显著。太湖无锡水域主要水质指标持续改善，湖体富营养化程度有所下降，总体处于轻到中度水平，藻类聚集的时间延后、频次和面积大幅减少，12 个国家考核断面水质达标率 100%，主要饮用水源地水质全部达标，圆满完成了省委、省政府确定的安全度夏和"两个确保"的目标。城乡环境发生深刻变化。环境质量不断改善，全市空气质量二级以上良好天数达 94% 以上，环境噪声质量达到功能区要求。2006 年以来，我市环境质量综合指数持续稳定在 80 以上，2009 年达到 86.5，2010 年达到 90。最近三年我市公众对环境的满意率分别为 81.5%、85.14% 和 93.79%，呈逐年上升之势。生态创建取得突破。2006 年江阴市率先创建成全国首批生态市。2009 年宜兴市、锡山区、惠山区、滨湖区国家生态市（县）、区创建工作通过国家考核验收，新区创建成国家生态工业示范园区，无锡市、江阴市同时获得国家第二批生态文明建设试点地区，无锡市生态文明建设规划通过环保部评审。2010 年 12 月，无锡创建国家生态市顺利通过国家级考核验收，成为全国首个通过考核验收的地级市，率先在全国建成生态城市群。

2009 年 8 月 7 日，温家宝总理来无锡视察时称太湖治理取得了比预期要好的效果，也积累了一些宝贵经验。2009 年 2 月，李克强副总理来无锡考察时，肯定无锡"治太"成效，认为力度很大，饮用水安全得到保障，控源截污工作不断加强。2009 年 6 月，环保部周生贤部长来无锡视察时，对无锡环保工作中的成功探索和实践给予高度评价。他说，终于在无锡看到了让河流湖泊休养生息的"真经"，并称无锡环保工作的"四条经验"值得全国推广，希望无锡环保工作走在全国前列。省委、省政府主要领导也对我市太湖治理和环境保护工作给予充分肯定。

一、坚持以太湖治理为重点，切实改善生态环境质量

太湖是中国第三大淡水湖，湖面面积 2 388 km²，其中约 1/3 在无锡境内。太湖是无锡的母亲湖，无锡与太湖共荣辱。21 世纪初至今，我市在太湖的内湖蠡湖实施了全方位的综合整治，在不到 10 年的时间内，使这片太湖污染最严重的区域转变为碧波荡漾、环境优美、市民休闲的乐园。蠡湖水环境治理的成功，受到了社会各界乃至国际组织的高度评价，更加坚定了无锡治理太湖、保护环境的决心。2007 年以来，全市投入太湖治理资金达 320多亿元，投入强度、治理力度、推进速度前所未有。

1．保护规划全覆盖

2008 年 4 月，我市率先出台《关于高起点规划高标准建设无锡太湖保护区的决定》和《无锡太湖保护区建设（2008—2010 年）行动纲要》，将全市域划为一、二、三级保护区，按照区域发展定位及资源环境承载能力和发展潜力，明确禁止开发、限制开发、重点开发和优化开发区域，优化市域功能布局。

2．生态修复措施全覆盖

大力实施生态清淤、蓝藻打捞、调水引流等生态修复工程，实施太湖生态清淤 2 450万 m³，累计打捞蓝藻 210 多万 t，相当于从水体中清除了 562.1 t 氮和 140.5 t 磷，共建成 7座藻水分离站，日处理能力 9 000 t。实施大规模造林绿化，投入近百亿元，规划建设 38 km沿太湖生态风景岸线，完成十八湾生态景观带和环太湖湿地、长广溪湿地和梁鸿湿地等 36处入湖河道湿地恢复工程。

3．"河长制"管理全覆盖

2007 年下半年我市创造性地率先在全国推行"河长制"，由各级党政主要负责人分别担任全市 1 284 条河道的"河长"，负责辖区内河流的水环境治理。实行"河长制"以来，全市大小河道水质均有不同程度改善，与"十五"末相比，全市 13 条主要入湖河流中Ⅱ～Ⅲ类河流增加了 2 条，劣Ⅴ类河流减少了 5 条。无锡的"河长制"管理模式，被拍成电影《河长》在全国进行推广。

4．控源截污全覆盖

全市建成投运的 72 座污水处理厂，日处理能力超过 200 万 t，所有污水处理厂均具备脱氮除磷能力，全部按照一级 A 标准排放。建成污水主管网接近 8 000 km，基本实现城乡全覆盖。开展"排水达标区"创建行动，将全市城镇区域划为 4 172 个片区，从源头清理和规范排水行为，目前已基本完成雨污分流、控源截污工程，城镇污水集中处理率达到90%，其中主城区达 95%。

5．监测监控全覆盖

建成了 86 个水质自动监测站（含湖体 15 个浮动站），在太湖布设了 21 个蓝藻巡视点，沿岸建设了 13 个蓝藻分布视屏监视系统，配备了太湖水环境应急监测船和环境监测应急

车，同时利用环境卫星加强遥感监测，利用遥控飞机和水下机器人进行蓝藻预警监测，建立了水、陆、空、天"四位一体"的定时、在线、快速、全天候的水质监测体系，初步实现了太湖水质的实时连续监测和远程监测。对 339 家重点污染源安装了 360 台（套）在线监控仪，全市 COD 和 SO_2 排放总量 95%以上的重点污染源实现了在线监控。

二、坚持以节能减排为倒逼，促进产业结构调整升级

无锡市人多地少，经济总量庞大，自然资源匮乏，环境容量有限，经济发展面临的环境压力巨大。要实现基本现代化的目标，只有以环境保护倒逼产业调整，节省资源，降低消耗，减少污染物排放，实现环境换取增长向环境优化增长的转变。近年来，我们始终坚持两手抓：

一手抓产业结构调整，为发展生态经济腾出宝贵空间。市区从严控制快速内环 50 km^2 的工业项目，117 家重点企业已全部完成整体搬迁或关停整合，腾出主城区空间面积达 7 km^2。建成区内不再审批新建、改建、扩建化工、印染、冶金等污染企业项目。全市新建的工业项目全部进入城市总体规划圈定的开发区和工业园区。对传统产业，加快实施升级改造，设立节能与循环经济专项资金，并从企业排污费中提取 10%专门用于支持企业清洁生产。全市 9 个工业园区、57 家工业企业开展了省、市级循环经济试点，"十一五"期间实施节能和循环济项目 459 个，1 200 多家企业完成清洁生产审核，100 多家企业完成强制性清洁生产审核，1 281 家企业通过 ISO 14000 环境管理论证。同时，以壮士断腕的决心，坚决淘汰落后产能，全市累计关停"五小"及"三高两低"生产企业 1 996 家，整改达标企业 756 家。关停并转迁沿湖企业 244 家。

一手抓创新产业的发展，抢占新型经济制高点。以尊重科技，尊重人才为抓手，全面实施"科教兴市、人才强市、质量与知识产权立市"主战略。大力实施以引进海外留学归国领军型人才为重点的"530"计划和引进外籍科技领军型创业人才的"泛530"计划。全市新传感网、新能源、新材料、生物、环保、软件和服务外包、工业设计和文化创意、现代旅游、生产性服务等九大新兴产业取得了长足进展。2009 年，国务院正式批准在无锡建设国家传感网创新示范区（国家传感信息中心）。2010 年底，高新技术产业增加值占规模以上工业增加值的比重已经达到 45.7%；大规模集成电路制造技术和能力跃升全国第一，产业规模占全国的 16%；太阳能光伏产业位居世界前列，产出分别占全国、全球的 50%和 10%左右；风电产业具备占领国内技术创新制高点的能力。全球服务外包 100 强企业中已有 11 家落户无锡，国内服务外包 50 强企业中也有 11 家落户无锡。服务外包产业各项主要指标位居全国前列，全省第一，离岸服务外包产业跃居全国城市第二。在发展创新产业的同时，我们十分注重大力发展绿色农业。全市累计建成现代高效农业面积 105.06 万亩，占耕地面积的比重达到 50.6%；建成规模现代农业园区 118 个，总面积 36.5 万亩；建成无公害农产品基地 300 个，无公害农产品 264 个，绿色食品 216 个，有机食品 108 个。全市现有国家级名牌产品 2 个，省级名牌产品 27 个，市级名牌产品 71 个。

三、坚持以生态创建为载体，营造生态和谐人居环境

把环境保护作为民生工程的重要内容，注重让群众享受到环境保护的成果，让群众满意，从而获得了全市人民群众的全力支持和热情参与。

1．完善饮用水安全保障建设，让群众喝上干净的水

开辟了长江第二水源地，日供水能力达到 80 万 t，形成长江、太湖"双源供水、双重保险"的供水格局。贡湖水源地取水口向湖心延伸 3 000 m，取水口水质提高了一个等级。提前执行国家生活饮用水卫生新标准，水质检测指标由原来的 35 项增加至 106 项，并实现全部持续达标。市区所有水厂全部实现了尾水处理。

2．加大绿地建设，让群众有一个良好的休闲环境

全市形成了以山水地形为骨架、风景林地为依托，集绿色通道、街头绿地、社区游园等各类绿地为一体的"点、线、面、环、楔"相结合的城市绿地系统。全市森林覆盖率提高到 24.47%；建成区绿化覆盖率达 44%，城市建成区人均公共绿地面积达 13 m²。2009 年 4 月，无锡被命名为省内唯一的"国家森林城市"。2010 年，我市以全球总决赛 E 类城市第一名的成绩创建成为国际花园城市。今年 3 月，我市又成为全国五个获得"中国人居环境奖"的城市之一。

3．大力实施洁净工程和宁静工程，让群众有一个清静的生活环境

大力建设城市燃气管网，燃气普及率已达 98.5%。积极推进集中供热供汽，热力管网已基本实现全覆盖。全市单位 GDP 能耗下降到 0.76 t 标煤/万元。烟尘控制区和环境噪声达标区覆盖率始终保持在 100%。

4．大力整治村庄环境，让村民有一个美好的生活家园

全市 48 个乡镇全部建成国家级环境优美乡镇，建成市级以上生态村 386 个。建成省级村庄绿化示范村 86 个、合格村 353 个，市级绿色家园示范镇 10 个，绿色家园示范村 147 个。

四、坚持以环境执法为手段，着力构建环保法治格局

法律在整个环境保护执行体制中具有引导、促进和制约作用。环境保护不仅限于行政管理，更在于建立健全地方性环境保护的法律规章制度，在于加强环境执法监管、建立健全环境保护的政府行政推进机制。近年来，我们始终坚持铁腕治污，大力推进环保法治建设，加强生态环境保护和建设。

1．加强地方立法

修订《无锡市水环境保护条例》，制定《无锡市排水管理条例》、《无锡市河道管理条例》、《无锡市饮用水水源保护办法》等一批地方性环保法规，将太湖治理、环境保护和生态建设的各项要求，通过地方法规的形式加以固定并严格执行。

2．加强队伍建设

成立了"无锡市太湖水污染防治委员会办公室"和市环境监察局，成立省内首家环境保护审判庭，在乡镇（街道）设立环保分局，在乡村设立环保办公室，形成了市、县、片、

镇（街道）、村五级环境管理网络。今年 2 月，组织全市环保系统 800 多名干部职工开展全员培训，进一步提升政治素质、业务能力和作风效能，又举办了环境应急管理、环境监测管理、危废产生及经营单位环境管理、强制性清洁生产审核等专题培训活动 62 次，累计参训人数达到 2 468 人（次）。

3. 加强现场监管

全面推进环境执法网格化管理体系建设，落实飞行检查、交叉检查、联合检查等制度，保持严查重处的高压态势。2007 年以来，共出动现场执法人员 30 多万人次，检查企业近 18 万厂次，下达行政处罚决定书 4 500 多件，处罚 1.5 亿多元，收缴排污费 8.4 亿多元，封堵沿湖地区排污口 376 个，停产整顿近 1 000 家，责成 90 多家违法企业自费登报做出公开道歉和承诺，对 2 310 家企业实行环境行为信息公开评级。

五、坚持以强化保障为抓手，加快完善环境保护机制

以建设生态文明先驱城市为目标，不断强化环境保护工作机制，努力形成完整的建设生态文明的推进机制。

1. 加强组织领导

无锡把环境保护作为考核干部政绩的重要内容，强化各级政府和有关职能部门环境保护责任制和行政责任追究制。积极教育和引导全市各级党政组织和广大干部群众不断深化对环境保护和生态建设的认识，通过法律、经济、行政、舆论等多种形式，致力形成政府主导、企业主体、社会参与的良好工作局面。

2. 完善政策措施

市委、市政府相继出台了《举全市之力开展治理太湖保护水源"6699"行动》、《全社会动员全民动手开展环保优先"八大"行动》、《关于全面加快生态市建设的意见》、《市（县）区党政领导班子和主要领导干部工作实绩综合考核评价实施办法》等 25 个治理太湖的决定以及相关的实施方案和责任制度、考核体系，实行"大督查"工作机制，进一步明确了太湖治理、生态市建设的各项目标任务。

3. 创新机制体制

积极推行排污权有偿使用和交易制度，已对 764 家企业开征 COD 排放指标有偿使用费 4 035 万元，183 个新上项目实施了排污权交易，交易额达 2 526 多万元。大力推行资源环境区域补偿制度，在 33 个河道断面开展环境资源区域补偿试点，凡断面当月水质指标值超过控制目标的，由上游地区给予下游地区相应补偿资金。积极推行环境污染责任保险试点，被环保部明确为全国试点城市，2010 年完成企业环境风险评估 273 家，全市参保企业 185 家，收取保费 489.23 万元，保险责任限额 2.65 亿元。完善各级财政治太资金投入机制，每年新增财力 10%～20%专项用于太湖治理，确保治太重点项目推进。

4. 营造公众参与氛围

围绕世界"环境日"和无锡"环境月"，连续三年组织开展以"生态文明我行动"为主题的系列活动，参与的学校超百所，企业超千家，环保义工上万人。深入开展绿色创建活动，建成市级以上绿色社区 288 个，市级以上绿色学校 360 所，绿色宾馆 41 个，市级以上环境教育基地 13 个。通过多种形式的环境宣传教育，牢固树立"环境是最稀缺的资

源、生态是最宝贵的财富"这一理念，使生态环保意识深入人心，在全市上下形成重视环保、重视太湖治理、重视生态建设的工作格局，为环境保护工作创造了良好氛围。

无锡虽在环境保护方面进行了有益探索，并取得了一定成效，但与国内外先进城市相比还有一定差距。今后，我们将积极借鉴其他城市在环境保护和生态文明建设方面的成功经验和做法，继续坚持环保优先方针，进一步加快生态文明先驱城市建设，不断推动环境保护工作向更高阶段迈进，努力实现环境保护与经济发展的双赢或多赢。

无锡市污水处理厂污泥处置实践与体会

江苏省无锡市环境保护局　戴　卉

摘　要：污水处理是解决城市污水污染问题的有效途径，但是随着污水处理厂规模的不断扩大，产生了越来越多含有有害物质的污泥，污泥量的不断增加带来了新的环境问题。本文分析了无锡市污水处理厂污泥处置现状，介绍了污泥处置实践中取得的成功经验和具体体会，对有效减少环境二次污染的隐患、彻底解决污水处理厂污泥的安全处置问题，有一定借鉴价值。

关键词：污泥处置；实践经验

无锡市地处太湖流域，总面积 4 788 km²，总人口 670 多万，下辖江阴、宜兴两市（县）和锡山、惠山、滨湖、新区、崇安、南长、北塘七区。如今无锡以占中国万分之五的土地、千分之四的人口，产出了中国百分之二的经济总量。2010 年，无锡实现地区生产总值 5 750 亿元，财政总收入超过 1 580 亿元，一般财政预算收入超过 510 亿元，城镇居民人均可支配收入 27 905 元，农民人均纯收入 13 890 元。在江苏省率先总体进入全面小康社会，2010 年无锡被评为中国最具幸福感十大城市之一。

一、无锡市污水处理厂污泥处置状况

污水处理厂是解决城市污水污染问题的有用、有效的措施和手段。近年来，随着无锡社会经济和城市化的快速发展，城市污水的产生量在不断增加，通过实施控源截污工程和排水达标区建设，从源头清理和规范排水行为，全市污水处理能力显著增强，污水处理水平快速提升，污水处理厂在改善水环境质量、实现污染减排目标等方面成绩巨大、功不可没。但随着污水处理厂规模的不断扩大，产生了越来越多含有有害物质的污泥，污泥量的不断增加带来了新的环境问题。污泥是一种由有机残片、细菌菌体、无机颗粒、胶体等组成的极其复杂的非均质体，且污泥中 N、P 含量较高，粪大肠菌群超标，有的污泥中还含有铜、镍、铬等重金属离子。截至 2010 年底，无锡已建成、投运的污水处理厂 72 座，设计处理能力超过 200 万 t/d，实际处理污水 150 万 t/d，日产生污泥超过 1 500 t。其中，无锡城区已经建成投运、规模在 5 000 t/d 以上的污水处理厂有 22 座，设计处理能力 123.2 万 t/d，已建成污水主管网总长度 7 366 km，基本实现了城镇污水处理厂和污水管网全覆盖。目前，无锡城区污水实际处理量为 93.5 万 t/d，尾水全部达到一级 A 的排放标准，每天产生含水率在 80%以上的污泥超过 1 000 t。据预测，"十二五"期间，无锡市污水处理厂规模将进一步扩大，仅 7 个城区拟扩建的规模将超过 40 万 t/d，污泥产生量还将进一步增加。诚然，污水处理厂建得越多、规模越大、运行越正常，污泥的产生量就会越多，处置的任务就会越重，环境监管的压力也就会越大。

2005 年起，无锡开始着手调查、研究、处置污水处理厂的污泥，起步初期，没有进行科学规划，合理布局，只是由产生污泥的污水处理厂自行解决污泥的处置问题。当时采用的污泥处置技术相对单一，工艺路线不尽合理，装备水平也比较落后，也没有一套科学、系统、完善、有效的管理措施和监管手段，且国家污水处理厂污泥处置的相关政策法规及技术标准等尚未形成体系，也无规范要求，受诸多方面因素影响和制约，无锡大部分污水处理厂的污泥或简单堆置于废弃的矿山宕口、鱼塘、荒地；或委托有资质的单位负责处置；或转移到其他地区进行制砖或堆肥；也有小部分污泥采用焚烧的方式进行无害化处置。无论哪种处置方式都存在随意丢弃的可能，造成环境二次污染的隐患，彻底解决污水处理厂污泥的安全处置问题刻不容缓。

二、无锡市污水处理厂污泥处置实践

污泥处置是污水处理的最后环节，实现污泥的安全处置是检验污水处理厂污水处理效果的关键环节，也关系到全市环境质量安全，关系到全市人民的切身利益，关系到无锡生态文明先驱城市建设。无锡市委、市政府高度重视污泥安全处置问题，将污水处理厂污泥安全处置工作摆上重要议事日程，把污泥安全处置作为环保工作的重中之重的工作，坚持高起点规划、高标准建设、高水平监管，切实加大力度，加快速度，积极、主动探索污泥资源化、无害化、减量化安全处置的有效途径，大胆尝试污泥安全处置的新技术、新方法，不断提高全市污水处理厂污泥的安全处置能力和水平。

1. 高起点规划

2007 年太湖蓝藻暴发、引发无锡城市供水危机以来，无锡坚持以太湖治理为重点，规划先行，标本兼治，突出治水、加强治气、全面推进、整体提高。一是编制完成《无锡市污水处理厂扩建及提标改造规划》，明确到"十一五"末期，无锡污水处理厂设计处理能力达到 200 万 t/d（全市自来水供水能力约在 230 万 t/d），尾水排放达到国家综合污水处理厂一级 A 标准。二是编制完成《无锡市城区污水处理厂污泥无害化处置规划》，在多次征求各地区、各部门意见的基础上，经市政府常务会议讨论后由市政府批复实施。明确无锡城区污水处理厂污泥分别由无锡国联环保能源集团有限公司、无锡市市政公用产业集团有限公司和无锡市惠山固废处置有限公司分别投资建设三个污泥焚烧处置中心，并负责日常运营管理，确保污水处理厂污泥得到安全处置又不产生新的环境问题。三是按照"分区分类、合理布局"的处置原则，江阴市和宜兴市也结合当地实际，分别编制了各地区的污水处理厂污泥安全处置规划，江阴市和宜兴市分别规划建设一个污水处理厂污泥集中安全处置中心。2010 年 9 月，无锡市污水处理厂污泥安全处置规划全面完成，使污水处理厂污泥安全处置项目的落地有了科学依据。

2. 高标准建设

按照市委、市政府高起点规划、高标准建设的总体部署和要求，从污水处理厂入手，进而抓好污水处理厂污泥的安全处置工作。一是狠抓污水处理厂的扩容和提标改造。2007年以来，按国家和江苏省太湖地区污水排放新标准，对全市所有污水处理厂全面提标改造，实现所有污水处理厂均具备脱氮除磷能力，尾水排放均达到国家一级 A 标准。截至 2010

年底，全市共建成处理能力在 5 000 t/d 以上的污水处理厂 72 座，设计污水处理能力达到 200 万 t/d，实际处理能力超过 150 万 t/d，全部实现了达标排放。二是加快推进"排水达标区"建设。从 2009 年开始，将全市划为 4 172 个片区，实行"片长制"管理，由全市各级领导担任片长，根据不同的排水户制定不同的截污措施，从源头清理和规范排水行为，通过实施雨污分流、控源截污工程，形成"排水用户全接管、污水管网全覆盖、污水处理厂全提标"的国内一流的污水处理体系。三是大胆尝试污泥无害化处置新技术。随着污水处理厂的扩容和提标改造工程的全面完成及控源截污工作有力推进，无锡市污水处理厂污泥的产生量逐年增加，目前全市污水处理厂产生的污泥量在 1 500 t/d 左右，规划建设的三个污泥焚烧处置项目正在紧锣密鼓加快建设。其中由无锡国联环保能源集团有限公司联手国内高校、科研院所共同研发、设计、建设的污泥调质深度脱水以及不需要添加任何燃料的自持焚烧处理新技术项目，在正式通过省级鉴定后，在无锡召开现场会已在全省推广应用，使无锡乃至全国污泥安全处置全面进入产业化阶段。此项新技术已经在无锡锡山区、无锡新区率先应用并试运行成功，解决了 11 家污水处理厂污泥的安全处置问题，日处理污泥达 500 t。无锡市政公用产业集团有限公司已在太湖新城污水处理厂建成"微生物沥浸处理技术"示范工程，首先在源头使污水处理厂产生的污泥减量化，配套的"污泥干化加高温沸腾式焚烧"工程项目也通过了江苏省环保厅的批复，待开工建设。由无锡惠山固废处置有限公司负责建设、运行的惠山区污水处理厂污泥安全处置项目，采用"喷雾干化加焚烧"工艺，正在抓紧建设，预计 8 月底建成投运。同时无锡也与北京建工、中华水务等国内外知名企业主动合作，积极探索污泥减量化、无害化新技术、新工艺。上述项目全部完成后，无锡污水处理厂污泥安全处置能力和水平将大大提高，2011 年年底，无锡城区 22 家污水处理厂产生的近千吨污泥将全部实现规范化、无害化、安全处置，走出污水处理厂污泥处置困境，率先破解污水处理厂污泥处置难题。

3．高水平监管

全面推进环境执法网格化管理体系建设，把污水处理厂污泥安全处置监管管理工作摆上环境执法的重要议事日程，通过飞行检查、交叉检查、联合检查等措施，保持严查重处的高压态势，确保污泥安全处置工作的各项要求落到实处。一是明确监管重点。把污水处理厂作为污泥监管的重点环节，制定、完善加强污水处理厂污泥监管工作的各项制度，组织开展污水处理厂法人培训班，编印污泥处置相关政策法规管理手册，明确污泥安全处置管理的各项要求。加强监测监控，对全市所有污水处理厂全部安装 COD、TP、TN 在线监控仪，实现污水处理厂运行状况的实时在线监控，根据监测监控数据及时掌握各污水处理厂污泥的产生量，以此强化对污泥的在线监管，确保污泥及时、保量得到安全处置，防止二次污染产生。二是加强污泥处置日常监管。污泥安全处置是全市环保专项行动的整治重点，对污水处理厂建立旬查、旬报制度，凡发现污泥处置不规范、不到位、不彻底的坚决责令整改，情节严重的挂牌督办。严格污泥跨市转移审批，对目前因污泥焚烧设施尚未全部建成投运的情况下、确需跨市转移的污水处理厂污泥实行严格审批，并上报省厅备案。加强污泥转移全过程监管。根据污泥转管理需要，制作污泥专用转移联单，要求转移运输车辆、船舶安装 GPS 定位仪或视频监控设备，防止半路偷倒、随意丢弃。对全市所有污水处理厂新改扩建工程一律要求配套污泥脱水处置设施，确保污泥含水率低于 60% 后，方可运出厂外焚烧处置。三是强化责任落实。把污泥处置工作列入各级及相关各部门政府环保工作目标进行年度考核，明确污水处理厂是污泥安全处置的第一责任人，必须确保污水处理厂产生的污泥安全、无害化处置。将污泥处置率与 COD 减排相挂钩，污泥无害化处置率达不到要求的，扣减污水处理厂相应的 COD 减排量。同时加强督查工作力度，对因管理不力、乱排乱倒污泥导致环境污染事件的，严格依法追究责任。市政府督察室、市纪委效能办对污水处理厂污泥的安全处置进行重点督办和督察，有效促进了污水处理厂污泥的处置工作。

三、无锡市污水处理厂污泥处置体会

目前，无锡市污水处理厂污泥处置主要方式为填埋、干化、焚烧、堆肥及外运制砖等综合利用。2011 年年底，无锡将基本实现全市污水处理厂污泥全部焚烧无害化安全处置。我们的体会是：

1. 科学规划是前提

"先规划、后建设"的原则是放之四海而皆准的原则，环境保护同样适用。

2. 领导重视是关键

污泥处置是个老大难问题，"老大难老大难，老大一抓就不难"，只要领导重视，尤其是高级党政"一把手"重视，所有问题都会迎刃而解。

3. 科学技术是支撑

科学技术就是生产力。只有先进、适用的污泥处置技术，才能从根本上彻底解决安全处置污泥。

4. 多元投入是保障

污水处理厂污泥的安全处置建设投资较大，处置费用相对也较高。要想方设法拓宽资金渠道，千方百计吸引社会资金广泛参与，使污泥安全处置真正落到实处。

5. 高压监管是手段

污水处理厂污泥污染问题日益突出，由此引发的污染纠纷日益增多，在污水处理厂的社会责任尚未落实的情况下，必须通过严格的监管强化其法律责任的落实。

"十二五"期间，是无锡推进战略转型、加快基本实现基本现代化的关键时期，产业经济规模与层次的双重提升，依然是"十二五"乃至更长时期无锡发展的主要任务。为早日实现"重现太湖碧波美景"和早日建成"生态城、旅游与现代服务城、高科技产业城和宜居城"的目标，无锡将坚定不移地坚持生态环保倒逼机制，以更多的投入、更大的力度、更快的速度、全力推进污水处理厂污泥的安全处置工作，确保今年年底，辖区内污水处理厂污泥自行消化、安全处置。

关于构建湖州市环保系统
岗位廉政风险防控机制的思考

浙江省湖州市环境保护局　赵卫华

摘　要：构建环保系统岗位廉政风险防控机制，对于深入推进惩防体系建设、探索从源头上预防腐败具有重要意义，同时也是适应反腐倡廉新形势、新要求的必然选择。文章以浙江省湖州市环保系统岗位廉政风险的主要环节为例，全面阐述了环保行政许可、环保行政执法、环保行政管理、环境监测等方面存在的风险环节及其表现形式，并就如何构建湖州市环保系统岗位廉政风险防控机制，提出了对策和建议。

关键词：岗位廉政风险；表现形式；防控机制

岗位廉政风险是指党员干部在行使岗位权力、执行公务或日常生活中发生腐败行为的可能性。构建我市环保系统岗位廉政风险防控机制旨在深入推进惩防体系建设，探索从源头上预防腐败，加强监督制约，规范权力运行，实现监督关口前移，推进环境保护工作更好地服务地方经济社会全面可持续发展。

一、构建环保系统岗位廉政风险防控机制是适应新形势要求的必然选择

构建岗位廉政风险预警防控机制，是反腐倡廉科学发展的具体体现。推进反腐倡廉科学发展，要求以人为本、统筹兼顾，着力从源头上铲除腐败滋生的土壤，从而最大限度地保护干部、服务发展。构建岗位廉政风险预警防控机制，就是针对腐败现象易发多发的重要领域、关键环节、重点人员，以及制约妨碍经济社会发展和侵占群众利益的突出问题，通过采取有力的风险防控措施，为科学发展提供坚实保障；通过综合运用教育、制度、监督等多种手段，破解三者零敲碎打、相互脱节的难题；通过超前预防、事中控制，从权力运行的全过程防范腐败的发生，使预防为主、服务发展和系统推进等反腐倡廉建设科学发展的内在要求得到充分体现。

二、我市环保系统存在岗位廉政风险的主要环节

为进一步探索我市环保系统岗位廉政风险防控，今年在广泛调研的基础上，我们在全市环保系统开展岗位廉政风险点查找工作，按照"对照岗位职责—梳理岗位职权—找准廉政风险—公示接受建议"的步骤，突出"三个层次"，查找"四类风险"。突出领导岗位、中层岗位和其他重要岗位"三个层次"。部门（单位）领导岗位风险涉及重大事项决策、

重要人事任免、重大项目安排和大额资金使用；处（科）室中层岗位风险涉及行政、管理、执纪、执法重要环节；其他重要岗位风险涉及履行岗位职责、执行制度、行使自由裁量权和现场即决权、内部管理权等方面。针对三个层次的岗位，通过自己找、群众提、互相查、领导点、组织评等途径查找和搜集岗位人员涉及的思想道德、岗位职责、制度机制、社会环境等"四类风险"。查找的廉政风险按风险发生概率或危害损失程度确定风险等级，经组织审核把关后，将风险点登记汇总、建立台账。通过全面排查风险和梳理分析，我们认为全市环保系统主要有以下几个方面存在着一定的岗位廉政风险，也是环保系统违法违纪案件易发多发环节。

1. 环保行政许可方面

（1）环境影响评价环节。主要表现形式为：一是环保行政管理人员向建设单位介绍和推荐环评单位，从中违规收取中介费或"好处费"。二是环评中介机构为了获得更多的环评业务和利益，用金钱、物资或其他"帮助"拉拢环评审查、审批人员。三是负责环评审批人员擅自降低环评等级，为建设单位牟取非法利益，如本应按规定需做环境影响评价报告书的项目则改为做环境影响评价报告表或环境影响评价登记表。四是环保行政管理人员在参加环境影响评价报告评审过程中，违规收受咨询费、评审费等，使评审工作显失公正。

（2）环保"三同时"验收环节。主要表现形式为环保行政管理人员利用职权，为企业建设项目竣工"三同时"验收提供"帮助"，牟取非法利益。

（3）固体废物管理环节。主要表现形式为环保行政管理人员利用固体废物管理以及审核、申报审批《进口废物批准证书》等职权，为固废经营企业提供"帮助"，牟取非法利益。

2. 环保行政执法方面

（1）污染源监管环节。主要表现形式为环保行政管理人员利用职权，给相关排污企业以"关照或帮助"，使企业从中牟取非法利益，最终导致对污染源监管不力，甚至出现严重失职、渎职等问题。

（2）环保行政处罚环节。主要表现形式为环保行政管理人员擅自降低企业环境违法行为的处罚金额或放纵企业违法排污，使违法企业从中牟取非法利益。

（3）排污费征收环节。主要表现形式为环保行政管理人员利用职权，擅自降低排污费征收标准，为企业牟取非法利益。

（4）泄露执法信息环节。主要表现形式为环保执法人员私下将执法暗访检查信息透露给不守法企业，使违法企业逃脱应有的环境违法处罚，从中牟取非法利益。

（5）处置突发事件环节。环境突发事件发生后，环保执法人员未能按照环保应急预案要求，在第一时间赶赴现场处置或者现场处置不力，从而导致事态扩大，给人民群众健康和财产安全造成严重影响，最终造成失职或渎职现象被追究责任。

3. 环保行政管理方面

（1）环境资源分配环节。主要表现形式为环保工作人员在对企业进行排污申报审核、排污总量分配、排污权交易等过程中，擅自为企业提供"关照和帮助"，使企业牟取非法利益，导致有限的环境资源不能够得到合理分配、利用。

（2）环保资格审查环节。主要表现形式为环保工作人员在对上市企业环保核查、企业申请贷款、企业申报各类荣誉和品牌等过程中，对近年来曾经被环保部门行政处罚过的企业，仍然开出环保资格审查合格证明。此外，环保工作人员利用职权，为企业获得环保业务经营资格提供"帮助"。

（3）干部人事管理环节。主要表现形式为利用职权，帮助他人调动工作或解决就业问题；在干部选拔任用或交流轮岗过程中，违反规定选拔任用干部，为亲朋好友提拔和交流说情、打招呼。

（4）资金分配使用环节。主要表现形式为环保工作人员利用职务便利为企业违规承包项目，获取中央和地方生态环保专项资金补助，使企业从中赢得非法利益。

（5）财务监督管理环节。主要表现形式为财务管理人员私设"小金库"，并予以贪污、挪用或发奖金、搞福利等。

4．环境监测方面

（1）环境监测现场采样环节。主要表现形式为环境监测工作人员不按照有关技术规范、程序采样，故意偏袒企业，使环境监测样品的缺乏真实性、代表性，最终导致违法排污企业逃避环保法律追究，以及环境管理工作不能正确决策。

（2）环境监测样品分析环节。主要表现形式为环境监测工作人员不按照国家有关技术规范、操作程序进行监测分析，最终导致具有法律效力的监测数据失真，影响环境管理和决策层的正确决策，同时使企业获取不正当利益。

（3）企业委托环境监测环节。主要表现形式为环境监测工作人员在接受企业委托环境监测时，擅自降低委托服务性收费标准，或者收取费用后有意偏向企业，不按照国家有关技术规范、操作程序进行采样和监测分析，使企业能够顺利通过环保评估、检查和验收，为企业谋取不正当利益。

（4）监测仪器设备采购环节。主要表现形式为负责环境监测仪器设备采购人员，不按照政府采购规定进行违规采购；或者把没有列入政府采购目录的仪器设备，不通过集体讨论、货比三家等程序，擅自进行采购，让利于仪器设备供应商；或者将较大规模的采购清单拆分成若干个小项目，不通过政府采购程序，而实行分散采购，帮助仪器设备供应商获得更多利益。

三、构建我市环保系统岗位廉政风险防控机制的对策和建议

1．加强教育引导，切实筑牢拒腐防变的思想道德防线

从组织层面上要通过加强有针对性的学习教育，提高对党员干部的影响力和感染力，以鼓舞人心、凝聚力量，激励广大党员干部始终保持昂扬向上的精神，全心全意服务于我市经济社会发展。

（1）在教育内容上突出通俗性。从反腐倡廉的生动实践中，总结提炼勤政廉政先进典型及其先进事迹，利用身边人、身边事，教育身边人，引导党员干部廉洁奉公、淡泊名利、不谋私利、不徇私情，评选身边的"廉政勤政好公仆"，让干部群众在学习典型中，潜移默化地接受教育，从而在本系统、本单位形成清正廉洁、干事创业的氛围。

（2）在教育形式上突出生动性。积极探索党风廉政教育内容和教育形式的多元化，使教育典型更加生动活泼。通过开辟廉政讲坛、举办岗位廉政教育培训、开展廉政征文、征集廉政警句、格言、对联、唱廉政歌曲和创建"廉政文化建设示范点"活动等，增强干部

群众的参与意识和参与热情；通过开辟廉政教育园地、编排廉政文艺作品和演出，增强廉政教育的效果。

（3）在教育载体上突出融合性。将岗位廉政教育、主题教育活动和平时的各类检查考试纳入各职能处（科）室、各单位领导班子和班子成员的党风廉政责任制年度考核；对新提拔干部在任前进行廉政法规考试，考试结果记入干部人事档案和廉政档案，对于考试不合格的，取消本轮任用资格，从而切实提高党员干部学习廉政知识的积极性，增强拒腐防变和干事创业的意识。

2．加强制度建设，切实规范党员干部廉洁从政行为

（1）抓好根本制度建设。要针对不同单位、不同岗位的工作职责和职权，制定和签订党风廉政建设责任制，下达反腐倡廉工作任务，并定期对贯彻执行情况进行检查监督；年终，开展述职述廉评廉活动，加强年终考核，确保党风廉政建设责任制和反腐倡廉各项工作任务落到实处、取得实效。

（2）抓好专项制度建设。对污染源监管、环境影响评价、企业环保业务经营、建设项目环评审批、环境执法监察、财务管理、环保资金分配使用、固体废物管理、干部人事管理、排污费征收、环保"三同时"验收、环境监测和环保资格审核等 17 个方面环保系统易发多发腐败的重点环节，必须用最严格的专项制度予以规范约束。要在全面清理已有制度的基础上，查漏补缺，分解细化，形成一套行之有效的反腐倡廉专项制度。

（3）抓好基础制度建设。对照《廉政准则》的各项要求，以规范约束中层以上领导干部权力运行为重点，进一步健全完善个人重要事项报告制度、任前廉政谈话制度、诚勉谈话制度、述廉评廉制度、重点岗位交流轮岗制度、干部回避制度、重要信息披露制度、过错行为责任追究制度等，并将各项制度落到实处，全面促进各级领导干部廉洁自律。

（4）抓好制度落实执行。各级领导干部要严格落实和执行民主集中制、集体领导和分工负责相结合等党内各项监督制度，重大决策、重要干部任免、重大项目安排、大额度资金使用都要由班子集体研究决定，并在决策之前进行充分酝酿和科学论证，让权力真正处于全面有效的监督制约之中。对制度的执行情况，要进行经常性的监督检查，发现问题及时整改。同时，要注意抓好规章制度的宣传普及工作，使反腐倡廉各项制度成为广大党员干部自觉遵守的行为准则。

3．加强监督管理，不断完善环保权力运行监控机制

（1）强化监督主体，加大监督力度。突出内部监督，通过建立严密的内部制度规范，使各项权力运行得到全过程监督和制约。突出外部监督，充分发挥纪检、监察、审计、财政等部门的监督渗透力，对各单位、各职能处（科）室的权力行使实施监督，从而形成一个内外结合、双管齐下、双向并进的监督体系。另外，从具体的政务、党务、业务、事务等岗位入手，采取自己查、群众帮、领导提、组织审等多种形式，对环保系统各个岗位的工作职责进行分类梳理，明晰权力边界，抓好风险分析，建立风险等级岗位目录和岗位风险节点登记表，对风险岗位及节点进行描述、登记、归类汇总，并逐一制定相应的岗位风险防控监督制度和措施。

（2）突出监督重点，增强监督的针对性。通过开展个人自查、部门评查、交叉互查和评估审查等方式，进一步找准、找全、找对个人和部门的风险点，尤其是对现有政策法规覆盖不到的部位、自由裁量权过大的地方、易出问题的关键环节进行深入细致检查，做到重点监督，预防隐患发生。

（3）拓宽监督渠道，增强监督实效。实行决策论证制和责任制，建立社情民意反映制度、党务政务公开制度，进一步发挥信息网络的监督作用，建立"横向到边、纵向到底"的全方位监督，有效防止权力失控、决策失误和行为失范，充分发挥监督在惩防体系中的关键作用。同时要加强党员干部"八小时以外"的有效监督，要求机关党员干部按照市有关规定到社区报到，亮明身份，自觉接受社区干部、社区所在的人大代表、政协委员、行风监督员的全方位监督。

浅谈地方经济建设与环境保护

河南省商丘市环境保护局　屠祥瑞

摘　要： 本文从当前面临的环境现状入手，通过对环境保护与经济建设的关系进行分析，试图探求环境污染与生态破坏问题的根源，得出环境问题的解决在依赖技术进步的同时，更需要进行制度上的创新的结论，并提出了解决环境问题的见解。

关键词： 环境保护；经济建设

随着经济的发展，环境问题日益突出，成为制约地方经济发展的瓶颈。在中国经济发展的很长一段时间里，环境保护与经济发展是相互矛盾的，经济发展常以破坏环境为代价，而若要保护环境则会限制经济的发展。其实不然，经济发展与环境保护是相辅相成的，只是由于制度设计的不当，当地政府认识的不到位导致两者的相克，通过对现存的部分环境制度进行改革，并进行环境制度的创新，加大对污染物排放总量控制，解决环境污染过程中产生的技术难题，通过给经济主体提供充分的激励，将环境保护与经济主体的利益最大化行为相关联，完全可以实现环境保护与经济的共生。

一、环境现状

1989 年 12 月 26 日通过的《中华人民共和国环境保护法》第一章第二条指出：环境是指影响人类生存和发展的各种天然的和经过人工改造的自然因素的总体，包括大气、水、海洋、土地、矿藏、森林、草原、野生生物、自然遗迹、人文遗迹、自然保护区、风景名胜区、城市和乡村等。

1. 环境问题的复杂性：技术与制度谁更重要

环境问题宽泛而复杂，涉及技术层面、管理层面、制度层面。技术层面：研究治污防污的有效技术、环境质量的标准设定、生态保护区的设立等；管理层面，如何按照既定制度有效组织安排生产；制度层面：设计制度，合理构建各相关主体的产权与利益关系，如排污企业、受污染经济主体之间的相互关系。在环境与生态问题研究中曾有过争论：技术与制度哪个更重要。经过多年的环境保护实践，证明制度是更为重要的因素，好的制度才会催生出好的技术，如果制度设计不合理就会抑制高效率的环保技术的产生。目前我国治理污染的政策制度比较单一，以收取排污费为主要形式。但由于收费制度本身存在的弊端，如有些地方环境保护主管部门重收费轻管理，利用工作便利"吃拿卡要报"，更有企业宁愿缴纳违法排污费也不愿治理，因为即便被处罚，也比安装治污设施治理成本低。企业治理污染缺乏激励及监管不力，不能调动企业治理积极性，所以这一制度在执行过程中出现了低效率。

2．经济发展与环境保护的相互关系：从相克到相生

传统观点认为，经济发展必然要导致污染，经济发展与环境保护是相克的、矛盾的，环境污染与生态恶化是人类发展经济的必然结果，要发展经济就必须承受环境污染的代价，否则经济就失去了发展空间，在经济增长成为各国重要宏观经济目标的条件下，这种观点一度成为破坏环境的正当理由。许多国家，尤其是部分发达国家的经济发展历程似乎也印证了这一点，几乎都采取了先发展经济，后治理环境的方法。但这并不能作为我们后起国家借鉴的样板。发达国家当时所面临的环境资源状况与现在是无法比较的，当时各发达国家是在资源禀赋相对充足的情况下实现经济快速发展的，经济发展及人口扩张对环境的压力相对较小，环境威胁是潜在的。但目前，世界经济发展经过上百年历程，环境资源供给相对减少，而对其需求却在不断增加，环境所面临的压力增大了。人类经济发展所能够消耗的资源在减少，环境资源的稀缺性日益突出。因此先发展后治理的道路已走不通了，不保护环境资源，经济根本无法实现发展。

传统观点是假定经济发展与环境保护之间是相克的，在此前提下研究环境保护问题。但如果抛开这一假定，还会有另外一种思路，即经济发展与环境保护之间可以协调发展。可以将环境保护纳入经济发展体系之内，将其作为一种产业来经营，使经济主体能够从治理污染、保护环境中受益，与其利润最大化的目标相一致，使保护环境成为人们一种自觉自利的活动，实现环境保护与经济发展从相克到相生的转变。当然这种转变依赖于环境保护制度与管理方式的变迁，充分利用市场机制的优势，给予经济主体足够的激励，将环境问题内化到企业的决策过程中，成为其决策的变量，这样企业在做决策之前就会像考虑劳动力与资金成本一样，将对所采取的行动作为一个决策因素，或是将保护环境本身作为一种可赢利的事业加以发展，从而实现经济发展与环境保护的双赢。因此对传统环境保护制度进行扬弃，将经济政策与手段引入环境保护之中，实现环境保护制度的创新，应是未来环境政策的重要取向。

尽管目前各国治理环境污染仍是以行政管理方式为主，但令人欣慰的是，环境保护制度创新在国际社会中已取得了共识，并在一些国家取得了有效的进展。1972 年 6 月在瑞典首都斯德哥尔摩召开的第一次人类环境会议，开世界性合作先河。在此基础上成立了联合国环境规划署，6 月 5 日被确定为世界环境日，会上发表了《人类环境宣言》，一部被视为"绿色圣经"的里程碑似的宣言；1991 年 6 月 18 日，发展中国家在北京召开部长级会议，并发表《北京宣言》；1992 年在里约召开了世界环境与发展大会，并通过了《21 世纪议程》，这次会议着重讨论了环境与经济发展的关系，治理环境的策略与手段，提倡环境策略的创新，里约会议后世界银行曾组织出版了《里约后五年》一书，对里约会议后五年期间各国所采取的一些环境保护的创新政策及其效果进行了介绍与评价，有力地推动了世界各国环境保护政策的创新与交流。

二、环境污染与生态破坏问题的根源：都是制度惹的祸

1．现存环境保护制度缺乏减少环境破坏的有效约束与激励机制

经济主体的行为是受制度约束的，制度的规定与实施情况直接决定了制度的运行效

果。一个有效率的制度应同时具备约束机制与激励机制，约束机制可确保制度的有效实施，而激励机制则有助于经济主体行为自觉地与制度取向相一致，降低制度实施的成本。

目前某些地方的环境保护制度规定，环境部门收取的排污费中有一部分可用于环保部门的行政经费。这种制度设计对于环保部门治理污染来说无疑是一种负激励，一个地区污染程度越轻，环保部门征收的排污费就越少，可用于支配的经费就会越少，那么从环保部门职员自身利益角度看就不如不治理所获得的收益高。其理性的选择就是对环境污染姑息迁就，甚至坐视不管，因此将环保部门利益与排污费如此联结的制度安排对于环境就是一种灾难，这种制度设计本身就是低效率的。

制度设计的另外一个例证是世界范围的禁止象牙贸易运动。这一运动是资源保护人士近年在世界各地极力推动的，认为是市场对象牙的过度需求导致了象的减少，因此要通过禁止象牙贸易来保护野生动物——非洲象。但事实表明这一做法并没有保护非洲象，反而加速了其灭绝。仅以肯尼亚为例，肯尼亚政府明令禁止象牙贸易，但在最近 10 年中，由于偷猎行为的泛滥，大象从 65 000 头减少到 19 000 头。但其邻国津巴布韦和博茨瓦纳，却规定象牙贸易是合法的，这一规定不但没有导致大象数量的减少，反而以 5%的速度猛增，与肯尼亚形成了鲜明对比。原因就在于当地人保护象群、防范偷猎有着巨大的经济利益，在津巴布韦，象牙和兽皮的收入与狩猎许可证的收入可以归附近社区所有，因此本地居民为了自身收入的稳定增长，就有动力保护象群，这使得象的数量从 30 000 头增加至 40 000 头。

上述事例说明相对于僵化的行政命令，经济激励能够有效保护野生动物。由此可以联想到我国的藏羚羊保护是否也可以采取类似的办法，使本地居民可以从保护藏羚羊行动中获利，激励其行动起来保护藏羚羊，并从法律上保护其收益权，那么藏羚羊的处境就会有所改善。不同的制度设计对环境所起到的效果是大相径庭的。

我国环境保护工作从 1972 年人类环境会议以来取得了长足的发展，从早期的"32 字方针"，到环境保护基本国策的确立，"预防为主，谁污染谁治理，强化环境监督管理"三大基本原则，以及环境影响评价制度，"三同时"制度、排污收费制度、环境保护目标责任制度、排放污染物许可制度、环境保护目标责任制度、城市综合整治定量考核制度、污染物集中控制制度和限期治理制度八项环保制度，我国环境保护多年的发展形成了较为完善的政策体系和体制。

这些环境保护制度在经济发展过程中对治理环境污染，避免环境恶化功不可没。但随着经济的发展，对环境制度提出了更高的要求，简单的行政命令式的制度规定已无法有效治理环境问题，而且部分环保制度所带来的巨额监管与实施成本已给国家财政造成了极大的负担。目前我国环境保护制度的一种导向就是环境保护是国家是政府的事，而消费者和企业则是制度的被动遵守者，这在我们这些经济欠发达地区表现更为突出，缺乏自觉遵守制度的激励，并且一旦制度出现了漏洞或监管不力，还会纷纷钻政策的空子，谋取私利，形成"守法成本高，违法成本低"的现象。现实中一些排污企业与监管部门玩"捉迷藏"游戏，一方面说明企业缺乏环境保护意识，但同时也说明部分现行环境保护制度确实需要完善与创新了，否则只会导致环境污染与生态破坏行为继续屡禁不止，而制度的损失是最大的损失。

因此，环境污染与生态破坏问题日益严重并不是因为我们的技术不过关，而是我们的制度设计有问题，没有使经济与环保策略达到一种共生的状态。因此，当务之急就是要重新思考现行环境保护制度，实现制度创新，引入激励与约束机制，从制度设计上保证经济主体会从自身效用或利润最大化角度出发，选择有利于环境保护的政策措施，实现经济发展与环境保护的和谐一致。

2. 与环境保护目标相背离的产业政策加剧了环境恶化

环境问题与经济中各产业有着极高的关联度，因此不仅环境制度本身会产生影响，产业政策的制定与实施也会间接地对环境系统产生影响。有些旨在发展经济，促进产业发展的产业政策在客观上却给环境带来了灾难性的影响，如能源生产补贴政策、农产品补贴政策、有利于环境保护的产业扶持政策。下面一些事例足以生动有力地说明部分产业政策对环境的破坏。

美国农业部的农业补贴政策对生态环境的影响。20 世纪 60 年代以来，美国联邦政府的农业政策决定着美国 3 亿~3.4 亿英亩私有农田的管理方式。不幸的是，这些政府对于野生动物的保护却是个悲剧。过去的几十年中，野鸭、野兔等小动物种群大大减少了，它们曾在灌木丛、小溪及沼泽边茂盛的草丛中生长，而目前，它们的栖息地已经非常稀少了，仅剩的沼泽地也被农民排干积水，改为农田，大量喷洒化肥农药，使原来充满生机的广阔沃野成为毫无生机的田地，使野生动物几乎无法生存。造成美国农村景色荒凉的主要原因是联邦政府的农业政策。这些政策诱使农民将没有价值的土地勉强投入生产。农业政策中的"基准面积"制度也对野生动物生存与环境保护带来不利影响，这一制度规定，农民接受补贴的多少取决于他前 5 年平均种植面积。基准面积越多，接受的补贴也越多，激励农民开展土质更差的土地，以增加种植面积，将来得到更多政府补贴。有人认为，这种情况是实施政策的行政人员的品质造成的。但这种批评忽略了一个事实，在民主党与共和党执政时期都存在类似问题，破坏野生动物栖息地的农产品补贴和其他激励制度则始于 20 世纪 30 年代，关键在制度问题。政府机构官员的动机就是争取更大的权力和更高的预算，却无需顾及其成本和效益。如果服务对象是单一群体，增加农民的收入就成为了他们唯一的目标，即使存在环境问题也不予理会。

地方支柱产业选择与产业扶持政策不当也会对环境造成有害影响。前几年，广东省贵屿镇是一个一直以废旧物品回收为主要产业的小镇，近几年来，该镇兴起了一个新产业——回收废电脑。每个月都会有上万台废旧电脑运达该镇，由当居民进行拆解，由于回收工艺与技术极其落后，对环境造成了极其恶劣的影响，水源污染严重，已无法饮用，本地居民以买水为生。该产业的兴起，使本地人的腰包鼓了起来，但却给环境造成了难以挽回的影响。反思贵屿镇这一事件，我们要吸取的教训之一就是地方政府在选择地方支柱产业时，应把环境影响考虑在内，不能以"饮鸩止渴"的危险方式来发展经济，否则将会对环境造成严重的损害，长期来看会影响了本地区的可持续发展。

三、环境保护相关理论的演变：市场失灵与政府规制

外部性及交易成本的存在成为政府解决环境污染问题的重要依据。从实际情况看，政府对排污企业的直接规制仍是各国处理环境污染问题的主要手段。规制是由英文 regula tion 一词翻译过来的，它表示有规定的管理，或有法规条例的制约。与政府的宏观

经济调控行为不同，规制是政府对微观经济主体行为的调节。广义来看，规制分为两种类型：一是间接规制；二是直接规制。间接规制是以反垄断、促进公平交易为目标所进行的规制，具体是通过反垄断法、民法等形式。而直接规制又可以分成两种类型，经济性规制与社会性规制，经济性规制是针对具有自然垄断性或存在自信偏在的产业，对其进入、退出、价格、投资等行为所进行的各种规制，如公用事业部门，是允许垄断的存在，但需要加以制约。而"社会性规制"是针对外部性有害物品等所作的规制，典型的情况就是环境保护。

社会性规制的方式主要包括：①禁止特定行为；②对营业活动进行限制；③资格制度；④标准认证制度。我国目前环境保护制度中的环境影响评价制度，"三同时"制度、排污收费制度、排放污染物许可制度等都属于政府的社会性规制范畴。

四、结论

综上所述可以看出，错综复杂的环境问题的解决在依赖技术进步的同时，更需要进行制度上的创新，作为基层环境保护部门领导，笔者认为应做好如下几方面工作：

（1）改变现有的 GDP 核算体系，变现存的 GDP 为"绿色 GDP"，将生产消费行为对环境的负面影响引进到 GDP 的核算中，如果环境污染，则予以扣除，从而纠正现存 GDP 对经济主体行为的误导。

（2）进行环境保护制度本身的创新，将政府职能与市场机制结合起来，将环境保护与经济主体的利益紧密联系起来，使环境保护成为人们的一种自觉行为，达到生产、消费与环境保护的和谐一致。在加大环境保护宣传的同时，制定切实可行的激励政策。

（3）实现环境保护制度与产业政策的配套协调。环境保护本身是一项系统工程，只有方方面面制度的配合，才能实现环境与经济的协调发展，因此在制定相关产业政策时，要把环境影响考虑进去，特别是经济欠发达的地区，更要提防片面追求经济一时发展，而忽略环境保护，确保做到对环境不利的产业政策则应缓行。

试论我市的环境保护与经济可持续发展

河南省鹤壁市环境保护局 张文刚

摘　要： 通过对河南省鹤壁市经济发展现状和环境资源形势的客观分析，就如何实现经济发展与环境保护双赢进行了深入研究，提出全面落实科学发展观，转变经济增长方式，是解决环境与发展矛盾的治本之策；加强环境保护也是促进经济结构优化、推动经济增长方式转变和解决经济发展"瓶颈"的重要手段。

关键词： 环境保护；经济发展

一、我市的环境资源形势

我国改革开放以来，用短短 30 多年的时间走完了发达国家上百年的路程，取得举世公认的伟大成绩。但是，我国经济的高速发展在很大程度上是以资源能源的大量消耗和环境污染加重为代价的，是在生态透支的基础上实现的，是一种不可持续的发展方式。2003 年，我国的 GDP 仅占世界 GDP 的 4%，却消耗了世界钢铁总产量的 30%，水泥总产量的 40%，煤炭总产量的 31%；万元 GDP 的能耗水平超过发达国家 3～11 倍；我国石油消费量的 1/3 要靠进口，世界铁矿石和铝矾土贸易量中的大部分被中国采购，出现了中国采购什么，国际上什么就涨价的现象。此外，我国人均水资源占有量不到世界水平的 1/5，土地资源不到 1/3，已出现全面紧缺的势头。粗放的发展模式加剧了污染和生态破坏，环境不堪重负。

我市地处豫北太行山东麓向北平原过渡地带，是典型的生态环境脆弱带。几年来，我市经济实现了跨越式发展，环境保护也取得了可喜成绩，市区大气环境质量得到改善，淇河水质得到有效保护，常年保持在国家地表水环境质量Ⅱ类水质以上，海河水污染严重状况有所好转，扰民噪声得到有效控制，人们的环境意识、环境素养有所提高。但是，由于经济还没有摆脱传统粗放的发展模式，加之环境容量小，我市的资源和生态环境问题仍然十分突出。我市的水资源主要是淇河水和地下水，人均可利用水资源量仅 108 m³，人均拥有水资源为全国人均的 4.9%，占有量远远低于全省和全国平均水平，是极度缺水地区；其他河流水域都不同程度地受到污染，特别是卫河为劣Ⅴ类水质，成为全省污染最重的河段之一。城区大气污染仍较严重，要达到适合居民居住的环境空气质量二级标准，还需要做出很大努力。

造成我市环境资源现状的原因，除我市所处地域环境造成的客观原因外，主要是由于我市的经济结构仍以能源、资源消耗为主，煤炭、电力、建材、金属镁、食品（粮食）加工等行业是我市的主导经济类型，除食品加工业外都属于"两高一资"行业，用资源消耗量大、能耗高、污染排放量大是其主要特征。

二、落实科学发展观，实现经济发展与环境保护双赢

我市既是豫北新兴工业基地，又是资源型城市。近几年，我市经济发展速度得到快速增长，但在总量上仍然很小，由于经济发展依靠能源、资源和粮食、畜牧养殖，加上地域面积较小，西部主要以山区和丘陵地形为主，与其他地区相比，环境容量相对较小，在社会和经济发展中遇到的资源环境问题也比较突出。加快发展，改变落后面貌，是全市上下的共同愿望。但是，在加快经济发展过程中，必须要解决好两个方面的重大问题：一是加快经济发展对资源和生态环境产生的压力和破坏；二是资源与生态环境保护对经济发展的持续支撑。虽然与 2005 年相比我市 COD 与 SO_2 排放量分别下降了 0.275 1 万 t 和 0.993 万 t，但我市经济还没有摆脱高投入、高资源消耗和高污染的粗放型增长方式。要想改变落后面貌，实现跨越式发展，今后一个时期必须还要保持一个较高的增长速度。如果不改变传统的经济增长方式，单纯追求 GDP 的增长，对环境保护重视不够，在老污染还没有完全得到有效控制的情况下，又增加新的污染，我市的资源将难以为继，环境将不堪重负，经济的发展也难以持久，十六大提出的"可持续发展能力不断增强，生态环境得到改善，资源利用效率显著提高，促进人与自然的和谐，推动整个社会走上生产发展、生活富裕、生态良好的文明发展道路"的环境保护和可持续发展目标将无法实现。

怎样发展，采取什么样的发展模式，关系到经济发展的可持续性，关系到全面建设小康社会目标能否实现，关系到我市 170 万人民当前和长远利益。全面落实科学发展观，转变经济增长方式，是解决环境与发展矛盾的治本之策，加强环境保护也是促进经济结构优化、推动经济增长方式转变和解决经济发展"瓶颈"的重要手段。

第一，大力推进循环经济发展。循环经济是以最有效利用资源和保护环境为基础，是追求更实用有效的科学技术、更大经济效益、更少资源消耗、更低环境污染和更多劳动就业的先进发展方式。发展循环经济可以有效解决我市经济快速发展带来的资源环境问题，是转变经济增长方式的具体体现。我市是全国循环经济试点城市，发展循环经济具有一定基础条件。目前，全市已经形成一批循环经济产业链，涌现出一批循环经济典型企业，如以利用废弃煤矸石生产空心砖发展循环经济的煤矸石烧结砖厂，以推行清洁生产审核、发展循环经济、开发余热发电的水泥产业，以发展清洁能源、以煤为原料生产甲醇及其下游产品的煤化工产业，以粮食深加工、畜禽屠宰加工及废物利用为主的食品加工行业等。但是，从总体上看我市循环经济还处于起步阶段，还处于企业内部或几个企业之间的小循环阶段，要尽快制定循环经济发展中长期战略目标和分阶段推进计划，建立全市的废弃物资源利用平台，把几个相关的产业链衔接起来，形成更大的产业链，促进全市及周边城市的循环经济产业建设。要抓好各类循环经济的试点示范工作，加快典型经验的推广。要制定一系列优惠政策，鼓励发展循环经济。要在大力发展"五大产业"中全面融入循环经济理念，从资源开采、生产消耗、废弃物利用、无害化处理和社会消费等环节入手，"吃干榨尽"，推进资源综合利用和循环利用，不断提高循环经济比重，提高循环经济层次和覆盖面。

加大城市污水处理厂及其配套管网建设和中水回用工程的建设力度。我市属于水资源

缺乏城市，随着经济发展，水资源短缺的矛盾日益突出，因此中水回用工程是解决我市工业用水的重要手段。一是已经建成的城市污水处理厂中水回用工程的建设，二是所有工业集聚区污水处理厂必须配套建设中水回用工程及配套管网，三是充分利用矿井排水解决工业用水不足的问题，不断提高水重复利用率。

第二，大力推进清洁生产审核。清洁生产是指既可满足人们的需要又可合理使用自然资源和能源并保护环境的实用生产方法和措施，其实质是一种物料和能耗最少的人类生产活动的规划和管理，将废物减量化、资源化和无害化，或消灭于生产过程之中。同时对人体和环境无害的绿色产品的生产亦将随着可持续发展进程的深入而日益成为今后产品生产的主导方向。清洁生产的具体措施包括：不断改进设计；使用清洁的能源和原料；采用先进的工艺技术与设备；改善管理；综合利用；从源头削减污染，提高资源利用效率；减少或者避免生产、服务和产品使用过程中污染物的产生和排放。

2005 年至今，我市已对 38 家重点排污企业实施了强制性清洁生产审核，取得了一定的成绩，如我市同力水泥有限责任公司和豫鹤同力水泥有限责任公司通过清洁生产审核高费清洁生产方案，利用窑头窑尾低温余热发电，年可节约标煤约 5 万 t，减少 CO_2 排放近 10 万 t，减少 SO_2 排放约 90 t，资源环境效益十分显著。

今后我市应在资源消耗量大、能耗高、污染物排放量大的企业中继续强制推进清洁生产审核，使企业降低生产成本，降低能耗，充分利用企业生产全过程管理的手段减少污染物的产生量，达到节能、降耗、减污、增效的目的。

第三，加大产业结构调整力度，增强经济发展后劲。2010 年我市三次产业结构比例为 11.4：70.6：18.0，目前发达国家第三产业所占比重都在 60% 以上，我市第三产业发展比重明显偏低，今后应逐步加大第三产业在我市经济生活中的比重，提高城市服务业水平，提高人民群众购买力水平。第二产业应根据我市资源、能源情况进行必要的调整，逐步关闭资源消耗量大、能耗高、污染重的小企业，通过兼并重组和技术改造实现企业生产规模、工艺、装备的升级。2005—2007 年我市对小水泥企业熟料生产线关闭，建设大型干法水泥熟料生产线取得了很好的经验，今后应在其他行业推广。目前我市总体企业规模偏小，年产值上亿元的企业只有几家，根据国家产业政策调整方案，我市的小屠宰、小淀粉、小食品加工企业完全可以通过兼并重组提高企业抗市场冲击能力，减少污染物的排放量，为大项目建设腾出环境容量，增强经济发展后劲。在管理上要注意建设项目审批的质量，坚持做好新建项目能源审核和环境影响评价工作，对能耗高于同行业平均水平，污染物排放强度大于同行业平均水平的建设项目坚决不批，确保节能减排成果。

第四，开展排污权交易制度试点，有偿使用环境容量。排污权交易制度是在污染物排放总量控制指标确定的条件下，利用市场机制，建立合法的污染物排放权利即排污权，并允许这种权利像商品那样被买入和卖出，以此来进行污染物的排放控制，从而达到减少排放量、保护环境的目的。排污权交易的主要思想是建立合法的污染物排放权利，以此对污染物的排放进行控制。它是政府用法律制度将环境使用这一经济权利与市场交易机制相结合，使政府这只有形之手和市场这只无形之手紧密结合来控制环境污染的一种较为有效的手段。这一制度的实施，是在污染物排放总量控制前提下，为激励污染物排放量的削减，排污权交易双方利用市场机制及环境资源的特殊性，在环保主管部门的监督管理下，通过交易实现低成本治理污染。该制度的确立使污染物排放在某一范围内具有合法权利，容许这种权利像商品那样自由交易。在污染源治理存在成本差异的情况下，治理成本较低的企业可以采取措施以减少污染物的排放，剩余的排污权可以出售给那些污染治理成本较高的企业。市场交易使排污权从治理成本低的污染者流向治理成本高的污染者，这就会迫使污染者为追求盈利而降低治理成本，进而设法减少污染。

过去我们的环境管理使用最多的手段是法律手段和政府的行政管理手段，但其管理效率较市场管理手段和经济管理手段低，不法企业为了降低成本、增大自身的利润而偷排，将企业自身的经济增长依赖于环境风险和社会风险的增大。实施排污权交易后，法律、行政管理和经济手段并用，实现环境容量的市场化运作，将节省下来的环境容量有偿转让给其他企业，可以有效地促进企业增加环境治理的积极性，减少污染物的排放总量。

第五，完善水环境生态补偿机制，促进县区政府转变重经济轻环保的理念。环境生态补偿机制是目前我省新建的环境管理方法，通过对责任目标断面达标率的考核和生态补偿机制的组合实施，上游城市出境责任目标断面水质达不到规定指标时，用政府财政资金向下游城市补偿。生态补偿机制试行已经两年多时间，各地政府均加大了对重点排污企业的治理力度和环境执法力度，河流水质明显好转。我市市政府于 2010 年 4 月 30 日出台了《鹤壁市水环境生态补偿暂行办法》，环境生态补偿机制已经建立，今后应不断完善并真正落到实处，促使县区政府转变重经济轻环保的思想和做法，为主要污染物总量减排工作打好坚实的经济基础，确保减排目标完成，为经济建设腾出环境容量。

所以，在我市的经济建设中，以科学发展观为指导，构建经济社会与自然和谐发展的和谐社会，实现经济与环境双赢，虽然任重道远，但是只要有正确的发展观作为指导，必然会有光明的前途。

实施生态立州战略的环保思考

湖北省恩施土家族苗族自治州环保局 　秦　进

摘　要：随着经济社会的不断发展，湖北省恩施州确立了"生态立州、产业兴州、开放活州"的发展战略。笔者结合环保工作面临的形势和任务，从实践的角度出发提出了实施生态立州战略必须要确立生态立州战略的目标定位、确立生态立州的产业定位、确立生态立州的环保定位、确立生态立州的体制机制定位，并持之以恒地加强生态环境保护。

关键词：恩施州；环境保护；生态立州战略

地球上有一片山，在长江中上游的南岸，叫武陵山。人类中有一个民族，是巴人的后裔，叫土家族。中国有一个最年轻的自治州，叫恩施土家族苗族自治州。神秘的北纬 30 度穿越而过，旖旎的八百里清江流淌着土苗风情。近 70%的森林覆盖率，3 000 多种植物和 500 多种陆生脊柱动物构成"动植物基因库"，500 多万 kW 的水能储量成就"水能宝库"美誉。良好的生态环境和丰富的生态资源既是恩施州特有的、内在的、不可替代的特质，又是恩施州可持续发展的强大支撑和永续保障。

随着宜万铁路、沪渝高速公路的开通，恩施这块翠丽的"绿宝石"，让世人看到了"超乎想象的美丽"，印证着土苗儿女对生态环境保护的执著坚守。随着建设生态文明战略构想的提出，州委、州政府站在新的历史起点上，确立了"生态立州、产业兴州、开放活州"的发展战略，把"生态立州"放在第一位，坚持环境保护与资源开发有机结合，促进了恩施州经济建设与环境保护协调发展。笔者认为，实施生态立州战略必须持之以恒地加强生态环境保护，应在四个定位上做文章。

一、要确立生态立州战略的目标定位

生态立州的核心是生态环境的保护。笔者认为，生态立州首先应确立好指导思想、基本原则和目标定位：关于生态立州的指导思想：要以科学发展观为指导，充分发挥区位和气候条件优势，根据国家关于恩施州山地生物多样性重要保护区和长江水源涵养土壤保持重要保护区的生态功能区划定位，强化生态立州的基础性地位，维护生态平衡，促进绿色繁荣；以高新技术、科学管理和可持续的生产方式，大力发展以中草药、有机农业、洁净能源、生态旅游、生物科技等特色产业为支撑的富民强州的生态产业；强化城乡环境治理，改善人居生态环境，加快推进体制、机制创新，动员全社会力量共同推进生态立州战略，把恩施州建设成为以生态产业为支撑的国家级生态文明示范州、鄂西生态文化旅游圈核心基地、中外重要旅游目的地。关于生态立州的基本原则：一是要以科学发展观统领生态立州，尊重生态规律，在保护生态环境的前提下发展，在发展的基础上改善生态环境，实现环境与人合一、协调发展；二是要合理布局，按生态环境区域分类管理，妥善处理区域保护与发展的关系；三是要提高科技支撑和保障能力，实施标准化生产和名牌战略，建立富民强州的新型生态产业；四是要完善机制体制，坚持政府主导、各部门分工协作、全社会共同推进、法制措施健全、实行绿色 GDP 考核体系的工作机制和体制，全方位实施生态立州战略，推进绿色繁荣。关于生态立州的目标：形成以生态产业为支撑的产业结构，生态产业形成的生产总值、财政收入要达到80%以上；自然生态系统及重要物种得到有效保护，重点区域、清江流域生态环境退化趋势得到有效遏制，森林覆盖率进一步提高，生物多样性恢复取得进展，生态环境质量进一步提升；生态文明观念在全社会牢固树立，人与自然和谐发展，实现创建以生态产业为支撑的国家级生态文明示范州、鄂西生态文化旅游旅游圈核心基地、中外重要旅游目的地的目标。

二、要确立生态立州的产业定位

1. 根据区划定位，科学分类管理

按照恩施州主体功能区的定位，细化区域分类管理：一是在优先开发区域。要优化产业结构和布局，大力发展高新技术产业，加快传统产业技术升级；二是在重点开发区域。科学合理利用环境承载力，加快推进工业化和城镇化；三是在限制开发区域。合理选择发展方向，发展特色优势产业，逐步恢复生态平衡；四是在禁止开发区域。要坚持强制性保护，严禁不符合主体功能定位的开发活动，控制人为因素对自然生态环境的干扰和破坏。

2. 发展生态产业，实现绿色繁荣

坚持产业发展生态化、生态建设产业化。一是壮大优势生态有机农业。大力发展名贵中草药种植加工、生物制药、绿色食品等优势产业，以改善农村生产生活环境和保障食品安全为重点，积极引进和推广生物技术、无公害技术，建立一批适应国内外市场需求的绿色产品、有机产品生产基地。二是加快发展生态林木产业。进一步深化集体林权制度改革，加快培育林业要素市场，继续完善天保工程、退耕还林森林管护体系和制度建设，大力发展特色经济林果和速生丰产林，形成特色林木产业，把恩施建成全国重要的桐木油、油茶、生漆、生物质能源、水杉、珙桐等珍稀植物花卉苗圃基地。三是继续发展洁净能源产业。如水电、风电、沼气、太阳能、天然气、生物能源等，特别是要加大对天然气的开发力度。四是大力发展生态文化旅游业。大力发展以民族文化、生态文化为灵魂的旅游业，把恩施建设成为鄂西生态文化旅游圈核心基地、中外重要旅游目的地，构建世界级长江三峡、张家界、恩施生态旅游金三角。五是突破性地发展服务业。要不断完善车站、港口、宾馆等基础设施建设，形成区域性人流物流集散中心；大力发展仓储、电子商务等现代物流业；努力提高酒店餐饮服务软硬条件，完善"吃、住、行、游、购、娱"综合配套设施；着力发展社会中介、金融、保险、信息产业等服务业，形成新型完整的生态服务产业链，使全州第三产业的比重迅速上升。

三、要确立生态立州的环保定位

1．加强自然生态环境保护

建立一批重点生态功能保护区，提高重点生态功能保护区的管护能力；以维护和修复生态系统整体功能为重点，加强天然森林、天然湿地等原生植被保护。以生物多样性保护为重点，积极开展自然保护小区建设试点，构建全方位、多层次的生物多样性保护体系。

2．强化污染防治与总量减排

面对"十二五"总量减排新任务，要构建政府统揽、部门负责、环保监管核算统计的总量减排体系，各级政府要成立总量减排领导小组，将减排任务分解到政府各职能部门，实行严格的奖惩措施。同时，政府要制定淘汰落后产能、淘汰"黄标车"的补偿政策，环保部门要将总量控制作为新建、改扩建排污项目的前置条件，严格控制新增污染物排放量，努力完成主要污染物总量减排目标；加大清江流域和区域水污染防治，建立健全水质自动监测体系，力争将清江综合治理纳入国家治理项目；完善城区污水管网建设，提高生活污水收集率，加快乡镇生活污水处理厂和垃圾处理场建设力度；加大重点企业排污的监管防治力度，严格落实企业排污许可制度和清洁生产。

3．统筹城乡发展，加强农村环境保护

努力推进城乡环境基础设施共建共享，完善农村环境管理体制，建立健全农村环境保护目标责任制，实行"以奖促治"政策，大力推进农村环境综合整治；加强集中式饮用水水源地建设和保护，采取最严格的措施，确保人民群众饮用水安全；继续推进农村沼气池建设和"五改三建"活动，开展污染土壤修复与综合治理试点示范，改善土壤环境质量；积极推进"两清、两治、两减、两创"（清洁种植、清水养殖；农村综合整治、畜禽污染防治；农药、化肥减量化；创生态村、生态乡镇）措施，下大力气减少农业面源污染；加大矿山生态环境治理修复，促进新老矿山生态环境建设。

4．严格资源开发环境监管

按照保护优先、开发有序的原则，做好资源、能源开发规划，有效控制不合理的资源开发活动。加大生态环境保护的监管力度，防止项目建设过程中的环境污染和生态破坏。

5．严格执行环境准入标准，杜绝"两高一资"项目乘产业转移之机进入恩施

严格执行环保法规和国家产业政策，在确定城乡空间布局和行业准入时，要充分考虑生态环境承载力和环境保护的要求。要强化建设项目环境影响评价和"三同时"制度的落实，加强对建设项目的监管。同时，进一步强化规划环评与项目环评的前置预防和控管作用，凡未列入经济开发区、工业园区规划的项目，从严进行项目环境影响评价；凡涉及四项主要污染物排放的新建、改扩建项目，实行县市区域总量控制，无主要污染物排放总量容量的，一律限批。

四、要确立生态立州的体制机制定位

1．加强生态立州的组织领导

各级党委和政府要从全局和战略的高度出发，切实把生态立州摆到重要位置，与经济

建设、政治建设、文化建设、社会建设共同部署、共同推进，纳入国民经济和社会发展规划，贯穿于经济社会发展的全过程。州、县市要成立生态立州领导小组，统筹协调推进生态立州工作。要加强工作指导，从实际出发，明确目标，突出重点，抓好试点示范；要加强组织协调，集中社会各界的智慧和力量，发挥各族群众在生态立州中的主体作用，形成推动生态立州的强大合力。

2．完善生态立州的体制机制

要建立健全多元化投融资体制，积极争取国家和省建立生态补偿机制，争取更多的资金投入生态立州；要充分发挥公共财政的导向作用，引导民间资金、外来资金和金融信贷参与生态立州活动；要积极探索建立符合生态立州要求的经济社会发展综合评价体系，把生态产业增长指数、资源能源节约指数、生态环境治理指数等生态建设指标，纳入各级党委、政府考核内容，并把考核结果作为干部任免奖惩的重要依据。

3．加强生态立州的科技支撑

要强化自主创新能力，制定实施生态立州的科技发展规划，建立以企业为主体、市场为导向、产学研相结合的生态立州科技体系；要积极引进、吸收和开发利用国内外关键共性技术，着力突破生态立州、实现绿色繁荣的技术瓶颈，推进生态科技成果产业化；要进一步完善人才培养机制，大力培养和引进高层次人才，为生态立州提供智力支持，建立健全交流与合作机制，全方位开展生态立州的国内外交流与合作；要大力整合湖北民院生物研究院、恩施州农科院、湖北中药材研究所、南方马铃薯研究中心等研究资源，形成推进生态立州的科技创新合力；要完善生态产业技术中介服务体系，加强知识产权保护，大力实施标准化和名牌战略。

创新管理思路
是解决湘江迁移性污染问题的关键

湖南省湘潭市环境保护局　肖永定

摘　要：本文结合湘江流域生态环境现状，通过对解决流域性污染问题的出路的探寻，提出从根本上解决湘江的污染问题，在管理思路创新方面必须要采取的对策措施。

关键词：湘江；流域性污染；管理思路创新

30 多年来，我国的环境保护工作从无到有，从小到大，从"三废"治理到环评制度的建立，从浓度达标到总量控制，从局部治污到流域管理，环境保护工作正在一步一个脚印地向前稳步推进。特别是在近 30 年经济快速发展过程中，环境保护工作为经济建设的可持续发展起到了保驾护航的作用。从"十五"到"十一五"的环境质量数据可以看出，全国地表水和城市空气等环境质量得到明显的改善，30 多年来，环保工作有目共睹，卓有成效！然而，我们在取得这些成绩的同时也应看到，我们面临的环境压力仍然很大，我们付出的代价不低，我们的效率还有待提高！面对新的形势，老的问题，特别是在解决流域性污染问题时，我们还需要在管理上有所创新与探索，大胆借鉴发达国家或地区的有效经验，去解决长期困扰我们的一些老大难问题，努力完成"十二五"环境保护目标的各项任务。特别是要解决重点流域的重金属污染问题，确保社会、经济、环境等各个方面的协调发展。

湘江是长江的一级支流，发源于广西壮族自治区灵川县海洋山，流经湖南省的永州、衡阳、株洲、湘潭、长沙至湘阴县濠河口注入洞庭湖。湘江濠河口以上长 856 km，流域面积 94 660 km²，其中湖南省内长 660 km，流域面积 85 385 km²。

湘江多年平均水资源总量为 696 亿 m³，但水资源的时间分布不均，降雨集中在 4—6 月，一般占全年总降雨量的 40%～50%；5 月份径流量最大，汛期流量占全年径流量的 60%～80%。而秋冬季出现的枯水期，径流量仅占总径流量的 10%～13%。

湘江流域物产丰富，经济发达，在湖南省经济社会发展中具有极为重要的战略地位，长沙、株洲、湘潭三市面积 2.8 万 km²，只有湖南省的 1/8；人口 1 300 万，只占湖南省的 1/5；但其创造的经济总量占全省的 1/3。依靠"产业同构、交通同网、能源同供、金融同体、信息同享、生态同建、环境同治"，长株潭城市群成为湖南经济核心增长极。2007 年，国家已把长株潭区域确定为"两型"社会发展改革试验区，其战略定位为：长株潭城市群是示范"两型"社会建设的国家战略平台，是中部地区率先崛起的战略支点，是区域一体化先行的生态型宜居城市群。为此，保护湘江水质将成为"两型"社会建设的重要内容。

湘江的重金属污染整治工作可以追溯到 30 年前的 20 世纪 80 年代初，湘江水质在 80

年代初基本能保持在Ⅱ、Ⅲ类水质，除洪水期外，河水基本清澈。但80年代初湖南进入了工业的快速发展期后，湘江的污染变得越来越突出，特别是汞、镉、锌等重金属污染日趋严重。尽管各级环保部门为改善湘江水质采取了一系列严格措施，投入了大量的人力、物力和财力，下发了数百个文件与通知，在经历了近30年的艰难整治后，今天，我们却再次回到了湘江流域重金属污染整治规划的初始工作面上来。多年来，我们一直是在"污染—整治—再污染—再整治"的循环中奔波，但湘江水质却没有得到根本好转。我们不得不反思，解决流域性污染问题的出路到底在哪里？什么是问题的关键？目前的监测与管理方式能不能适应新形势发展的要求？《中华人民共和国环境保护法》第十六条规定："地方各级人民政府，应当对本辖区的环境质量负责，采取措施改善环境质量。"我们现在面临的问题是：对于迁移性污染问题，地方政府应如何对环境质量负责？流域性的污染问题，到底是技术问题还是管理问题？这不由让我们想起了第一次世界大战时期英国是如何避免犯人死亡率高的故事。17～18世纪，英国运送犯人到澳洲，按上船时犯人的人头给私营船主付费。私营船主为了牟取暴利，便不顾犯人的死活。每船运送人数过多，生存环境恶劣，船主克扣犯人的食物，甚至一出海就把犯人扔进海里，使得犯人大批死亡，引起了犯人家属的极为不满。英国政府极欲降低犯人死亡率，如果加强医疗措施，多发食物就会增加运输成本，同时也无法抑制船主的私欲。如果在船上增派人员监视船主，除了增加政府开销外，也难以保证派去的监管人员在暴利的诱惑下不与船主勾结。最后，英国政府制定了一个新办法，他们规定按到达澳洲活着下船的犯人的人头付费。这样，英国政府在没有增加任何开支的情况下，问题迎刃而解，运往澳洲的犯人死亡人数锐减。这是一件通过管理来解决实际问题的典型例子。湘江的污染整治从80年代起到现在已经经历了30年，在不断解决老问题的同时，又不断出现新的问题。莱茵河流域的管理也经历了"先污染，后治理"、"先开发，后保护"的曲折历程。水资源的过度开发在给人们带来经济利益的同时，也带来了诸多意想不到的后果：河流一度丧失了应有的生命活力，导致灾害频发；严重的工业污染，一度使莱茵河成为"欧洲的下水道"，水生生物种群数量大幅度减少，河流生态系统恶化。人们开始更加审慎地思考对河流的管理，保护莱茵河国际委员会（ICPR）通过建立有效的合作机制，实施流域综合管理，目前，尽管莱茵河流经的国家达6个之多，但长期从事莱茵河管理的专业人员只有12人，在每个国家的交界断面和支流的入河断面均设有水质自动监测站，自动监测站由下游国家管理，监测内容除了常规理化项目外，还有重金属污染因子和有机污染物的监视性监测等。对有机物的监视性监测很有创意，通过对水质的色谱扫描图的变化情况来掌握有机物的污染动态，一旦发现色谱图异常，即可进一步用质谱仪对有机物进行定性和追踪来源；所有在线监测数据对沿河国家开放，一旦出现污染事故，通过计算机模型计算，可预测污染物到达下游不同国家的时间和浓度，并告知应当提前采取什么应对措施等。保护莱茵河国际委员会还制定了严格的污染处罚条例，将责任追究到产生污染的国家，该条例都得到了相关国的议会通过，作为一种国际法得到优先执行。通过多年的努力，由于建立了一套完整的、高效的、具有可操作性的自动监测体系、预警体系和国际责任追究体系，在解决了莱茵河老问题的同时，也遏制了新问题的产生，在全世界1/5的化学品制造来源于莱茵河流域的情况下，莱茵河又重现了生命之河景象。现实告诉我们，解决迁移性污染问题的出路在于管理，要从根本上解决湘江的污染问题，必须从以下几个方面着手：

（1）一是建立从上至下的行政管理交界断面水质自动监测系统。监测是环境的慧眼，而监测数据为管理服务必须具备三性：及时性，准确性和可靠性（即代表性）。而目前的监测状况是，人工租船到江中取水样，带回实验实进行分析，然后按程序审批上报，一个分析数据从取样到报送数据少则 2 d，多则 1 周以上，如果发生了污染事故，等数据出来时，污染物已对下游造成了污染，应急措施仍是马后炮，这种传统的方式无法满足及时性的要求。二是湘江水质监测由各行政区的环境监测部门负责，尽管各地的监测部门都经过了严格的实验室认证，能确保实验室的数据准确无误，但由于取样地点不同，时间上也不完全同步，加上污染物在迁移过程中的时间差，对于超标问题，往往上下游政府意见不统一，由于是迁移性污染，取样现场无法保留，作为省级监测部门也无法核对和仲裁。对于已发生的一些污染事件有时也只能是不了了之。三是数据的可靠性或代表性问题，由于传统方法不可能实现大密度的取样方式来对湘江水质进行监测，瞬时取样的代表性差的问题是显而易见的。因此，传统监测方式的局限性在一定程度上制约了管理功能的发挥。而自动监测系统的建立，将从根本上解决以上存在的问题。

（2）成立一个省级湘江水质管理中心，负责对湘江流域水质自动监测站所有监测信息的管理和依据湘江流域水质环境地方政府责任制管理办法核定超标赔偿和生态补偿等相关事务。对湘江的管理，要层次分明，只需根据水质自动监测数据做出政府层面的责任判断，关停或治理污染企业是地方政府的责任，即只需关心结果，而无需过分强调过程。只要真正把保护湘江水质的经济责任落实到了地方政府，地方政府必定会及时地把污染责任追究到污染企业，并采取必要的关、停、并、转等措施。这种从环境质量信息快速反馈方式建立起来的管理体系，更能促使地方政府进行产业结构调整，加大污染物排放总量控制力度，会使上下游政府都来关心全流域的用水安全问题，上游城市不仅会关注自己的用水安全，更会关注下游城市的用水安全问题。这种全流域责任感的提升，就是湘江水质安全的有力保障。

（3）制定湖南省湘江流域水质保护管理办法，办法应明确水质自动监测站的技术管理与信息管理内容与方式，明确地方政府的责任，污染赔偿和生态补偿的计算方法，对有争议的问题的解决方式方法等；所有规定要具有可操作性。

（4）建立一套湘江流域水污染事故应急预警系统，全流域水质监测和水纹监测信息应及时传输到管理中心，一旦发生污染事件，将在第一时间进行预警，把污染事件的影响降到最低。

流域的管理涉及面广，制约因素多，在探索过程中路走得长一些也是可以理解的，莱茵河从开始也是各自为政，监测体系也没有统一，在几次大的污染事件后才痛定思痛、不断改进和完善。因此，我们对湘江的管理，也要有充分的思想准备，只要我们坚定信心，抓住问题的根本，就能以较小的代价和较短的时间，取得事半功倍的效果，打造东方莱茵河的愿望就一定能实现。

当前基层环境监管与执法存在的主要问题及对策浅析

广东省揭阳市环境保护局　林　曙

摘　要： 随着社会主义市场经济体制的完善和政府职能的转变，依法行政，运用法律手段保护环境逐渐成为环保部门实施环境管理的主要形式。目前我国已基本形成较为完善的环保法律体系，环保领域基本上有法可依。但是，在基层环境监管和执法过程中，却面临诸多的困难和阻力，执法的权威、效能、水平都不尽如人意。本文就当前基层环境监管与执法过程中面临的主要问题进行阐述，并对如何加强基层环境监管和执法提出一些对策和建议。

关键词： 环境监管；行政执法；对策

近年来，随着经济社会的快速发展，环境污染形势愈趋严峻，区域水和大气环境污染逐年加重，广大群众维护自身环境权益意识日益增强，环境保护法制建设加速向纵深发展。与此同时，作为基层环境保护工作者在从事环境管理与行政执法工作却遇到了一系列新情况，成为困扰基层环境保护监管与执法工作的难点。当前，在深入学习贯彻落实科学发展观，环境保护成为社会热点问题的形势下，努力探寻解决基层环境监管与执法存在的问题与对策，无疑具有重要的理论意义和实践意义。

一、环境监管与执法过程中面临的主要问题

1. 环境监管和执法受到行政干扰制约

发展经济是一个地区的首要任务，是相关行政领导应尽的职责。从机构设置上看，环境保护行政主管部门是同级人民政府的一个工作部门。从执法内容上看，环境保护仅是政府法制工作的一方面内容。因此，在对与经济活动等密切相关的环境保护工作进行管理时，环境保护部门面临着本地经济发展与环境利益冲突的难题。一些政府领导为了 GDP 的增长往往不注意增长方式的转变，招商引资把关不严，只要你有项目要来投资，不管什么项目，当地一切都得"让路"。而一旦出现环境重大问题，首先被追究责任的就是环保局长。同时，在基层地方政府或官员的说情风相当普遍。如：环保部门按照法律规定，对企业拒绝排污申报、拒不执行建设项目环保审批、闲置治污设施等违法行为进行处罚时，各种渠道的说情便纷至沓来，这些都严重干扰了环保执法工作的开展。

2. 环境保护法律法规缺乏可操作性和震慑作用

一是环保法律法规可操作性不强。现有的法律法规原则性规定多，往往禁则中有规定，

而罚款中没有相应的法律责任，使得法律的实施缺乏可操作性。环境保护法规的不明确、不具体、法律责任不清晰以及程序不完善等问题，给环境保护行政机关正常行使行政执法活动带来了很多困难。如现有法律法规对既未办理环保审批手续也未执行环保"三同时"制度就投入生产的环境违法企业无任何具体处罚规定。这类企业按照《建设项目环境保护管理条例》第二十四条规定，只能责令补办环保审批手续，不能责令停止生产，违法企业非法生产、直接排污严重污染环境的行为难以得到有效制止。这很容易造成环境监管的缺位，给环保部门带来很大的压力。

二是环保法律法规对环境违法行为缺少应有的震慑作用。第一，现有的环保法律法规对环境违法行为的刑事追究和行政处罚力度太弱。目前对于环境违法行为的处罚额度都较低，相对于企业因环境违法所得到的利益而言，微乎其微，难以发挥应有的震慑作用，难以改变目前违法成本低、守法成本高的不正常现象。而且，一事不能二罚，这无形是在鼓励和助长环境违法行为。第二，执行时间过长。环保部门发现环境违法行为后，从取证、到告知、到听证、到送达处罚通知书、到执行，要走的程序太过烦琐，时间太过冗长，等到执行生效时，企业已经污染了很长的时间，如果是一个严重污染的项目，给环境造成的破坏是相当可怕的。第三，执行力力度不足。现有的环保法律法规不仅执行时间长，还存在执行到位难的尴尬。环保法规不像工商、商检等部门的法规赋予了执法单位现场强制执行权，我们的处罚执行通知书送达后若被处罚单位不予理睬，环保部门只能申请法院强制执行，如果法院不配合，我们的处罚意见就变成了一纸空文，环保法律法规的严肃性和权威性大打折扣。

3. 环保部门难以有效履行对其他部门的环境保护监督管理职责

《中华人民共和国环境保护法》赋予了环保部门对环境保护工作实施"统一监督管理"的职责，但环境保护的责任依法分布在海洋、港务、渔政、军队、交通、公安、铁道、民航、土地、矿产、林业、农业、水利等部门，另外，经济综合主管部门、海关、工商、卫生行政部门等，也具有一定的环境管理职权。环保工作牵涉面广，复杂性强，每要做好一件工作，都需要其他部门的配合，环保部门无法独立完成。这样，执法的效果取决于有关部门的配合支持程度，故统一监督管理往往难以得到实现。一是环保部门与有关部门的职责不清、关系不明。环保法对环保部门与有关部门的职责和关系如何未作进一步明确，这容易在实施过程中造成扯皮现象。二是环保部门与"有关部门"同属政府平行部门，不存在领导与被领导、管理与被管理的关系，作为环保部门实在是难以发挥统一监督管理的职责。三是环保部门经常由"统一监督管理"被变为"统一负责"。如污水处理厂的建设，本来是城市建设部门的职责，但由于环保考核的需要，环保部门不得不亲自去承担建设的任务。

4. 环保执法队伍和能力建设跟不上形势的需要

一是一些基层环保机构尚不够健全，尤其是县级环保机构的问题尤为突出，通常是一个科（股）对应省（市）里几个处（科）室，有的县级环保机构还是事业单位；有的县局只有几个行政编制，大部分是班子成员；大部分基层环保局缺少懂业务、懂法规的专业人员。现有的机构、编制和人员素质现状难以完成日益繁重的监管任务。二是环境执法手段跟不上形势的需要。环保部门行使环境监督管理的手段主要是环境监测和监察，而基层大部分环保部门存在仪器设备老化、缺乏，交通工具不足的现况，与环境监察和环境监测标准化能力建设要求有很大差距，给环境执法的调查取证增加了难度。

二、加强基层环境监管和执法的主要对策

1．进一步加大环境保护宣传教育力度

环保工作，宣传是先导。地方政府应对辖区内环境质量负责，企业应承担环境保护的社会责任，社会公众对生存环境高度关注。因此，加强环境保护宣传教育，增强领导干部、企业负责人、社会公民等各个层面的环境保护意识很有必要。基于上述基层执法中面临的主要困难，基层环保部门目前的处境是责任重大、地位尴尬、压力沉重。不少地方环境质量难以改善或者改善不明显，不是环保部门不作为，而是受体制、法律、手段等条件的限制，难以作为。因此，要坚持正确的舆论导向，充分发挥新闻媒体的宣传作用，让社会公众了解实情，了解环保部门的职能，了解环境保护法律法规，了解环境保护基础知识，营造全社会共同爱护环境、关心环境、监督环境违法行为的舆论氛围。

2．进一步理顺管理体制

根据目前环境监管的现状，尽快理顺环境管理体制已非常必要。要尽快改善目前环境保护多头管理、环保部门难以管理的状况，确定环保部门实施统一监管的地位，一些几部门交叉的职能应重新理顺，确定和落实各相关部门责任和权力的主次关系，避免出现只争权不担责的现象。

3．进一步完善环境法规体系

一是要增强环保法规的可操作性和权威性。尽快给予环保部门强制执行权，弥补现有法规操作性不强和权威性不够的不足，解决环保部门行政处罚执行难、到位难、问责难的问题；二是要修改现有环保法律法规中互相矛盾的条款。现有的水法、气法、环评法等，一些条款相互矛盾，应尽快统一，解决执法尺度不统一的问题；三是要加大行政处罚的额度。对严重污染环境、造成环境污染事故、违反环保法律法规等行为必须加大行政处罚力度，处罚金额必须起到震慑作用，解决违法成本低、守法成本高的问题。

4．进一步加强环境保护队伍建设

一是完善环保机构，提高队伍素质。针对目前经济欠发达地区基层环保机构不健全、队伍素质不高的状况，环境保护部要争取人力资源和社会保障部的支持，出台关于各级环保部门机构设置、人员编制等方面的规定，尽快健全基层环保机构，配备足够的人员，改变基层环保部门人员严重不足的窘境。同时，强化对在职工作人员的培训，提高队伍素质和监管水平。二是加大环境保护能力建设投入。目前，各级环保部门的监测、监管能力普遍较弱，与国家环境监察和环境监测标准化能力建设要求相差甚远，无法与新形势下环境管理需要相适应。对于经济欠发达地区而言，靠地方财政彻底解决能力建设投入，难乎其难。因此，环保部要对经济欠发达地区给予扶持和倾斜，以期逐步提高环境监管能力和水平。

以创建国家环保模范城市为抓手，
全面建设人与自然环境和谐的现代宜居城市

广西壮族自治区南宁市环境保护局　黄建宁

摘　要：创建国家环保模范城市是推动城市环保工作的一个重要手段，也是实施城市可持续发展战略的重要举措，更是建设人与自然环境和谐的现代宜居城市的必要条件。广西壮族自治区首府南宁市，从改善环境质量和促进经济发展出发，通过 10 余年的积极探索，形成了具有自身特色的环保模范城市创建模式。本文通过回顾南宁市创建国家环境保护模范城历史过程，探讨了创建方面存在的关键问题，明确提出了以创建国家环保模范城市为抓手，推动南宁市现代宜居城市建设的措施及建议。

关键词：环境保护；宜居城市；创建措施

创建国家环保模范城市（以下简称"创模"）以改善环境质量和促进经济发展为出发点，在促进城市产业经济结构调整，优化城市功能布局、塑造良好城市形象、提高城市品位、扩大对外开放、提高人民群众生活质量等方面起到了积极推动作用，是我国实施城市可持续发展战略的重要举措。南宁市是广西壮族自治区的首府，作为西部一个经济欠发达、后发展地区，在"创模"工作中如何积极探索南宁特色的创建模式，把薄弱的方面通过"创模"实现重大改变，促进经济社会又好又快发展，同时使"创模"成为环保部门积极参与环境与发展综合决策、提升地位、发挥作用、推动城市环保工作的一个重要手段，是本文所要思考的问题。

一、南宁市的基本情况

南宁市是广西壮族自治区的首府，全区政治、经济、文化、金融、交通、科技、信息中心，是中国—东盟博览会永久举办地。现辖 6 个城区 6 个县、2 个国家级开发区，全市总面积 22 112 km^2，市区面积 6 479 km^2，建成区面积 190 多 km^2，全市户籍人口 692 万，其中市区人口 265 万。作为一个经济欠发达、后发展地区，2010 年南宁市实现地区生产总值 1 800.43 亿元，是 2005 年的近 2.5 倍。财政收入突破 300 亿元，达到 300.88 亿元，是 2005 年的 3 倍。

近年来，围绕把南宁建设成为区域性国际城市和广西"首善之区"的战略目标，南宁市集全民之智、倾全市之力，全力推进污染减排、城乡环境综合整治、生态南宁建设，发展绿色，生态环境不断优化，环境质量明显改善，生态之城凸显，先后荣获了全国城市环境综合整治优秀城市、全国园林城市、中国优秀旅游城市、中国人居环境奖、全国绿化模范城市等 30 多个国家级荣誉称号，2007 年荣获全球人居领域最高规格的奖励——联合国人居奖等荣誉称号。2009 年又荣获"全国文明城市"称号和中国环境领域最高社会奖——第六届中华宝钢环境奖，是全国唯一同时荣获联合国人居奖、全国文明城市的省会（首府）城市。

二、南宁市创建国家环境保护模范城历史回顾与存在问题

南宁市第一轮"创模"工作始于 1997 年国家第一批创建活动，虽然由于当时城市基础设施不完善，城市生活污水集中处理率没有达到指标要求而最终没有"创模"成功，但"创模"工作带动了城市环境基础设施建设的加快发展，南宁市城市污水处理厂、生活垃圾处理场、医疗垃圾废弃物处置设施建设等在这一时期得到了较快发展，同时大规模的城市环境综合治理工作如南湖治理、朝阳溪等城市内河治理工作开始列入政府的工作计划。至 2000 年 3 月，南宁琅东污水处理厂日处理 10 万 t 一期工程建成投入运行，标志着南宁市城市生活污水集中处理率实现了零的突破。

2004 年 7 月，南宁市人民政府正式向国家环保总局递交创建"创模"申请，开始了第二轮"创模"工作，"创模"期间，时逢国家国民计划经济发展的"十五"和"十一五"期间交替阶段，随着国家加大对节能减排工作力度，为始终保持国家环保模范城的先进性，"创模"指标曾进行多次调整，到 2007 年 1 月实施的"十一五""创模"指标已经是第三次调整，对于南宁市"创模"工作来说，每一次调整，都使得原计划达到的刚性指标又拉开一定的差距，使得原定的"创模"预验收工作目标难以冲刺。

2010 年，《南宁市创建国家环保模范城规划》通过了环保部的评审并经南宁市委、市政府原则通过，南宁市又开始第三轮冲击环保模范城的工作。

对照国家环保模范城市考核指标，南宁市目前有 13 项指标达标，9 项部分达标，4 项未达标，"创模"工作存在的主要问题：一是重点工业企业污染物排放稳定达标率、机动车环保定期检测率达不到要求；二是城市污水集中处理率经过几年的艰苦努力，虽然达到80.04%，仍达不到 95% 的指标要求；三是环境机构能力建设达不到国家要求，有待加强和完善；四是公众对城市环境的满意率存在较大差距，广泛的宣传教育和发动社会各界参与环保仍是开展创模工作的重要组成。

三、以创建国家环保模范城市为载体，实现城市经济社会和环境的可持续发展

1. 坚持以生态优先的理念引领"创模"

以"生态优先"和"两个适宜"（适宜创业发展和适宜生活居住）的城市发展思路，做到理念先行、决策先行、规划先行，强调"'创模'不是目的、'创模'重在过程、'创模'重在实效"，通过"创模"这一载体，有效解决突出环境问题，不断改善城市环境质量，全面提升城市综合功能和城市价值，确保全市环境保护和经济社会沿着科学、和谐的方向发展。

2．坚持以环境优化的措施推进"创模"

（1）精心组织、全力推进，形成全社会共同创建局面。逐步形成市委、市政府统一领导，市"创模"领导小组统一指挥，各责任单位分工负责，广大群众积极参与的良好的社会创建机制；同时建立"创模"工作责任制度、联席会议制度、督察督办制度、资金保障制度和绩效考评制度等五大制度，确保各项任务的完成，形成积极迈向"创模"目标的巨大内部合力。

（2）合理布局、调整结构，以环境优化经济增长。加快环境基础设施建设，加大环保建设资金投入，开展重点工业污染源全面达标排放、城市污水处理、饮用水源地保护、清洁生产、废弃物处理、生态建设等环境和生态系列工程建设，使城市在经济快速发展的同时，污染物排放总量不断降低。整合全市资源，逐步淘汰落后的生产工艺和设备，提高资源利用率，结合国家产业政策和我市经济发展导向，严格控制浪费资源、能源的产业发展。

（3）突出重点、综合整治，改善环境质量。把改善水环境质量放在重要的位置，大力开展饮用水源保护、内河综合整治、打击违法排污行为等专项整治活动，全面开展水环境综合整治；坚持以降低 SO_2 排放总量和机动车尾气污染整治为重点，推进大气污染防治，科学实施对重点工业企业的长效监管；集中力量解决餐饮业扰民、噪声扰民等群众普遍关心、社会关注的环境问题，为市民创造良好的生活环境。

（4）以人为本、公众参与，解决群众关心的环境问题。全面发动公众参与，在全市形成浓厚的"创模"氛围，建立和完善公众参与"创模"的有效机制。通过开展"系列绿色创建活动"、"建立环境教育基地"等多种方式的环保宣传教育活动，逐步形成关注环境、珍惜环境、保护环境、建设环境的社会氛围，逐步形成人人参与"创模"，大家支持"创模"，共同保护环境局面。

3．坚持以和谐社会的目标提升"创模"

（1）经济与环境和谐发展。推进城市经济结构战略性调整，推行清洁生产，在经济持续、快速、稳定发展的同时，减少工业废水排放量和 COD、SO_2 等主要污染物的排放总量，降低万元生产总值能耗，加强节能降耗和节水工作，加大高新技术产业的增加值，进一步提高工业企业的用水回用率，促进南宁市迈向 "绿色经济"发展的新时代。

（2）人与环境和谐发展。把创环保模范城与精神文明建设相结合，与城市环境综合整治相结合，着力升华城市文化品位，致力于优化城市服务功能，净化美化绿城形象的做法，创造更加优美、和谐、宜人的城市生态环境。通过"创模"，逐渐形成全社会以保护环境为荣、以污染环境为耻的环境荣辱观，不断提高市民对环境状况的满意率，体现"创模"促进人与环境和谐发展的目标要求。

（3）城市与农村和谐发展。按照城乡环境保护一体化的思路，将六个县一并纳入创模工作范围，大力解决长期历史形成的城乡环境保护差距，通过开展城中村、城市近郊、城市远郊环境整治和农村小康环保行动计划，结合开展"环境优美乡镇"、"生态文明村"创建活动，促进城乡环境保护的和谐发展。

4．坚持以锲而不舍的精神开展"创模"

以"创模"为载体，坚持不懈地狠抓环境建设和管理。深化和发展"创模"工作成果，在促进经济社会发展的同时，以水污染治理为主线，以走新型工业化道路、清洁生产、降低能耗水耗和加快城市环境保护基础设施建设、加大城乡环境宣传教育为主要措施，重点抓好创国家卫生城、城市生活污水处理、饮用水源保护、工业废水达标排放、市区内河整治、中小学环境教育和提高公众对城市环境的满意率等主要工作，确保我市各项"创模"考核指标达到"十二五"国家环保模范城市新标准，把南宁建设成为人与自然和谐的现代化生态城市。

四、建设生态文明示范区，构建和谐南宁

南宁市委、市政府高度重视生态市建设，2006 年启动了生态市建设，2010 年作出了推进生态文明示范区建设的决定，在广西率先启动生态文明示范区建设。

1. 明确目标，找准定位

"十二五"期间，要加快经济增长方式的转变，大力发展循环经济，推进节约型社会建设，做大做强经济总量，确保经济发展高于全国、全区平均水平，形成以"城、山、林、田"自然特征为基础，构建完成城乡一体化的生态安全空间架构，把我市建设成为山川秀丽、风景优美、社会—经济—环境协调可持续发展的现代化生态型城市。

2. 突出重点，扎实推进

（1）发展生态经济，壮大经济总量。大力推动经济结构战略性调整，走新型工业化道路，建立以循环经济为主导的生态经济体系，以资源节约、综合利用、清洁生产为重点，加大现有工业体系的改造，大力发展带动性强，高技术含量、高附加值、低消耗低污染的产业。建设一批生态型特色优势的农、牧、渔业示范基地，加快发展一批绿色产业，精心培育一批绿色企业，开发一批绿色产品，获得一批绿色认证。生态旅游要依托资源优势、区位优势，开拓以环大明山、龙虎山、横县西津湖位重点的生态旅游业。

（2）抓好生态保护，建设首善之区。推进中国绿城、卫生城、园林城、森林城市、山水城市建设，结合旧城改造、污染企业搬迁、内河水质整治、交通体系、园林绿化系统建设，全面推动城市中心区和新区的生态化建设。抓好城市外环绿化，形成环绕中心城市的生态保护屏障。加强郊县的森林资源保护，进一步实施植树造林、退耕还林、封山育林工程，构建全市森林生态网络体系，以内环、外环、远郊的系统生态保护与建设，确保南宁成为广西生态的首善之区。

（3）改善人居环境，提高生活质量。着力改善人居环境，建设人与自然和谐的人居体系。推进"蓝天、碧水、绿色、宁静"工程，加强环境治理和生态建设。进一步完善城市功能，全面加快城市基础设施的改造。按照循序渐进、节约土地、集约发展、合理布局的原则，突出发展中心城市，加快发展县城和中心镇，协调发展一般小城镇，提高城镇化率。在中心城区形成"林在城中，城在林中，树要成林，花要成片"、具有亚热带特色的园林绿化体系，实现南宁天更蓝、水更清、地更绿、居更佳。

（4）构建生态文化，塑造城市灵魂。把构建生态文化作为文化南宁建设的一个重要内容，在全市加强人口资源生态环境宣传教育，引导全社会人人都树立人口资源环境意识、可持续发展意识，使建设资源节约型社会成为每个公民的自觉行动。培养善待生命、善待自然、善待环境的生态文明观，培育人与自然、人与人、人与社会和谐相处的生命伦理观，大力倡导绿色生产、绿色消费，形成现代文明的生产生活方式。提升城市文化品位，塑造南宁市的城市灵魂，做大做强生态文化产业。

（5）加强能力建设，确保环境安全。加快科学、高效、稳定的能力保障体系建设，把资源节约利用、环境保护和公共安全保障列为科技发展的重点领域及优先主题，增强解决制约经济社会发展和环境保护重大瓶颈问题的科技支撑能力。加强科技试点示范和推广，推动循环经济、清洁生产、污染处理等技术的研究。构建科学完善的全民公共卫生体系，建立健全应对自然灾害、环境污染事故和生态破坏、社会安全等社会预警体系，提高保障公共生态安全和处置突发环境事件的能力和水平。

五、转变工作作风，改进工作方法，创新环境监管机制

1. 创新项目监管的机制

立足加快工业化、城镇化大局和环保工作必须服务于科学发展的大局，改变传统的环境管理模式，创新管理思路。一是积极协助政府强化环境保护的宏观调控职能，制定各种有利于环境保护的发展政策，促进环境保护与经济发展相协调。二是通过积极推进规划环评实现环境与发展综合决策。三是加强建设项目环境管理，落实环评和"三同时"制度，严把项目进口关。加快经济结构调整，推动产业结构优化升级，形成一个有利于资源节约和环境保护的产业体系。三是增强服务意识，环保监管要提前介入，加强服务和沟通，建立与招商、引资及项目审批等部门联动机制，积极为企业服务，帮助企业将环境管理纳入企业经营理念。四是环境监管实行分级管理，下放权力。五是完善的环保工作考核制度，切实将环保目标和措施纳入各级领导目标责任制。

2. 创新污染治理新机制

要以削减污染物排放总量为主线，建立并完善多种激励机制，努力实现"十二五"污染减排目标。首先，要建立一套以环境容量为基础、总量控制为目标、排污许可证为中心的污染防治管理体系。二是实施污染综合治理机制。全面实施流域污染综合治理，通过点源治理、城市污水处理厂集中处理等综合措施，解决水环境污染问题。三是积极扩展市场手段在环境保护领域的应用，大力推进污染治理市场化。建立政府、企业、社会多元化投入机制和部分污染治理设施市场化运营机制。四是建立健全环境应急工作机制。建立先进的环境监测预警体系和完备的执法监督体系，推进污染源自动监控，完善环境监测网络，提高监测能力，努力实现监测队伍专业化、监测装备现代化。完善事故应急预案和应急队伍建设，提高应急处置能力。五是建立部门联合执法机制。加强部门之间的联系，各部门相互配合，协同作战、齐抓共管，形成环保工作合力，推进各项工作任务的完成。

陕西秦岭生态旅游的环境问题及对策

陕西省环境保护厅人事处　牟录科

摘　要：随着生态旅游规模的扩大，旅游活动的范围和强度的增加，秦岭环境污染和生态环境破坏日趋严重。本文通过对秦岭地区生态旅游发展现状的调查研究，针对旅游开发和建设中破坏生态环境的问题，剖析了原因，从科学规划、理顺机制、科学引导、强化监管等五个方面提出了对策和建议。

关键词：秦岭；生态旅游；环境问题；对策建议

秦岭涵盖西安、宝鸡、渭南、汉中、安康、商洛6个设区市，38个县（市、区）、510个乡镇，总面积约57 900 km²，占陕西省国土面积的28%，人口约497万。改革开放以来，随着经济的快速发展，人们的生活观念发生了巨大转变，因生态旅游能够回归自然，借自然环境的洁净实现锻炼和疗养身心的愿望，现已成为一种生活时尚。而秦岭被誉为中国的龙脉，地理位置独特，生物多样性丰富，自然景观雄奇秀丽，人文景观历史悠久，因而生态旅游得到了迅猛的发展。然而，随着生态旅游规模的扩大，旅游活动的范围和强度的增加，秦岭环境的污染和生态环境的破坏日趋严重，已经给秦岭地区甚至陕西经济社会的可持续发展构成严重威胁。

一、秦岭地区生态旅游发展的现状

旅游业是随着人们生活水平提高、物质相对丰富而相应发展的产业，是国民经济中发展最快、最具活力的产业，被称为"无烟工业"和"永远的朝阳产业"，对经济有着具带动作用十分明显。2009年陕西省旅游业实现旅游总收入767.94亿元，同比增长26.5%，旅游业总收入约占全省GDP的9.4%，同比增长了0.5个百分点。近年来，我省不断加大发展秦岭生态旅游力度，突出"山水秦岭"形象，生态旅游基地建设不断加快，一条横贯东西的秦岭生态旅游长廊初步形成。

据统计，秦岭地区已经建成国家和省级自然保护区26个，国家和省级森林公园39个，国家和省级风景名胜区16个，世界地质公园1个，国家地质公园3个，这些森林公园、风景名胜区、地质公园、植物园和自然保护区共同构成了秦岭地区生态旅游网络，不但使人们回归自然、享受自然的愿望得到满足，同时带动了餐饮、交通、商贸、住宿、娱乐等相关产业的迅速发展，为陕西创造了显著经济效益。据统计显示，2009年底，秦岭地区旅游接待人数已达到2 364万人次，占全省旅游接待人数的20.4%，旅游收入达到138.8亿元，占全省旅游总收入的27.36%，在我省旅游发展中占据重要地位。秦岭正以其丰富的生态旅游资源发展成为中国最热的森林生态旅游地带。秦岭地区的旅游发展，已经逐渐成为中国生态旅游的亮点，成为造福三秦百姓，促进陕西旅游强省建设的重要支撑点之一。

二、秦岭地区生态旅游的环境问题

随着秦岭地区生态旅游的飞速发展，旅游活动中环境问题也随之凸显。从秦岭地区生态旅游的实际情况看，主要有以下问题影响旅游和环保的协调发展。

1. 肆意的旅游开发和建设破坏生态环境

生态旅游给秦岭地区的经济发展注入了活力，带来明显的经济效益。然而，不少地方在尝到生态旅游带来的经济甜头后，不顾生态环境保护，大肆进行无序开发，旅游项目违规建设，对秦岭的生态环境和自然景观造成破坏。

（1）房地产不当开发破坏自然环境。有些地方为了追求短期经济发展，在旅游区建设房地产项目，其中相当一部分项目未经审批乱修乱建，造成山体野蛮挖掘，植被被破坏，导致水土流失严重。有的项目虽经过审批，环评和"三同时"制度执行不到位，但未建成污水处理设施，污水直接排放对环境造成严重污染。如省环保厅在检查秦岭北麓生态环境执法检查时发现，目前秦岭北麓西安区域内开发建设项目共 63 个，其中 55 个为 2003 年以来西安市政府专题会议审定保留的项目，另外 8 个项目为非保留项目。在 55 个保留项目中，18 个未办理通过环境影响评价；8 个非保留项目，有 3 个通过区县环保部门审批环境影响评价但尚未验收，5 个未履行或未通过环境影响评价，未配套建设污水和垃圾处理设施。据了解，目前建成的项目，生活污水往往直排附近河道或经过化粪池简单处理后排入河流，已对当地环境造成不良影响。

（2）旅游配套措施违规建设影响生态平衡。严格来说，生态旅游所需的配套设施，比如说道路、酒店、餐饮、滑道、索道等都会对生态环境造成不良的影响。有的是对山体植被造成破坏，水土保持受到影响；有的是在生态敏感区进行建设，破坏了原有的生态系统平衡。如有的风景区和旅游景点在建设旅游配套设施时，只考虑经济利益，为了节约成本，怎么方便怎么来，怎么省钱怎么来，大肆建设人工景点和配套旅游设施，由于环境改变，一些原本在这个地方生息的动物开始迁移，一些稀有植物也遭到毁坏，造成生态系统发生失衡。

（3）"农家乐"型餐饮业无序发展威胁水源地安全。随着秦岭生态旅游的发展，旅游风景区和旅游景点农家乐项目如雨后春笋迅速发展起来。据统计，目前仅秦岭北麓地区集中了集自然观光旅游、休闲度假游、生态观光为一体的农家乐项目 1 500 多家。这些农村乐项目大都缺乏统一规划，有的依山而建，有的依河而建，建设规模和档次参差不齐，没有形成统一规范的管理格局。除滦镇上王村、东大街办祥峪村外，农家乐大多没有集中的污水集中处理工程和垃圾收集设施，生活污水直接排入河道，或顺着环山路两侧的排水沟排入河流。有的甚至直接对秦岭饮用水水源地安全造成威胁。西安市局工程师王熙沣说："黑河是目前西安最好的水源地，周围发展起来的农家乐，生活污水和垃圾直接排放到水库库区，造成的污染令人心焦。"

2. 游客的不当活动破坏生态环境

游客的旅游活动对生态环境的影响主要在于旅游过程产生的垃圾对景区环境的污染以及旅游活动本身对景点自然生态平衡的影响。由于旅游区本身设施的不完善和游客环保意识不高，随着旅游活动规模的扩大，生活垃圾遗弃量日益增加。每到旅游旺季，在秦岭旅游区可以看到大量垃圾随意抛洒堆积，有的地方道路两边形成了一条明显的垃圾带，河道里也不时能看到抛弃的食品袋、饮料瓶等生活垃圾。更有少数旅游者在旅游区内狩猎、采集、露营和野炊等，这不仅加重了旅游区的生态负担，还可能造成物种稀少甚至灭绝，最终会严重破坏旅游区生态平衡。不当的旅游活动同样严重影响着饮用水源地安全。据华商报载，今年 4 月 22 日，西安市环保局举行今年第一季度环境质量状况通报会，副局长任永凤在会上介绍："西安一季度的水环境整体质量劣于去年同期。监测发现，黑河进入渭河的河水、新河进入渭河的河水，COD 都在升高，其中黑河入渭升高的幅度最大，达到47.7%。"究其原因，她说，造成水环境质量下降一个很重要的原因是游客活动对环境造成污染。在提供西安主要供给水源的黑河金盆水库，可以看到有些游客直接把私家车开进水库里的道路上，坐在岸边钓鱼。有些游客则三五成群，或开摩托车，或步行，在水库边嬉水、游玩，水面上不时看到漂浮有饮料瓶、啤酒瓶等游客丢弃的垃圾。随着秦岭生态旅游人数的日益增多，车辆来往频繁，旅游活动中产生的生活垃圾、生活污水、车辆尾气等，已给生态环境造成了污染。

3. 旅游超过环境承载力破坏生态环境

构成自然景观的生物系统对旅游活动本身存在一定的承载能力，只注重短期效益，盲目扩大规模，无限制地接待游客，超过其承载能力的旅游将使生态环境带来严重损害。目前，为创造更大的经济利益，秦岭有些旅游点"超负荷"工作屡见不鲜。主要表现为旅游开发建设项目与旅游区整体环境不协调，一些热点旅游区超规模接待游客，尤其是旅游旺季，旅游区人满为患，拥挤不堪，大量游人将旅游区土地踏实，使土壤板结，树木死亡；大量游人在山地爬山登踏，破坏了自然条件下长期形成的稳定落叶层和腐殖层，造成水土流失，树木根系裸露，山草倒伏，从而对旅游区生态环境带来危害。同时，超过环境容纳容量的超规模旅游活动，因为旅游基础设施不能适应超规模旅游需要，旅游消费者产生的垃圾污染得不到很好的回收和管理，造成的生态环境难以承受。例如，宝鸡市凤县依靠良好的生态旅游资源，提出"旅游兴县"的发展理念，大力发展生态旅游产业，先后建立凤县紫柏山、嘉陵江源头、通天河等旅游景区，2009 年凤县旅游接待人数突破 127 万人次，旅游业综合突破 11 亿元大关。但受人口、设施、服务等因素限制，环境容纳容量有限。凤县旅游局局长梁瑞利坦言，凤县总人口 10 万多，县城住宿接待能力约 1 000 人，全县大约在 2 000 人左右，远远无法满足凤县旅游市场需求。据了解，2009 年"五一"小长假，凤县共接待游客 11 万人次，由于接待能力有限，"五一"晚上许多游客住宿没有着落，县城及周围山上到处是游客，游客产生的生活垃圾和污水得不到及时处理。凤县县政府紧急调运车辆将游客送到宝鸡等地，以缓解旅游环境压力。可见，生态旅游的发展必须与环境容量相适应。

三、对策和建议

良好的生态环境是促进区域社会经济发展的基础平台。我们在看到秦岭优良旅游资源的同时，还要看到秦岭是我国南北气候、水系、动植物区系的天然分界，属全球生物多样性最具代表性的重点区域之一，在维护我国动植物种群安全方面举足轻重。秦岭是嘉陵江、汉江、丹江的源头区和渭河的主要补给源，是国家南水北调中线工程的优质水源涵养地和陕西关中地区生产生活用水的主要来源，对我国的水源补充和江河安全意义重大。因此，在充分肯定秦岭地区生态旅游发展成果的同时，必须正视生态旅游中存在的环境问题并采取措施加以解决。

1. 科学规划，统一标准

目前，我省已出台了《陕西省秦岭生态环境保护条例》、《陕西省秦岭生态环境保护纲要》和《陕西省秦岭北麓生态环境保护与利用规划》，秦岭生态环境保护已步入法制化轨道。在此基础上，还应制定《秦岭生态旅游发展规划》，使生态旅游与生态环境保护协调发展。结合秦岭生态功能区的建设，由旅游主管部门牵头，会同环保、林业、水利等相关部门，制定《秦岭生态旅游发展规划》，对秦岭旅游区进行合理区划，统一布局，明确划定旅游禁止开发区、旅游限制开发区、旅游适度开发区的空间范围，尤其是要制定秦岭旅游适度开发区产业发展目录以及环境保护标准、环境容量标准、农家乐建设标准、旅游接待容量标准、卫生标准等系列标准，充分发挥秦岭的生态环境资源优势和开发潜力，便于当地政府合理开发。在旅游开发建设审批中，要以规划为操作规范，严格审批，分层次有序开发。特别是对新开发的旅游景点、农家乐的布点要按照颁布的正式标准实施。

2. 加强领导，理顺机制

省委、省政府对秦岭保护是非常重视，成立了秦岭保护委员会及其办公室，对秦岭地区的开发利用与生态环境保护进行统一协调管理。但由于秦岭保护委员会办公室设在省发改委，不具备执法主体资格，秦岭生态环境的执法监管弱化，开发利用中出现的违法违纪行为不能及时查处，导致《陕西省秦岭生态环境保护条例》难以贯彻落实。鉴于生态保护为环保部门的职能之一，环保部门同时又具备执法资格，建议可考虑将秦岭保护委员会办公室改设环保厅，以便于进一步加强环境执法监管，促进秦岭生态环境保护。

3. 严把关口，科学引导

秦岭地区生态旅游要走可持续发展的道路，环境影响评价是关键环节。要始终坚持项目建设环境影响评价制度，从源头上把住环境监管关口。坚持保护与利用相协调，旅游项目建设必须与周边环境相适应，对资源消耗过大、旅游成本过高尤其是对生态环境造成负面影响的项目坚决拒批。同时，要把环境容量指标作为审批建设项目的主要依据，以能满足游客的基本需求为上限，要严格控制建设规模，做到经营活动与环境容量相适应。通过环境影响评价这个"风向标"，对生态旅游进行科学引导与规范，确保生态旅游环境的高质量与旅游资源的永续利用。

4. 强化监管，严究违法

强化执法是保护秦岭生态环境的必要手段。要依据《陕西省秦岭生态环境保护条例》等法规和制度，建立环保、国土、水利、公安、旅游等部门联合执法机制，加强秦岭生态旅游中的环境监管。坚持对秦岭生态环境实行动态管理，定期对秦岭地区生态旅游开发、秦岭饮用水源地保护、"农家乐"及旅游休闲场所垃圾和污水处理设施建设等进行专项执法检查，针对存在问题要集中整治。对污染和破坏生态环境的违法行为加大处罚力度，用好自由裁量权。对生态环境污染和破坏特别严重的，要追究当事单位和有关人员的法律责任。

5．加强宣传，营造氛围

秦岭生态旅游要发展，宣传教育工作必须先行。要制定秦岭生态保护宣传教育计划，以"世界环境日"、"世界生物多样性日"等各种纪念日为契机，举办形式多样的宣传教育活动，利用广播、电视、报纸等多种形式，广泛宣传秦岭生态保护的法律法规和规定。积极倡导生态旅游、低碳旅游的观念，加深对秦岭生态保护的责任感和危机感，营造共同保护秦岭的良好氛围，使宣传秦岭、关注秦岭、保护秦岭成为广大群众的自觉行动，推动秦岭生态旅游健康持续发展。

铜川市城市饮用水源保护现状及对策

陕西省铜川市环境保护局　张建翔

摘　要：本文通过对陕西省铜川市城市饮用水源所面临的静态、动态和隐蔽型等污染隐患问题的客观评价，深入分析了当地水源保护存在问题的深层次原因，提出了加强水源保护的对策建议。

关键词：铜川市；饮用水源保护；对策建议

我市位于陕西省中部、地处渭北旱塬，是全国 113 个环境保护重点城市之一。也是陕西省乃至西北地区重要的能源、原材料工业基地，自然资源丰富。多年来，由于对资源的不合理开发和受地理环境限制，城市环境污染较为突出，曾被中央电视台曝光为"卫星上看不见的城市"。近年来，市委、市政府将水源保护列入全市环境保护工作的重点工作来抓，先后制订了"饮用水源地划分方案"和"水功能区划方案"，市政府发布实施了《铜川市饮用水源地保护区污染防治管理措施》。督促饮用水源上游的煤矿企业建设了生产和生活污水处理设施。在水源保护区设立了宣传标志，并加大了对饮用水源保护工作的检查和执法力度，通过一系列措施，使我市城市饮用水源的水质得到明显改善。但随着城市建设步伐的加快、人们生活质量的提高，我市城市饮用水源保护工作还存在着一些不容忽视的问题。结合这次学习培训，现就做好我市城市饮用水源保护工作谈几点浮浅的看法和对策。

一、铜川市城市饮用水源地分布情况

目前，我市划定的水源保护地共有两个（漆水河流域、沮河流域）。其中漆水河流域共有三个源头。一个是源自宜君哭泉的淌泥河；一个是源自金锁关镇的柳林沟。两个源头在金锁关镇三岔路口桥下汇合，至柳湾水厂河段收集，从源头到水厂流程约 40 余 km，经过一个镇（金锁）、11 个村、"两坊工业区"，沿途各类企业百余个，约万余人口。第三个源头是纸坊马勺沟，源至蒲家山经 5 km 到纸坊村口汇入一级水源保护区——柳湾水库。

沮河是我市饮用水源的主源，主要源头有五条：第一条是跨地区从旬邑穿山引流至玉门川河的干流；第二条是从三郑沟里流出在陈家山矿取水井处与玉门河汇合流入干道；第三条是杏树坪村河为源头 15 km 流入刘家河汇合；第四条是崔家沟韭菜沟的水经 10 km 流入瑶曲镇与贾曲河、闫曲河汇合后流入沮河；第五条是赵氏河，源自旬邑的兔娃梁 28 km 流入柳林村口汇入沮河。

沮河源自马栏河经石门全程约 100 km，流域经过 3 个镇、3 个大型企业、3 个中型企业、100 多个小型其他各类企业、50 余个村庄，约 10 万人的生产生活地，汇入桃曲坡水库。

二、目前水源保护存在的主要问题

我市是一个典型的资源型城市，地理位置和自然环境特别，城乡交错，企业大都是重污染性的，其生产对我们的水源地都不同程度地带来了污染和安全隐患。归纳起来，主要有以下三种情况。

1. 静态

这种状态一共有七种类型：

（1）大型企业，排污量大，设备陈旧，隐患较大。主要是崔家沟、下石节、陈家山这三个煤矿。崔家沟煤矿这些年来，虽加大了环保投入，但效果不理想。2002 年投资 240 万元新建的工业废水处理厂，一直不能正常工作；生活污水处理厂于 1995 年建成，设备陈旧、老化，工艺简单、污水处理的效果不佳；生活区雨水和污水不分，收水沉淀池小而简单，水量大时即翻坝，遇到下大雨时，就失去了作用。下石节生活污水处理设施于 1997 年建成，设备老化，形同虚设，没有发挥其应有的作用。工业污水虽有三道坝，平时回用，但水量大或雨天也有翻坝现象。陈家山生活和工业污水处理设施也存在安全隐患，一是设施陈旧（都在 10 年以上），二是容量有限，水量大时，处理能力受限。

还有沮河水源的最上游西川煤矿。该矿由于才投入生产不久，生活废水处理能力不足 $350 \mathrm{~m}^2/\mathrm{d}$，效果不佳，更何况该矿原设计能力是 45 万 t，现增产在 120 万 t 以上，能力提升人员就增多，人员增多，排水量也随之增大，处理能力也很有限，导致部分污水偷排。另外该矿没有工业废水处理设施，虽然现开采深度 300 余 m，目前，水还不是很大，但向纵深开采，将来会对水源造成很大威胁。其次是在建的青岗坪煤矿，该矿所在地是旬邑县域，"环评"和纳税在旬邑，而受害的则是铜川，对铜川的青山和水源带来很大污染和安全隐患；还有被崔矿、下石节污染了几十年的瑶曲河，虽然经过处理后水质有所改善，但直观河床底部，颜色非常黑，造成水质一直都在超标。

（2）乡、镇机关所在地的居民生活对河体造成的污染。金锁、瑶曲、庙湾、柳林四个镇机关所在地街道居民生活所排出的污水、倾倒的垃圾，沿街饮食业的排污，给河水造成严重的污染。

（3）沿漆水河和沮河等流域内的 28 个加油站、洗车台和 80 余家餐饮业废水、生活垃圾、基本都是直接排入了河中。

（4）一些小型的企业污染也较为严重。特别是"两坊工业区"，基本上都是建在水体边，铜黄高速公路服务区的水处理设施一直不能正常运转，对水体的污染造成很大威胁。加之河边几十个储、售煤场，随意堆放，未采取任何防护措施、煤灰粉经常被雨水冲入河中。

（5）水源地上游的煤矿都存在露天煤场和废旧机械堆放场，遇到雨天后，煤粉和油污随时被雨水冲入河道，使污染加重，造成石油类指标超标。

（6）水源地上游鱼塘越建越多，换水时直接排入河中，还有畜牧场的粪便、沿河居民生活产生的垃圾、污水等，造成水源污染。

2. 动态

动态的现象随处可见，很难管理和取缔的有 3 种情况。

（1）拉运有毒、有害、危禁物品的机动车辆通过水流域时，撒漏或意外翻入河边或河中（因为公路基本上都在河边）。

（2）沿途居民在河中涮拖把和洗衣服，使用含磷洗衣粉，向河中丢弃废物和死亡动物等。

（3）将机动车开入河中清洗等。

3．隐蔽型

也就是不易发现的污染。

（1）小流域的小企业，包括禁区的个别"十五小"、新"五小"企业的死灰复燃，他们选择偏僻山沟，不易被人发现，偷着生产，废水、废气和废弃物乱倒、乱排。

（2）偏远山区的小煤矿植被破坏严重，废弃的采矿场的矸石垃圾等，遇到雨天后，污染物随之流入河中，造成污染。

（3）小流域、支毛沟农村的生活垃圾，河边猪圈、牛圈、羊圈、厕所等产生的污水，下雨后，直接流入河水中，造成水质污染。

三、目前水源保护存在问题的主要原因

（1）个别单位没有真正将水环境保护摆上重要议事日程，特别是对保护饮用水源的重要性认识不到位。环境保护同是"三大国策"之一，但各乡、镇基本上都没有设立水源保护的宣传阵地；在号召和动员群众保护环境、保护水源的工作中力度不大；有些还没有落实环境保护目标责任制，没有对这项工作进行检查考核。一些乡镇没有配备专职的环保专干，没有指定负责环保工作的领导，一旦遇到问题，很难协调。

（2）缺乏权威性的制约措施和绿色环保执法利剑。总是被动地唠叨督促工作，缺乏市县（区）镇上、中、下齐抓共管的工作机制，没有形成工作上的合力，导致工作出现尴尬局面后，不能及时协调和解决，在一定程度上影响了工作的开展。

（3）水源保护工作职能部门的能力建设相对滞后，在一定程度上影响了水源保护工作的开展。一是人才短缺、技术力量薄弱；二是硬件设施落后，设备不全，现有装备器材不能适应形势发展的需要。

四、建议及对策

1．提高认识，高度重视

饮水安全直接关系到人民群众的身体健康，关系到千家万户的切实利益，关系到社会稳定的大局。因此，各级政府和有关部门要高度重视水源保护工作，要认真履行环境保护工作的职责，依据相关法律法规，结合实际，加强对饮用水水源的监督管理，切实做到任务到人、责任到人。将防范饮水污染作为一项重要任务，加强领导、落实责任、强化措施、狠抓落实，以对党、对人民高度负责的精神，扎扎实实做好饮用水水源保护工作。

2．强化监督，严格依法查处违法行为

通过开展经常性的执法检查和开展集中整治活动，加强对水库库区及上游河道的监控，做到及时发现问题、及时进行查处。对于违反相关规定，造成水源污染的，一经发现，

依法从严、从快查处，情节严重的，移交司法机关处理。同时，对于及时举报和制止污染行为，在保护饮用水源方面做出突出成绩的单位和个人，及时给予表彰和奖励。

3．加强交通运输行业的污染防治工作

配合交通部门，严格按照《危险化学品安全管理条例》等法律法规的要求，加强饮用水源保护区、准保护区内及上游地区石油类和危险化学品运载、装卸和储存设施的监管，督促其完善防溢流、防渗漏、防污染的措施。

4．加强饮用水源水质监测工作

针对存在风险隐患的水源，要加强沿河断面水质及污染特征因子监测频次，及时了解水质变化状况，一旦发生污染事故，要迅速准确监测分析出污染物种类、数量、来源和潜在危害，及时提出应急处理处置建议。按照环保部的要求，每月进行一次常规项目的监测，每年进行一次水质全分析（109项），编制水源水质评估报告，并按程序上报监测报告。

5．抓好人员培训，提高业务能力和素质

搞好饮用水源区环境管理工作，环保队伍自身素质是关键，环保人员必须具有良好的思想政治素质和业务素质。环保工作者要树立敬业、乐业、勤业、精业的良好职业道德和严谨科学的工作作风。不断提高理论水平和技术水平，拓宽知识面。要采取派出去、请进来、加强学习交流等多种形式，对执法监管人员进行培训，及时掌握新技术、新方法，提升业务素质和水平，提高解决问题的能力。

6．改善装备和设施，提高执法水平和应急能力

要参照环保部对环境监察队伍标准化建设的要求，加大对执法队伍基础设施和装备建设的投入，力求使水源区环境保护管理站执法和管理的保障设施、执法手段、人员配备和整体能力达到管理规范、快速高效、查处有力、服务周到的标准。

7．加强宣传，营造氛围

通过发布公告、电视讲座、召开座谈会、设立警示标语牌等多种方式，广泛深入地开展饮用水水源保护、污染防治的宣传教育活动，使广大人民群众深刻理解水源保护的重要性，切实增强保护水源的自觉性，努力在全社会形成齐抓共管的良好氛围。

强生态，促发展　兴文明，惠民生

——眉山探索践行生态文明发展之路

四川省眉山市环境保护局　江昌淯

摘　要：党的十七大报告首次提出要建设生态文明这一理念，作为积极践行生态文明理念的眉山市，始终把生态文明建设摆在重要的战略位置，积极探索践行生态文明发展之路。究竟什么才是生态文明？它包括哪些内涵？如何根据眉山实际建设生态文明？本文就四川省眉山市生态文明建设实践经验和所取得成果进行了阐述。

关键词：生态文明；眉山；实践成果

党的十七大报告提出"建设生态文明，基本形成节约能源资源和保护生态环境的产业结构、增长方式、消费模式"。生态文明被写入党代会报告，是中国特色社会主义理论体系的又一创新，是党执政兴国理念的新发展，是对落实科学发展观、深化全面建设小康社会目标而提出的更高要求。眉山努力探索，认真践行生态文明，开创了一条以生态文明促发展、惠民生之路。

一、生态文明的内涵

1. 生态文明产生的背景

人类诞生以来，大体经历了采猎文明、农耕文明、工业文明三个阶段。当人类进入工业文明后，由于科学技术的飞速发展，人类对自然的认识水平和改造能力空前提高，对自然的无穷掠夺和肆意破坏，在创造巨额财富的同时，带来了生态环境的日趋恶化，恩格斯更是一针见血地指出："不要过分陶醉于我们对自然界的胜利，自然界都报复了我们。"1962 年，美国生物学家蕾切尔·卡逊出版了《寂静的春天》。1972 年，罗马俱乐部发表了《增长的极限》的报告，1987 年，联合国环境与发展委员会发表了《我们共同的未来》的报告。这 3 本书震动了世界，为人类建构生态文明打下了坚实的思想基础。1972 年 6 月，联合国在瑞典斯德哥尔摩召开了"人类环境会议"。1992 年 6 月，联合国在巴西里约热内卢召开了"环境与发展大会"。2002 年 8 月，联合国在南非约翰内斯堡召开了"可持续发展世界首脑会议"，这是人类社会迈向生态文明的具体体现。

对工业文明发展困境的反思，中国在推进现代化建设中进行了有益的探索。1992 年世界环发大会后，我国在世界上第一个制定了国家级《21 世纪议程》，构筑了一个综合的、长期的可持续发展战略框架，成为我国经济社会发展的一个指导性文件。进入 21 世纪，我们党和政府对中国走什么样的工业化、现代化道路的认识更加清晰。改革开放 30 年来，我国经济建设取得了巨大成就，GDP 从 1978 年的 2 165 亿美元增长到 2010 年的约 5.9 万亿美元，年均增长 9.8%，但这是靠拼资源、拼消耗、拼环境换来的财富。比如，2008 年我国 GDP 为 3.01 万亿美元，占世界 GDP 总量的 5.5%，能源消耗却占到世界的 15%，钢材消耗占世界的 30%，水泥消耗占世界的 54%。与此同时，我国的资源严重不足。在资源总量上，我国石油储量仅占世界总量的 1.8%，天然气占 0.7%，铁矿石约占 9%，铜矿低于 5%，铝土矿不足 2%。在资源人均占有上，我国人均 45 种主要矿产资源为世界平均水平的 1/2，人均耕地资源、草地面积约为 1/3，人均淡水资源、森林面积不足 1/4，人均石油占有量仅为 1/10。这些都说明，中国必须走新型的经济增长道路，才能实现国家的工业化和现代化。

正是基于这种清醒的认知，党中央、国务院以战略的思维和世界的眼光，给出了科学的答案，作出了英明的决策。2003 年，党的十六届三中全会提出"以人为本，全面协调可持续的科学发展观"，要求以此来统领改革发展的各项事业，指导现代化建设的各项工作。这标志着，科学发展观成为中国走文明发展道路的行动纲领，成为建设生态文明社会的根本指针。2007 年，党的十七大又提出"建设生态文明，基本形成节约能源资源和保护生态环境的产业结构、增长方式、消费模式"，并把它作为全面建设小康社会的一项新要求、新任务。这标志着，生态文明成为中国现代化建设的战略目标，成为中国特色社会主义事业的崇高追求。

2．什么是生态文明

生态文明是人类文明的一种形态，它以尊重和维护自然为前提，以人与人、人与自然、人与社会和谐共生为宗旨，以建立可持续的生产方式和消费方式为内涵，以引导人们走上持续、和谐的发展道路为着眼点。生态文明强调人的自觉与自律，强调人与自然环境的相互依存、相互促进、共处共融，既追求人与生态的和谐，也追求人与人的和谐，而且人与人的和谐是人与自然和谐的前提。可以说，生态文明是人类对传统文明形态特别是工业文明进行深刻反思的成果，是人类文明形态和文明发展理念、道路和模式的重大进步。

建设生态文明，核心是人与自然和谐相处。生态文明是人、经济、社会与自然的全面协调可持续发展的现代文明。人与自然共同生息，实现经济、社会、环境的共赢，关键在于人，在于人尊重自然规律的自觉性。发展的可持续性体现在人与自然、人与社会、人与生态的和谐共生上，要统筹好人与自然的关系，消除经济活动对大自然稳定与和谐构成的威胁，使经济建设与资源、环境相协调，逐步形成与生态相协调的生产生活与消费方式，实现经济效益、社会效益和生态效益的统一。

建设生态文明，目的是不断提高人们的生活质量。建设生态文明是深入贯彻落实科学发展观的必然要求。"以人为本"是科学发展观的核心，促进人的全面发展是建设生态文明的终极价值。建设生态文明，就是要从解决人民群众最关心、最直接、最现实的利益问题入手，着力解决好群众普遍关注的环境问题。创造一个适合于人的本性的良好生态环境，使人不要脱离自然环境而过分依赖人造环境，让人们在优美的环境中工作和生活。

二、生态文明在眉山的实践

"生态兴则文明兴，生态衰则文明衰"，党的十七大报告提出，要"建设生态文明，基本形成节约能源资源和保护生态环境的产业结构、增长方式、消费模式"。第一次把生态文明建设作为落实科学发展观，建设有中国特色社会主义的重要战略任务，生态文明体现了人与自然和谐共生的科学发展观，以人为本的生态价值观，资源节约、环境友好的清洁生产观，拒绝浪费、保护生态的社会消费观。在党中央提出的几大文明中，实际上最根本的就是物质文明、精神文明，而政治文明和生态文明则是由此派生的文明，它是我国所处特定发展阶段的一个新提法。物质文明中，包括了生产流通和消费市场，而生态文明则是在此基础上，要求我们转变传统的生产方式、消费方式，更注重"生态"这个概念。

生态文明的新理念提出以后，理论体系也不断地完善和发展，全国各地也在纷纷实践，其中江苏、浙江等基础好的沿海省市取得了较好的成效。四川作为内陆欠发达地区，起步较晚一些，眉山地处四川盆地成都平原西南部，属平原—山区过渡地带，下辖一区五县，工业基础薄弱，经济较为落后。近年来，眉山市委、市政府，认真贯彻落实科学发展观，结合眉山实际，积极探索认真践行，开创了一条眉山特色的发展之路。大力开展以"两池六改一集中"（沼气池、生活污水处理池、改水、改厨、改厕、改圈、改路、改庭院、生活垃圾集中收集处理）模式为主的农村生态文明家园建设和"四加四"（一乡一示范，一村一产业，一组一风貌，一户一循环）模式为主的农村生态经济建设，大大改善了区域环境质量，推动了生态眉山建设，促进了经济社会与环境保护协调发展。

1. 党政重视

近年来，眉山市委、市政府站在认真践行科学发展观，切实为民惠民高度，高度重视生态和农村环境保护与建设，做出《加强生态环境建设和保护实施可持续发展战略的决定》，提出了"坚持以人为本，发展生态经济，建设和谐眉山"的经济社会发展总要求。市委书记、市人大常委会主任蒋仁富在市委中心组学习会上，旗帜鲜明地提出环境保护工作必须坚持"一个底线和四个绝不允许"，即环境保护是发展经济的底线。绝不允许以破坏环境、牺牲环境为代价；绝不允许走先污染后治理的路子；在工业发展中，绝不允许建设破坏环境的重大项目；绝不允许发生重特大的环境污染事件。市委副书记、市长李静提出"眉山绝不牺牲环境搞发展，绝不欠环境账"。在全市工业集中区发展上，市委、市政府采用市环保局通过本底值监测和环境容量测算提出的产业发展指南，对鼓励、限制、禁止项目明文规定，最大限度地保护生态环境。2009 年，市委作出《关于建设生态市的决定》，到 2017 年把眉山建设成为成都平原工业生态化新城，川西南生态农业、生态旅游及生态文化中心，"丘陵-平原-山地型"生态宜居市。

2. 生态建设成绩斐然

2006 年，全市开展"百村万户生态家园"生态示范建设，彭山县建成国家级生态示范区。2007 年 12 月洪雅县被列为全国农村环境保护试点，丹棱县被列为全国农村生态文明家园建设试点。2009 年 3 月 27 日，市人大常委会审议通过了《眉山生态市建设规划（2006—2017 年）》。2009 年 7 月，眉山市委、市政府出台了《关于建设生态市的决定》，生态市建设全面铺开。2009 年 12 月，洪雅县、丹棱县通过省级生态县验收并获省政府命名，2011 年 6 月，青神县通过省级生态县验收。全市一区五县，已有 3 个国家级示范县，3 个省级生态县。

3. 强生态文明，促经济发展

我市着重扶持实施一批既有经济效益又有生态效益的工程项目，来推动全市生态和农村环境保护建设。洪雅县青杠坪村万亩有机茶叶基地建设、丹棱县梅湾村的生态农业经济、东坡区的茂华食品有限公司的规模化畜禽养殖污染治理、彭山尼科国润新材料公司循环经济示范、洪雅县生态牧业、东坡区陈沟村农村面源污染综合治理等一大批有鲜明特点和较强示范作用的生态与农村环境保护建设项目，带动了全市生态和农村环境保护建设工作。

丹棱县大力开展"两池六改一集中"为主要内容的农村生态文明家园建设，积极探索了西部经济欠发达地区如何开展农村生态文明建设，推进社会主义新农村建设的经验，为全国作出了典型，成效显著，改善了生态环境，促进了农村社会各项事业的发展，走出了符合丹棱县情的特色之路。截至 2010 年，累计完成"两池六改一集中"农户 25 000 余户，推广"猪—沼—果、桑、茶"生态循环农业模式面积 5 万多亩，建成水果生态产业带 8 万亩，茶叶生态产业园 2 万亩，建成绿色食品生产基地 2 万亩，建成以"农家乐"为主的生态休闲旅游示范户 35 户。通过"两池六改一集中"建设，改变了农村过去脏、乱、差的环境，实现了道路硬化、村庄净化、庭园美化、环境优化，农民的生活环境得到有效改变。

洪雅县持之以恒地走生态经济强县之路，探索出了"农业原生态、工业可循环、环境可持续"的生态经济发展方式，使生态经济得到了突破性发展，形成了"领导重视、机构健全、规划科学、方案具体、上下联动、部门参与、农民拥护"的生态和农村环境保护工作格局。洪雅县基本建成了生态农业、生态工业、生态旅游三大生态产业链，全县不仅走上了生态经济发展的快车道，而且实现了生态环境一流的"双赢"。截至 2010 年，累计建成 60 户市级绿色家园、500 户县级绿色家园、100 户县级绿色家庭、建成农村户用沼气池 4 万口、秸秆气化炉 2 400 余台、污水厌氧湿地净化处理池 5 000 口。通过试点，促进了农村经济的发展，促进了农村环保基础设施的改变，促进了村容村貌的改善，促进了农民群众生活习惯的改变。2010 年，全县国内生产总值 48.2 亿元，地方财政一般预算收入 2.31 亿元，农民人均纯收入 5 099 元，综合经济实力在四川省 33 个山区县中排第 9 位。目前，洪雅县森林覆盖率高达 65.8%，县城空气优于二级空气质量标准，地表水质量满足 II 类水域标准。

4. 生态环境巨变

酸雨频率下降趋势明显，2005 年酸雨频率为 14.6%，2010 年未检出，年平均降水 pH 值从 2005 年的 4.92 上升为 6.34。中心城区空气质量逐渐好转，达到二级的天数从 2005 年的 59.4% 上升到 2010 年的 89.3%。岷江干流出境断面水质全年综合考核达到 III 类，青衣江干流常年达到 III 类水质，沱江支流球溪河仁寿段水质达到 III 类。区域环境噪声全面达到国家标准。全市城市集中式饮用水水源地水质达标率 100%，城市清洁能源使用率大于 80%，全市森林覆盖率达到 42.8%，治理水土流失面积 1 077 km^2，建成区绿化覆盖率 38.18%。自然保护区逐步规范管理，已经建成洪雅县瓦屋山省级自然保护区、瓦屋山国家森林公园、丹棱县九龙山省级森林公园、仁寿县黑龙滩、彭山县彭祖山、青神县中岩寺等风景名胜区的环境建设和保护得到加强。

对环境执法工作的几点思考

四川省宜宾市环境保护局 刘筱萍

摘 要：当前，国家对环境保护工作高度重视，随着环境保护工作的深入开展，环境执法工作不断得到加强；但是，面对不容乐观的环境现状，环境执法形势依然严峻。本文针对当前环境保护执法工作中存在的主要问题，就其现状、原因，以及进一步完善环境行政执法体系、强化环境执法、提高依法行政水平等，分别分析论证，并提出改革的设想和建议。

关键词：环境执法；问题成因；对策措施

胡锦涛主席在 2004 年中央人口与资源环境座谈会上提出：要让广大人民群众喝上干净的水，呼吸上新鲜的空气。这对我国的环境保护工作提出了新要求，也是非常实际、非常基本的要求。自改革开放以来的 20 多年间，我国在经济建设方面突飞猛进，工业化程度大大提高，已初步建成了小康社会，但是，这些成绩的取得很大程度上是以牺牲我们赖以生存的环境为代价的，造成了局部地区甚至全国范围内的环境恶化。越来越严重的沙尘暴问题、淮河、海河、黄河等大江大河的水污染问题，无不在提醒着我们：再不下大力气保护环境，我们改革开放的成果将荡然无存，人民的生存都将受到威胁。为了摆脱"先污染，后治理"这一西方发达国家都未能逃过的怪圈，更是为了改善人民群众的生存环境，为子孙后代造福，中央决定将环境保护定为我国的"基本国策"，并及时提出了"走可持续发展之路"、"构建社会主义和谐社会"的奋斗目标，就是要在保证经济快速、平稳、健康发展的同时加大环境保护工作力度。从 2007 年开始，国家环保总局要在全国范围内刮一场"环保风暴"，开展一系列的专项整治工作，进一步加大对环境违法案件的查处力度。本文针对当前环境保护执法工作中存在的主要问题，就其现状、原因，以及进一步完善环境行政执法体系，强化环境执法、提高依法行政水平等，分别分析论证，并提出改革的设想和建议。

一、环境执法工作的形势

近年来，我国的环境执法工作正在逐步形成以集中式执法检查活动为推动，以日常监督执法为基础，以环境监察执法稽查为保证，以公众和舆论监督为支持的现场监督执法工作体系。联合执法行动有力地推动了执法工作。2001 年和 2002 年连续两年开展了"严查环境违法行为遏制污染反弹"专项行动。2003 年，国家环保总局、发改委、监察部、国家工商总局、司法部、国家安监局六部门联合开展了"清理整顿不法排污企业保障群众健康环保行动"，查处了一批大案要案，解决了一批突出环境问题，震慑了环境违法行为，促进了地区性产业结构调整和局部地区环境质量改善。

总体来说，随着环境保护工作的深入开展，环境执法工作不断得到加强。我国已建立起国家、省、地、县四级环境执法体系，拥有环境监察机构 3 063 个，环境监察人员 4.5 万人。通过标准化建设，环境执法能力和水平正在不断提高。但是我们也应该清醒地看到，随着经济的快速增长、体制的快速转轨、公众维权意识的提高，环境执法工作正处于硬碰硬的攻坚阶段。

一是粗放型经济增长方式造成的危害越来越严重。2003 年，GDP 增长速度达到 9%，但主要原材料消耗却增长 10%～20%，超过国民经济增长速度，出现了电力、煤炭、石油等基础能源的供应短缺。2003 年全国 GDP 占世界的不到 4%，消耗的钢材和煤炭约为 30%～33%，50% 的水泥在中国消耗，对固定资产的过度投资，给环境执法工作带来新的压力。

二是企业片面追求经济利益。大企业故意偷排偷放，小企业连片污染反弹，违法排污导致严重危害群众生产生活的环境污染事件屡屡发生。四川化工厂违反"三同时"规定强行开车违法排污，导致沱江沿线 100 多万人喝不上水，直接经济损失 3 亿元以上；重庆天元化工厂有毒气体泄漏事故造成数万人紧急疏散，9 人死亡；北京怀柔有毒化学品泄漏事故造成 3 人死亡。这些严重的环境问题，不仅使人民的生存环境遭到破坏，连起码的生命安全都得不到保障。

三是环境执法和短期行为的冲突不断加剧，不法分子以身试法、铤而走险，去年山西忻州市连续发生 3 起暴力抗法事件，恰恰说明了这一点。

四是人民群众对生活质量的要求明显提高，依法维护环境权益的意识普遍增强。群众对环境问题的投诉以每年近 20% 的速度递增，环境问题已经成为群众信访、上访的 8 大热点之一。

二、当前环境执法工作中存在的问题及其成因

当前，我国的环境执法工作中有法不依、执法不严、违法不究等消极执法或行政执法不作为等行为依然存在，对环境污染熟视无睹、不闻不问现象也依然存在，各地之间、各级环境执法机构之间的执法工作发展仍然很不平衡，加强环境保护行政执法的软、硬件还缺乏坚实的基础，全国范围内还普遍存在不同程度的环境执法难的问题。

1. 消极执法、执法不到位、不作为的现象在一些地方严重存在

一些地方的环境监察队伍对群众反映的环境污染问题熟视无睹、不闻不问，群众意见很大，以至于越级上访者有增无减。一些地方放松日常监管，依赖专项行动，经常性的工作靠突击抓，工作陷入被动。2007 年，国家环保总局派出 5 个检查组，分赴 5 省、市，检查了 124 家造纸、化工企业、医疗单位和污水处理厂，全部超标排放，其中 21 家属应淘汰落后生产工艺，95% 的企业用治理设施作挡箭牌，50% 的企业编造监测数据，偷排偷放。许多企业的治污设施常年停运，锈迹斑斑。这些情况，当地环保部门能不知道？有的企业前几年就查处过，又恢复生产、超标排污，严重影响环境执法形象。一些地方的环境监察队伍管理松懈，12369 举报热线无人接，上班时间松松垮垮，常年不下现场。一些地方的环境监察机构负责人片面强调地方保护主义影响，消极保自己的"帽子"、"票子"，不敢碰硬、不敢执法、不愿执法。不少基层环境执法队伍存在"查了也处理不了"的顾虑，对

开发区不敢查,对重点保护企业不敢查,领导不点头的不敢查,查过一次但处理不了的不敢查,危及人身安全的不敢查。有的基层环保局不是在加强执法,而是千方百计对付上级检查,替企业说情。一些地方环保局不愿上报环境信息,瞒报环境污染事故,造成工作被动。有的地方政令不通,要求查办的案件、上报的情况,三番五次催不上来。在这样的情况下,往往是站得住的顶不住,顶得住的站不住,最终,顶不住的也站不住。

2. 缺少技术规范

依法行政讲究的是科学执法、规范执法。然而,当前在现场执法过程中,对某一行为施行多种行政方式的屡见不鲜。如建筑工地噪声的超标排污费征收,有的区县只征收夜间的,有的区县白天、夜间都征收;有的按标准正常征收,而有的则加倍征收,甚至有按每天 200 元计算征收排污费的。又如在夜间施工审批中,钻孔灌注桩究竟钻多少深度可以夜间施工,浇捣混凝土究竟需要达到多少立方米,需到环保部门申请报批等,各区县把握尺度不一。因而出现有的施工单位出土在 A 区可申报夜间施工,在 B 区则予禁止的情况。均属本市管辖,却发生如此执法不统一的现象,极大地损害了现场执法的严肃性与权威性。造成这种状况的主要原因在于缺乏明确的技术规范,由此无端造成施工单位投诉。因为施工单位在全市是流动作业的。类似的还有餐饮业建设项目审批中,多少经营面积必须有多少立方的隔油池或油水分离器匹配,多少尺寸的集气罩必须有多少块过滤网板或多少功率的静电除油烟装置匹配等,均无明确的执法标准,致使各地区各自掌握,各自决定。

3. 行政处罚不规范

较普遍地存在不按行政处罚程序办的问题。遇到上级领导打招呼、批条子时,往往采取大事化小、小事化了的办法。而行政处罚不经集体讨论决定,行政复议不经复议小组核审,仅只少数领导说了算的情况,时有发生。另外,处罚委托程序不完善。常常以"特事特办"或"办公会议"的形式,直接将行政处罚中的某个程序安排到区县环保局代为办理的问题以及缺乏执法技术规范,导致处罚幅度难掌握,人情难推却,执法难到位。甚至出现对于同一违法单位的同一违法行为,市环保局和区县环保局之间、特别是区县和区县之间,处罚尺度的明显不一的现象。到现场取证材料,如照相、摄像以及现场采集的实物证据等,未依规定编号、归档或登记的,更时有发生。行政处罚的主观随意性及不规范性,已经影响环境执法的合法性、科学性与准确性,应引起我们的高度重视。

4. 环境执法队伍素质仍需进一步提高

以情代法、以罚代法的现象较为普遍,吃拿卡要、随意收费、包庇祖护环境违法行为,甚至为企业通风报信、申通违法等问题依然存在,一些地方环境监察部门已经发生违反党风廉政建设的典型案件。产生该问题的原因主要是部分单位放松了对执法人员思想政治、道德品质、理想信念方面的教育,个别执法人员放弃了人生观、价值观的改造,利欲熏心,腐化堕落。

5. 地方保护主义干扰环保执法的现象依然存在

个别地方环境保护意识淡薄,重经济、轻环境,盲目引进重污染项目,形成了引进容易、治理难,关停更难的困难局面,对环保执法工作不支持,甚至干预执法,辖区环境污染问题久治不愈,环境纠纷不断。问题的根源就是一些地方政府的重要领导环保意识淡薄,只追求政绩,不考虑对环境的损害,表面上经济指标上去了,实际上给当地环境造成了无法估量的破坏。

6. 对企业管辖权的问题

一个中央级企业或者省属企业出现了环境违法行为，其所在地的政府以及环保部门却没有权力进行处罚；在西部大开发中，一个国家投资的重大建设项目的环境影响评价报告，当地环保部门连看一眼都不行，工程对生态环境造成了破坏，地方政府、环保部门却不能勒令制止。这个尴尬的执法困境已经成为一个突出的问题，在很多地方不同程度地存在着。这些驻地方的中央级企业或者省属企业本身及其领导者都是有行政级别的，有的属于省部级，有的属于地厅级，高于企业所在地的政府和环保部门。在我国，行政级别高，意味着权限大，行政资源丰富。由于有这样的级别距离和权力限制，地方政府官员、环保执法人员跟他们连平等对话都做不到，更谈不上监管执法了。

三、影响环境执法工作的主要因素

环境执法不单纯是一个法律问题，而是关系到政治、经济、社会等各个方面的综合问题。目前，环境执法难在全国是一个普遍现象，其因素也是多方面的。

1. 地方政府的发展观和政绩观是影响环境执法的根本因素

不同地区的生产力发展水平决定了基层地方政府的决策导向。不少地方领导仍认为GDP是硬指标，环境是软指标、没指标。有的经济落后县面对层层下达的招商引资指标，只能引进"十五小"污染企业。在这种情况下，基层地方政府的地方保护主义手段名目繁多：政府降低门槛招商引资不让查，借助专门机构不让查，出台土政策不让查，为企业挂牌保护不让查。基层环保局由此产生不敢查的顾虑：对开发区不敢查，对重点保护企业不敢查，领导不点头的不敢查。一些县环保局不是加强执法，而是对付上级检查，通风报信。

2. 企业追求短期利益的最大化是污染反弹的直接动因

决定生产力发展水平的人（企业法人环境意识和法律观念淡薄）、工具（技术装备和污染防治水平落后）、生产资料（资源、能源消耗水平是发达国家的数倍）三大要素，是当前环境执法面临的现实基础。一些企业追求短期经济效益，不惜以牺牲环境为代价。具体表现在：一是土小企业连片反弹，屡禁不止。在"清理整顿不法排污企业保障群众健康环保行动"中查处的违法企业中，采用国家淘汰工艺和"十五小"、"新五小"的企业占了51%。二是大企业将违法排污作为降低成本、追求利润的"捷径"，这里既有企业受利益驱动的因素，也有受土小企业违法排污的不正当竞争挤压，造成价格扭曲的因素。三是结构性污染依然突出。一些地方的制革、化工、电镀、造纸、印染、冶炼、水泥等重污染工业群，经多次整顿仍未从根本上解决问题。

3. 体制、机制、法制、能力方面的障碍是影响环境执法的主要因素

在体制方面，执法权越放到下面，受地方保护主义势力的影响也越大，这是一个共性的问题。目前，我国现有的4.5万人环境执法队伍中，有3.8万人在县（区）一级。受"位子"、"票子"的影响，往往造成站得住的顶不住，顶得住的站不住。

在机制方面，一是缺乏事前监督机制。许多环境违法问题都是决策不当造成的，仅靠环境执法的事后监督，难以奏效，应加强事前防范，预防为主。二是部门联动没有形成长效机制。这次"清理整顿不法排污企业保障群众健康环保行动"实行六部门联动，在对下发动和增强行动效果方面取得较好效果。但在日常执法中，还没有形成联动制度。三是缺乏有效的奖惩机制。对环保做得好的企业缺乏鼓励和重奖措施，降低了企业做好环保工作的积极性。

在法制方面，一是行政处罚额度低、抓手少，影响了执法力度。有的大型造纸企业治污设施每日运行费用在 10 万元左右，而法律规定的处罚额度仅 10 万元，企业宁愿受罚也不愿正常运转治理设施。二是法律规定不具体，操作性差，难落实。对于关停措施，缺乏断水断电、吊销执照、拆除销毁设备、取消贷款等法律规定。三是限期治理、停产治理决定权在当地人民政府。在地方保护主义严重的地区，政府不愿意下达决定，有的甚至只发空头文件，不抓落实，应付检查。四是强制手段少，难以落实到位。对于拒不履行环境行政处罚决定的行为，环保部门缺乏查封、冻结、扣押、强制划拨等行政强制手段，只能申请法院强制执行，容易造成执行难。

在环境监察能力方面，一是环境监察队伍缺乏主体资格，没有法律授权，对下级开展行政稽查也缺乏法律依据。二是力量弱。全国 4.5 万环境监察人员要对 23 万家工业企业、70 多万家"三产"企业、几万个建筑工地进行现场检查。生态环境监察、农村环境监察工作量更大。三是执法能力差。全国平均每个环境监察机构执法车辆仅 1.3 辆，300 多个县没有执法机构，200 多个县的执法机构没有执法车辆，更没有取证设备。四是人员素质不适应执法工作需要，仍有相当一部分环境监察人员对法律法规、生产工艺、产业政策不熟悉。

四、针对上述问题应采取的对策

虽然，当前环境执法方面还存在着一些问题，有的还较为突出，但是整体趋势是好的，国家已经意识到了这些问题将对我国环境造成的严重后果，并在逐步加以解决。笔者认为，要解决这些问题，应从以下几个方面入手。

1. 加强环保政绩考核，促使各级政府切实加强环境执法工作

按照环境法律，地方政府应对本辖区范围的环境质量负责，更应高度重视环境执法，在任期内逐步改善环境质量。首先，要加强政府主要领导干部的环境法制教育，树立科学的发展观和政绩观。二是建立完善的领导干部环境保护实绩考核制度、主要领导干部离任环境保护审计制度，实行环境责任追究制。三是实行重大环境问题"一票否决制"。对出现重特大污染事故、出台与国家环境法律法规相抵触的文件、引进国家明令禁止的企业，造成污染集中反弹的，实行"一票否决"。

2. 逐步完善环境法制，强化执法手段

尽快修订和完善环境保护有关法律法规。一是在法律上明确地方各级人民政府及经济、工商、供水、供电、监察和司法等有关部门的环境监管责任，建立并完善环境保护行政责任追究制。二是增强环境保护多项制度的可操作性。对环境法律法规中义务性条款均要设置相应的法律责任和处罚条款。三是建立健全市场经济条件下的"双罚"制度。针对目前执法中普遍存在的只罚企事业单位、不罚单位的直接责任人和有关领导的缺陷，确立既罚单位也罚个人的"双罚"制度。四是赋予环保部门必要的强制执法手段，如查封、扣押、没收等，落实对违法排污企业"停产整顿"和出现严重环境违法行为的地方政府"停批停建项目"权等。

3. 理顺执法体制，加强环境稽查

建立上下协调、统一的执法体制，是加强环境执法工作的体制保障。一是实行环保系统部分垂直管理体制。在目前法律环境下，可在环境监察系统先行实行垂直管理体制。对于市以下环保部门，特别是经济开发区环保部门，应逐步实行垂直领导。地方环境保护行政主管部门的主要领导的任免，要征求上一级环境保护主管部门的意见。二是加强国家和省级环境监察部门执法力量。国家可考虑设立分片管理的环境监察分局，省级环境监察部门也可以根据需要在重点地区设立环境监察派出机构。三是加强环境稽查工作。逐步开展环境监察内部稽查和环境保护行政稽查，切实加大对环境行政不作为行为的查处力度。四是建立刚性的环境警察制度。可借鉴国外成功经验，如美国联邦环保局设有专司侦查、起诉职能的执行处，50 个环境检察官办公室和 200 多名环境检察官，建立中国环境监察专员制度，并以此为基础，逐步建立中国的环境警察队伍。

4. 建立公众参与环境执法机制与制度，构建三元环境执法监督体系

充分发挥执法机构的执法职能、公众的外部监督、企业的内部监督作用，形成相互制衡的"三元环境执法监督体系"。一是通过开展企业环保监督员试点工作，探索新型企业环境管理体制，促进企业提高自主守法水平和能力。二是积极推进环境信息公开工作。逐步推行企业年度环境报告书制度，实行上市企业年度环境审计和信息披露制度，及时公开环境违法重点案件的查处情况。三是广开参与途径。包括聘任特约环保监督员，加强环境保护社会团体参与制度，建立环境问题论坛制度和环境保护问卷调查制度，以建立公众参与环境执法制度。

5. 加强能力建设，提高环境执法水平和能力

按照统一名称、统一职能、统一执法装备的要求，加强环境执法队伍标准化、规范化管理，提高执法水平和能力。加强队伍管理，公布执法信息，实行阳光下执法，坚决查处违法违规的典型案件，提高人员素质，建设一支政治素质好，熟悉和正确运用环境法律法规，精干、高效、廉洁、文明的环境执法队伍。积极加强硬件建设，对重点污染源安装主要污染物在线监控装置，实现在线远程定量化监控，确保污染治理设施正常运转和长期稳定达标排放。畅通 12369 环保热线，实行政务公开，加强社会监督。争取国家财政向西部地区环境执法标准化、规范化建设倾斜，尽快扭转西部地区环境执法的被动局面。

对乡镇生活污水处理站建设的调查及思考

——休养生息让河流生机盎然

四川省内江市环境保护局 龚洪贵

摘 要：文本通过对内江市乡镇生活污水处理站建设情况、取得成效的调查研究，分析了乡镇生活污水处理站建设及运行中存在的主要问题；同时根据"十二五"时期污染物减排及河流"休养生息"的目标要求，就如何保证乡镇生活污水处理站科学建设和可持续运行，提出了有效管理措施和意见建议。

关键词：环境保护；污水处理；意见建议

"让江河湖泊休养生息"是周生贤部长在第十三届世界湖泊大会上提出的环保新理念，旨在给予流域人文关怀，恢复其生态系统的良性循环。近年来，随着工业化进程的加快，工业污染、生活污染、面源污染接踵而至，水体生态系统破坏，水环境质量下降，著名的沱江"302"污染让内江人民饱受污浊之痛。为了重塑水乡之美，让河流得以休养生息，自 2009 年起，内江市积极开展主要河流水污染防治工作，实施"河长制"，对境内的沱江及支流球溪河、濛溪河、小青龙河、大清流河、威远河、乌龙河、隆昌河等 8 条主要河流开展工业企业、生活垃圾、生活污水、畜禽养殖、屠宰场、水产养殖、医疗废水等方面的综合整治，其中 8 条河流沿岸乡镇建成的生活污水处理站、在实践中探索形成的乡镇生活污水处理站建设运行机制，成为"河长制"工作的亮点，是"让江河湖泊休养生息"理念的有益尝试。

一、内江市乡镇生活污水处理站的建设情况及成效

我市于 2009 年开始进行乡镇生活污水处理站的建设，大多采用组合式人工湿地无能耗生态污水处理技术，比较典型的构成包括：乡镇生活污水收集、格栅池、厌氧生物处理池、氧化塘、人工湿地、达标排放。目前全市有 42 个乡镇建成生活污水处理站，总处理规模达到 33 765 t/d，每个工程投资约 100 万～200 万元，占地 2～7 亩，日处理能力约 300～1 000 t。乡镇生活污水处理站的建设，发挥了"治污净化"的大作用，取得了较好的环境效益、生态效益、经济效益和社会效益，"休养生息"让河流重新焕发了生机和活力。

1. 环境效益

"让江河湖海休养生息"，就是要坚持环境优先，确保饮水安全，把保障人民群众的饮水安全作为首要任务，把维护群众健康放在首要位置，把饮用水源保护作为民心工程、德政工程，切实抓紧抓好。乡镇生活污水处理站有效地处理乡镇生活污水，降低污染物排放

量。据测算，乡镇生活污水经人工湿地处理后，总磷、总氮、悬浮物等污染物处理率都在80%以上，处理后的污水能达到《城镇污水处理厂污染物排放标准》一级B标，排水可回用或用于农灌。隆昌县黄家镇在污水处理站建成前，污染严重，排污口臭气熏天。2010年建成后，不仅每天可以处理场镇居民生活污水300 t左右，而且年削减COD 98.55 t、NH$_3$-N 6.2 t。我市42个乡镇生活污水处理站的建成投运，加之工业企业、畜禽养殖等318个项目的综合治理，内江水环境质量得到有效改善。沱江干流2004年以前常年是劣Ⅴ类水质，2009年和2010年水质达标率均为100%；濛溪河2008年水质达标率为75%，2010年水质达标率为100%。球溪河资中河段2008年水质达标率为75%，2010年水质达标率为91.7%。乌龙河双河口断面2008年为Ⅳ类水体，2010年水质达标率为33.3%。大清流河砖瓦厂断面2008年水质达标率为66.7%，2010年为75%。小青龙河来宝桥断面2008年到2010年水质达标率均为33.3%。威远河廖家堰断面2008年为劣Ⅴ类水体，2010年有4个月达到Ⅳ类水质标准，超标项目比2008年有所减少，超标项目的超标倍数降低。隆昌河口断面2008年和2010年水质达标率均为33.3%。

2. 生态效益

"让江河湖海休养生息"，就是要牢固树立生态文明观念，促进人水和谐，维护流域生态系统的良性循环。人工湿地具有生态修复功能，不仅在提供水资源、调节气候、涵养水源，均化洪水、促淤造陆、保护生物多样性等方面发挥着重要作用，而且，它还能吸收SO$_2$、NO$_x$、CO$_2$等，增加氧气、净化空气等。此外，污水处理站的生态景观，提升了局部地区景观的美学价值。工程上使用的多年生绿色水生植物，通过精心设计和合理布局，具有良好的园林景观效果；通过与周边景观明渠、活水公园等建设项目相互配合，打造成"生态湿地景观"，成为一个集污水处理、观赏休闲的园林式工程。2010年，市中区史家镇建成的生活污水处理站，将原本处于小镇排污口的7亩多河滩地，变成了融污水治理与市民休闲于一体的生态花园。

3. 经济效益

"让江河湖海休养生息"，就是要根据各流域各区域的经济社会发展水平和自然生态状况，采取"一河一策"的办法，综合工程、技术、经济方法，有针对性地制定整治措施，加大治理水环境力度。乡镇生活污水处理站取得了很好的经济效益。一是节省了投资。城市污水处理厂建设每吨污水处理投资至少在1 500元以上，而采用组合式无能耗污水处理技术的投资不足1 000元。1个日处理1 000 t污水的人工湿地项目，工程直接投资100万元左右，按目前全市33 765 t/d的建设规模计算，节约建设投资1 700万元以上。二是降低了运行费用。人工湿地处理每吨污水的运行成本为0.07～0.2元，是传统二级污水处理设施的10%～20%。同时，人工湿地易于维护，运行管理简单，需要的运行管理人员也相对较少，目前已建成的人工湿地，每年可节约运行费用近1 000万元。三是提高了资源利用率。除水资源的回收和用于农灌外，人工湿地产生的沼气可作为值守人员的生活燃料，受污染的农田可以进行复耕。隆昌黄家镇在使用人工湿地之前，排污口一条冲上百亩稻田绝收。现在，庄稼长势良好。

4. 社会效益

"让江河湖海休养生息"，就是要强化系统管理，树立全局观念，使不同区域、不同领域的工作都有利于维护河流生态健康，实行工业、农业、生活污染全面治理，上游、中游、下游协调发展，生产、生活和生态用水合理分配，使河流始终充满生机与活力。一是我市在实施"河长制"，建设乡镇生活污水处理站的工作中，成立了市委副书记任组长、10 位市级领导任副组长的"河长制"领导小组，8 条河流分别确定一名"河长"（由县区长担任），一名市级联系领导、一个以上市级联系部门，"河长"对所负责的河流治理负总责，市级联系领导、市级联系部门进行指导、督促、协调，河流涉及乡镇的乡镇长对所辖区域的河段负责，构建了三级管理体系。二是乡镇生活污水处理站成为了环境教育基地，向中小学生和市民介绍污水处理、资源化利用（循环经济）等相关环保知识和生物知识；又可以作为环保工作宣传与展示基地，为相互学习交流环保工作提供场所。同时，乡镇生活污水处理站的建设有效化解了因环境污染而造成的社会矛盾。隆昌县黄家镇乡镇生活污水处理站建设前，城镇生活污水直排三江河，不仅影响了与河流下游的自贡市的关系，而且农田被污染的本镇村民也多次上访、集访。"河长制"的实施，污水处理站的投运，环境矛盾也得以化解。

二、乡镇生活污水处理站建设及运行中存在的几个主要问题

内江市乡镇生活污水处理站建设从无到有、逐年递增，取得了明显的成绩，但在建设和运行中还存在一些问题。

1. 资金筹措渠道不畅通

目前，内江建成的乡镇生活污水处理站累计投资 6 894 万元，平均一个项目投资 177 万元。其中，生活污水处理站工程直接投资在 100 万元左右，其他为管网等配套基础设施建设和征地等费用。在资金筹措上，除隆昌县黄家镇等 5 个乡镇争取到上级政策资金共 500 万元左右外，其余 37 个乡镇主要采取县、乡（镇）财政分级负责、共同承担的办法，县（区）、乡镇资金压力大。

2. 污水收集率不高

由于乡镇建设规划、基础设施建设滞后和投入不足等多方面的原因，给乡镇、村社污水收集及其管网建设带来难度，污水收集率不高。已建成的乡镇生活污水收集率仅为 50% 左右。

3. 建设用地存在遗留问题

部分乡镇用于建设人工湿地的土地是采取租用的方式。留下一些遗留问题，比如：农民的租金协调难度逐渐增大，工程选址一般是以前污水相对集聚处，田土几乎绝收，建设时租用，农民当然高兴。可随着环境的改变，周围田土丰收，粮食价格变化，农民就会不遵守协议规定要求调租。此外还存在改变了土地的用途，没有取得合法手续等现象。

三、对乡镇生活污水处理站的建设运行的建议

目前，高耗能、高耗水、高污染产业仍呈快速增长的趋势，水污染物的排放总量还没有明显降下来，水环境形势依然十分严峻，农村生活污水治理既是农村环境治理中的一个难题，也是饮用水源保护中的一个重点。"十二五"期间，农业污染源将纳入污染物总量减排体系，四川省计划在"十二五"期间，3 000 人以上的建制镇都要建设污水处理设施。

科学规划建设管理乡镇生活污水处理站是河流"休养生息"的重要保障。

1. 科学规划，因地制宜建设生活污水处理厂（站）

乡镇数量多、分布散、经济状况各异，统筹科学规划乡镇生活污水处理厂（站）的建设十分必要。规划中既要结合各乡镇特点，兼顾乡镇之间较大的差异性，又要考虑到城市与乡镇发展的非均衡性与高度关联性，强调城乡发展的整体性、互补性和协同性。要按照"投资节省、技术成熟、工艺简便、运行成本低、运行过程简便、便于维护保养、符合乡镇生产生活实际"的原则，确定乡镇生活污水的治理方式：对距离县城污水管网较近的乡镇，可经管道集中收集污水，接入邻近的县城管网，进入污水处理厂统一处理；对规模较大、人口密集、经济条件较好的乡镇，要加快乡镇污水处理厂的建设；对常住人口为 3 000～5 000 人的乡镇场镇，可建设以人工湿地、厌氧与人工湿地综合处理、人工快渗、生物滤池等处理模式为主的乡镇生活污水处理站。

2. 拓宽渠道，加大资金投入

资金是推进乡镇生活污水处理站建设的重要保证。在目前财力普遍不宽裕的情况下，完全依靠乡镇自筹是不可能的，必须多渠道、多层次、多元化筹措建设资金。一是整合项目争取上级支持。建一座日处理生活污水 1 000 t、占地 8 亩的生活污水处理站，直接投资加上管网、人工、土地等，总投资在 200 余万元。向国家及省申报专项资金，争取有关政策性补助资金和银行贷款，解决前期投入的资金问题。二是加大资金整合力度。整合城乡环境综合整治、新农村建设等项目资金，增加投入力度。三是引进社会投资。建立完善"政府引导、市场推进"的投入机制，鼓励乡镇采用 BOT、DBO 等模式，积极引导社会各类资本进入乡镇生活污水处理站建设领域。四是引导群众参与。加强宣传引导，鼓励群众投工投劳，调动农民建设和使用生活污水处理站的积极性，推动工程建设的顺利进行。

3. 完善管网，提高乡镇生活污水收集率

乡镇普遍存在规划滞后、居住点分散等特点，给乡镇生活污水处理站建设带来一定困难。要抓住小城镇建设的机遇，充分考虑场镇生活污水处理，加强场镇管网建设，增加污水收集管道数量，尽可能做到场镇生活污水通过管网流入生活污水处理站处理。

4. 健全机制，规范管理

健全市、县、乡分级负责管理机制、设施建设运行机制、激励奖惩长效机制，确保乡镇生活污水处理站顺利建成与正常运行。建立健全工程项目建设管理机制，制订好建设方案，明确责任主体，制定技术标准，明确工程项目的设计施工要求，制定考评验收标准，确保工程项目建设质量。建立健全运行和管护机制，配备固定管护人员，制定管理制度，加强治污设施的维护管理，确保设施正常稳定运行，努力使生活污水处理站发挥最大的经济效益、社会效益和生态效益。

浅析基层环境监察工作存在的问题及建议

新疆维吾尔自治区阿克苏地区库车县环境保护局   尹铁刚

摘　要：近年来，随着经济建设的快速发展，环境监察的任务日益繁重。但是，在基层环境监管执法过程中，却面临诸多的困难和障碍，普遍存在队伍规模小、装备落后、任务和能力不相适应等问题。本文结合库车县实际，就当前基层环境监管方面面临的主要问题进行阐述，并对如何加强基层执法能力建设提出对策措施。

关键词：环境监管；行政执法；对策措施

库车是新疆维吾尔自治区新兴发展起来的工业县，石油化工、煤炭、煤化工、电力、建材等行业在经济总量中占主导地位，县域综合实力位居全国百强县第 96 位、西部百强县第 12 位。近年来，随着经济建设的快速发展，环境监察的任务日益繁重。加强基层环境监察工作，解决环境执法中所面临的困境，从法制、体制、机制、能力等方面加强环境执法已迫在眉睫。

一、库车县环境监察工作现状

库车县环境监察大队成立于 2003 年，系全额预算管理的股级事业单位，人员依照国家公务员制度管理，现有在编人员 10 人，其中本科学历 4 人，占在编人数的 40%，大专学历 3 人，占在编人数的 30%，高中学历 3 人，占在编人数的 30%。执法装备较为落后，仅有车辆 2 台，摄像机 1 部，照相机 1 部，林格曼黑度仪 1 台，声级计 2 台。

我县环境监察大队自成立以来，紧紧围绕环境执法监管这个中心，不断创新工作思路和方式，强化现场执法监管，深入开展环保专项行动，积极妥善处置环境突发事件、环境污染纠纷，严格依法行政，有力地推动了全县主要污染物减排工作，促进了辖区环境质量的好转。"十一五"期间，全县累计取缔关停能耗高、污染大的企业 56 家，其中砖厂 12 家、小焦化 1 家、小煤矿井 36 口、小水泥 1 家、小造纸 1 家、小冶炼 4 家，屠宰场 1 家，完成燃煤锅炉煤改天然气治理 64 家，对 8 家重点污染企业开展了强制清洁生产审核，完成 SO_2 削减量 4 308.44 t，COD 削减 2 347.06 t。全县空气质量良好，除因特殊的地理环境因素造成的颗粒物超标外，SO_2、NO_2 污染物浓度值均处于较低水平，达到国家二级标准。全县地下水、地表水、功能区噪声均达到相应标准。

二、库车县环境监察工作存在的主要问题

环境监察执法队伍建设是履行环境监察执法职责的根本保障，是做好环境监察执法工作的重要基础。随着经济快速发展，在生产建设过程中，大量新的环境污染源不断产生，环保部门的监督管理工作逐年增多，任务越来越繁重。但在环保监管工作最艰巨、最繁重的基层，普遍存在队伍规模小、装备落后、任务和能力不相适应的问题。

1. 机构薄弱，人员欠缺

从库车县环境监察大队的实际情况来看，机构设置规格低，人员编制少。现有 10 个人员中实际从事监察工作的人数仅有 6 人，需要监管企业 400 余家，平均每两个执法人员每年监管排污单位达 70 多家，环境保护工作点多、线长、量大、面广，执法力量相对不足，且部分人员在编不在岗，有些被县上抽调下乡开展扶贫和集中整治工作。面对不断增多、污染严重的中小企业，现有的执法人员队伍远远不能适应日益繁重的环境行政执法任务，只得穷于应付，疲于奔命。使得对排污单位的日常检查次数偏少，范围偏窄。

2. 装备落后，能力薄弱

首先，缺乏环境监测手段。环境监测工作是各级政府及时了解掌握环境状况变化的"视听器"，是环境监管的重要依据与手段。但长期以来，我县因无环境监测站，环境监测工作一直依赖地区环保局监测站及库车分站的支持，各项监测工作的开展受到了一定程度的制约，更无能力对突发环境污染事故进行应急监测。其次，我县环境监察大队只有格林曼黑度仪、噪声仪，连最起码的酸度计、水质快速测定仪、粉尘快速测定仪等最基本的取证工具都没有。在遇到调查取证的过程中，造成证据不足，罚款等执法程序无法进行，一定程度上影响着环境监察机构调查、取证、污染事故的处理。第三，执法车辆不足，我县执法车辆仅有 2 辆，且早已超过报废使用年限，油耗高、维修费用大，经常处于瘫痪状态，严重制约着我县环境保护工作的正常开展。

3. 人员素质偏低，难以胜任工作需要

环境执法的效果很大程度上取决于执法人员的执法水平，对于环保执法来说更是如此。由于环保执法工作面广，涉及多个领域和学科，所以执法人员不但要具备基本政治素质，道德素质，而且还应该具有比较广泛的科学知识和相应的业务专业技能。我县环境监察人员中尽管有 70% 具有大专以上学历，但多数所学专业不是环境保护，他们的知识结构对环境监察工作的适应性上有较大距离，且由于人手少、业务多，参加正常业务培训的机会少，严重存在着年龄老化、知识退化的不利局面。有的对环保法律法规、生产工艺、产业政策不熟悉，在环境行政处罚中也常存在程序违法，适用相关法律法规不准确、事实不清或证据不足，处罚又不规范等问题。同时，还存在着执法不严，玩忽职守，失职渎职的现象。特别是科技进步使得企业生产工艺越来越专业，对环境执法人员的素质要求越来越高，由于缺少懂得使用专业技术设备来实施监测和调查取证的技术人员，导致环保部门很多时候没办法对环境污染进行有效的现场取证，给执法工作带来了很大的困难。

4. 执法手段不够充分，执法力度不够

目前，环境监察部门只能通过申请人民法院强制执行的方式迫使不履行环保法律义务的相对人履行义务，缺乏必要的强制执行权力来保证执法的权威性、严肃性，使得环境监

察部门对层出不穷的违法行为感到力不从心或束手无策，难以有效地进行监督管理。另外，环境监察部门缺乏限期治理决定权，无法责令违法企业停产停业，客观上助长了排污者"有恃无恐"的心理，给环境执法带来一定的困难，无形中降低了环境监察机构的执法能力。由于环保执法无强制手段和措施，致使环保执法难以"立竿见影"。近年来，群众来信、来访投诉逐年增多，尽管有些是轻微的违法行为，但当事人不纠正，环保执法人员就不能当场采取措施，制止其违法行为。如：一些街边门面房改变房屋使用性质，经营餐饮、杂修的商户搞店外经营，造成噪声、油烟、气味污染环境，引发群众投诉，造成群众误解，认为环保部门不作为。

5．责权不统一，管理协调难度较大

主要表现在政出多门，责权不统一，管理协调难度较大。我国在环境保护领域实行的是统管与分类相结合的多部门、分层次的执法体制。《环保法》规定：地方各级人民政府，应当对本辖区的环境质量负责，采取措施改善环境质量。环保、公安、土地、矿产、林业、农业、水利等部门可依照法律的规定，对资源、污染防治实施监督管理，但是现实中，环境保护法律、法规对环境保护行政主管部门如何监督其他部门，没有做出具体规定。因此在涉及有些机关职能部门的环保工作，环保部门很难实施有效监管，很难监管那些"平起平坐"的部门；有些环境综合整治项目虽然与有关部门直接相关，职能上应该由其负责组织实施，但由于其思想上不予重视，行动上配合不得力，难以有效组织实施，涉及具体工作往往是环保部门孤军奋战。

正是在这种执法体制下，由于多头执法，造成执法主体林立，执法权力和执法责任分散，不利于统一执法并给环保行政执法造成混乱。特别是有关部门不认真履行职责，给违法者开绿灯，而作为同级的环保部门，却无法给予必要制约。而且当出现违法问题时，容易出现部门之间相互推诿责任的现象，严重影响了环境执法的实效。在经济发展相对滞后的边疆少数民族地区，各项建设方兴未艾，向上争取项目和招商引资的任务很重。在眼前利益与环境保护的取向上，地方和企业往往优先考虑前者，导致建设项目"三同时"难以落实。有的项目上马没有经过环保部门的预审，在未按规定制作环境影响评价报告的情况下就"先上车，后买票"，更有甚者干脆越过环保部门的监管。处于最基层的环保工作，很容易受到来自各方面的干扰，由于体制限制，本级环保部门管不了，上级环保部门也不好插手，致使监管失控而造成"既成事实"。

三、加强基层执法能力建设的对策措施

1．充实和健全环保执法机构，提高环保执法人员的素质和业务水平

充实和健全基层环境保护机构，提高基层环境监察大队机构规格，落实环保执法工作的经费，增加环境执法人员的编制。严格把好进人关，择优选择一批年轻化、知识化、能力强、能吃苦的人进入环保执法部门。加强对执法人员的环境业务知识和执法的相关法律法规进行全方位、多层次的培训，改善环保部门人员的专业知识结构，提高执法人员的素质。同时，配备必要的交通工具和先进环境监测、分析、检验仪器设备，提高污染源现场快速监测取证的能力，为环境执法提供强有力的科学依据。

2．理顺环境执法主体体制，建立协调机制

要统一环境执法主体，明确政府各相关部门在各个环节中的环保职责和执法责任，把本应属于环保主管部门而又分散于各职能部门的环境执法权尽量集中到环保主管部门。凡是涉及执法主体较多，执法权力和执法责任分散的污染问题，环保部门要与相关执法部门形成各尽其职，齐抓共管的协作配合机制。加强环境监察力度，对主管环境违法案件徇私枉法、包庇纵容、推诿责任、查处不力而造成严重后果的部门，要追究其主管领导和相关工作人员的责任。

3．加快修改和完善相关的环境法律法规

对一些不合时宜或存在着严重缺陷的法律法规应及时地修改或废除，对存在的环境法律盲点要尽快加以立法，以填补这方面的空白。要制定相应的实施细则，设置相应的法律责任，减少原则性规定，来增强环保法律的可操作性。加大对污染违法行为的处罚力度，提高处罚标准，以解决污染企业违法成本低，而守法成本高的倒置现象。同时，赋予环保行政执法部门相应的行政强制权，如可以采取查封、冻结、扣押、没收、责令停产等必要的强制措施。

4．落实地方领导环保政绩考核，切实加强环境保护工作

地方领导要树立科学的发展观和正确的政绩观，要确立"绿色 GDP"的概念，大力建设资源节约型、环境友好型的社会，使得经济发展和环境保护和谐发展。要在制度上将环境保护列入各级领导进行政绩考核的指标体系，将环保指标作为与经济发展并重的指标来衡量各级领导干部的政绩，推行"环境保护一票否决制"和"环境保护问责制"，凡是环境质量达不到标准要求，环境污染严重的地方官员，不得晋升提拔，甚至还要给予一定的处分，促使领导干部转变观念，切实增强治理环境污染的积极性、自觉性和紧迫性，正确处理好经济发展与环境保护的关系。

关于秸秆禁烧工作的督查调研报告

泰安市人民政府督查室　泰安市环境保护局

摘　要： 本文就山东省泰安市秸秆禁烧工作及秸秆综合利用情况进行了深入调查研究和综合分析，就如何进一步做好秸秆禁烧与综合利用工作提出了自己的独到见解和对策建议。

关键词： 秸秆禁烧；综合利用；对策建议

为认真落实省政府办公厅《关于切实加强秸秆禁烧工作的紧急通知》（鲁政办发明电[2010]112 号）精神，切实抓好秸秆禁烧工作，按照市政府与各县（市、区）政府及泰山管委、泰安高新区管委签订的《秸秆禁烧工作目标责任书（2010—2012 年）》目标任务要求及市委、市政府主要领导同志指示，去年麦收、秋收两季，市政府督查室与市环保局、农业局和泰安日报社、泰安广播电视台有关同志组成联合督查组，分别对全市麦、秋两季的秸秆禁烧工作进行了多次随机暗访督查和现场集中督查，禁烧效果明显。去年麦、秋两季，特别是秋季的秸秆禁烧工作取得了阶段性胜利。督查结束后，市政府督查室会同市环保局结合督查过程中的有关情况，就如何更好地建立秸秆禁烧长效机制问题进行了深入调研。督查调研情况如下。

一、我市秸秆禁烧工作及秸秆综合利用情况分析

1. 落实禁烧任务，抓好一个"严"字

从去年督查情况看，各级、各有关单位按照市、县两级政府签订的《秸秆禁烧工作目标责任书》要求，"三措"并举，严格落实禁烧要求，秸秆禁烧工作取得显著成效。一是加强组织领导，层层落实责任。各县（市、区）成立秸秆禁烧工作领导小组，逐级签订了秸秆禁烧工作责任书，将秸秆禁烧责任层层落实到人、到地块。二是深入宣传发动。各级、各有关部门早安排、早行动，不断加大宣传力度，充分利用多种宣传方式，广泛宣传秸秆禁烧的意义和有关政策法规，营造了浓厚的秸秆禁烧工作氛围。三是加强监督检查，严格兑现奖惩。秋收期间，市、县、乡三级组织由环保、农业、监察、公安、交通等部门参加的联合督查组，不断加大秸秆禁烧督查力度，对秸秆禁烧工作进行明查暗访，及时发现、制止、处理秸秆焚烧现象。有的县（市、区）通过建立秸秆禁烧保证金制度，用于年度秸秆禁烧工作考核及奖惩兑现，有力地推动了秸秆禁烧工作的开展。

2. 提高综合利用水平，强化一个"用"字

在做好秸秆焚烧工作的同时，大多数县（市、区）采取为秸秆找"出路"的方式，提高秸秆的综合利用水平。据不完全统计，除少部分其他农作物秸秆外，我市年产小麦、玉

米秸秆总量为 321.9 万 t，去年秸秆利用量为 258.4 万 t，利用率约为 80.3%。综合利用方式目前主要有以下三种：一是秸秆肥料化利用，使用联合收获机械把秸秆就地粉碎，均匀抛洒，然后进行耕翻掩埋。秸秆腐烂后，可以改善土壤理化性状，增加土壤有机质含量，有利于提高农作物产量，这是目前处理农作物秸秆的主要途径。二是秸秆饲料化利用。主要是利用玉米秸秆饲养家畜，用其排泄物沤制成有机肥还田，即秸秆青贮过腹还田。三是秸秆能源化利用。主要是利用秸秆生产沼气、生物质能发电、秸秆固化作燃料三种方式。此外，还有用秸秆生产食用菌、秸秆生物反应堆等综合利用渠道。去年，岱岳区确定了 6 个秸秆加工示范镇，由各示范镇利用购置的 14 台秸秆打捆机对秸秆收集加工，然后运往泰安中科环保公司（泰安垃圾发电厂）直接燃烧发电，通过这种方式年可加工利用干秸秆 6 万 t。为提高秸秆打捆加工户的积极性，区政府还从乡镇财政中拿出专项资金，以垃圾发电厂收购单据为凭证，按吨直接补贴给秸秆加工专业户。

督查调研发现：我市各级对秸秆禁烧与综合利用工作做了很大努力，综合利用率已经按目标要求如期达标。但我市仍有 19.7% 的秸秆被废弃或焚烧，既浪费宝贵的可利用生物资源、污染了环境，还造成土壤板结、林田网树木毁坏，同时也容易造成火灾及交通安全隐患。分析其原因，主要有以下两点：一是农民群众对焚烧秸秆的危害性及综合利用渠道了解不足，群众认识亟待提高；二是"疏""堵"结合或以"疏"为主方面做得不很好。大部分群众因对秸秆综合利用渠道不了解，从而认为秸秆"无用"，在劳动力缺乏的农忙时节，为赶农时就地焚烧，如果加大对秸秆综合利用的宣传引导，采取多种措施切实将秸秆肥料化、饲料化、能源化利用，使秸秆变废为宝，许多农民对秸秆的处理方式就会从偷着焚烧到自觉地禁烧，从而大幅度提高秸秆的综合利用程度，从根本上解决秸秆焚烧问题。

二、进一步做好秸秆禁烧与综合利用工作的思考

1．在"堵"上做文章

（1）加强组织领导，严格落实秸秆禁烧责任。近年来，全国各地都非常重视秸秆禁烧工作，上海、合肥、重庆、济南等大城市都成立了秸秆禁烧工作组织机构，分别结合本地实际出台了《秸秆禁烧及综合利用方案》，并通过建立市、县、乡、村四级责任体系等多种措施严格落实禁烧制度。我市各级可借鉴兄弟地区的先进经验，成立秸秆禁烧及综合利用领导机构，由环保局部门牵头，农业、农机、公安、财政、交通、畜牧等有关单位参加，组织领导本行政区域的秸秆禁烧及秸秆综合利用工作。可大力推广岱岳区逐级实行包保责任制、对秸秆综合利用农户补贴的做法，努力形成齐抓共管、密切配合、共同做好秸秆禁烧和综合利用的工作格局。

（2）加大宣传教育和执法检查力度，提高农民群众做好秸秆禁烧工作的自觉性。各级、各有关部门要把秸秆禁烧与推广农业技术、推进城乡环境综合整治和循环经济发展结合起来，组织干部下基层，开展支农惠农政策宣传、秸秆利用技术指导和秸秆离田帮困服务。每年麦收、秋收之前，要在报纸、电视、电台开辟专栏，大力宣传秸秆禁烧对保护人民身心健康、维护交通安全、改善农村环境的重要意义，宣传秸秆禁烧和综合利用的好经验好典型，普及秸秆综合利用技术，进一步提高广大群众对秸秆禁烧和综合利用重要性的认识，使秸秆禁烧工作进村入户、深入人心，在全社会形成"焚烧秸秆违法、保护环境光荣"的

强大声势,使广大农民群众自觉主动地投入到秸秆禁烧及综合利用工作中来。各级环保、公安等有关部门要把秸秆禁烧列为日常监督管理工作的重点,加大执法和检查力度,严格巡查监管,实行黑斑倒查制度,对违法焚烧秸秆的农户依法给予处理,严厉打击秸秆焚烧现象。

2.在"疏"上下工夫

秸秆禁烧存在执法成本高、效率低、执行难问题,因此,在严格禁烧的同时,重要的是坚持疏堵结合、以"疏"为主的原则,进一步拓宽秸秆综合利用渠道,因地制宜地研究制定秸秆综合利用措施,尽快建立秸秆禁烧与综合利用的长效机制,多管齐下,将百姓的秸秆所困变资源之利,确保按期完成《秸秆禁烧工作目标责任书(2010—2012 年)》确定的目标任务。

(1)重点抓好秸秆还田,这是实现秸秆禁烧的最快捷、最有效的办法。只有大面积实施秸秆粉碎还田,才能使大面积农作物秸秆变废为宝,达到农民增收节支和秸秆禁烧的目的。一是将麦秸秆、玉米秸秆通过联合收割机械直接粉碎,借助"301"菌剂堆沤及其他秸秆快速腐烂技术,让秸秆在短期内就地成为有机肥料。据统计,该方式可使土地每年减少化肥用量 20 kg/亩左右,增产粮食 40 kg/亩左右。各级、各有关部门应把该方式作为一个时期秸秆综合利用的主攻方向,研究加快发展措施,并全力抓好落实。二是推动秸秆饲喂大牲畜过腹还田。将玉米秸秆青贮或粉碎作为饲料,饲养牲畜,牲畜粪便间接还田,可实现种植业和养殖业的良性循环。解决好秸秆还田问题,最主要的各级农业、农机主管部门要进一步推广机械化秸秆粉碎还田技术,通过农机具革新,降低收割机的留茬高度,提高耕作深度,搞好农机具技术配套服务,防止因农机具耕作层过浅,大量粉碎的秸秆置留地表,导致播种质量差等问题。

(2)结合我市实际,扩大秸秆能源和秸秆代料栽培食用菌利用渠道。在市委、市政府连续两年将沼气项目扩展建设作为为民办实事之一、新建 1.6 万个户用沼气池和 16 处大中型沼气工程的基础上,继续大力推广秸秆生物沼气池和沼气示范村,形成"秸秆粪便入沼池、照明做饭用沼气、沼液沼渣施果菜、绿色产品无公害"的循环经济模式。这种方式既能消化部分秸秆,也解决农民的环境卫生及洁净能源问题。同时,大力推广秸秆代料栽培食用菌技术,引导农民将麦秸、玉米秸、豆秸、花生壳、棉秆加工粉碎,加入适量的麦麸、棉籽壳、无机氮、石膏等原料进行科学配方,生产平菇、双孢菇、褐菇、大球盖菇、鸡腿菇等食用菌。

(3)大力推广秸秆生物反应堆技术。利用特定菌种将农作物秸秆发酵腐熟,使其转化为 CO_2、热量、矿质元素、有机质、抗病孢子,在冬暖式大棚、大中拱棚瓜菜、浅池藕、葡萄、果园等高价值经济作物生产上示范应用,进而培育获得优质高产、无公害农产品。应用该种技术实施大棚蔬菜种植,1 亩大棚每年最少可以消化 5 000 kg 秸秆,土地还会越种越肥。我市作为蔬菜重要产地,可大力推广这种技术。

(4)积极实施秸秆固化成型技术和秸秆发电项目。一是推广秸秆固化成型技术,将秸秆经过高温成型技术处理,变成一种新能源——"秸秆煤"。据测算,1.1 t"秸秆煤"相当于 1 t 标准煤产生的热量,而且对空气造成的污染远远低于煤。二是推广秸秆发电。秸秆的发热值一般在 $1.38×10^7～1.68×10^7$ J/kg 之间,相当于煤发热值的 2/3(标准煤的 1/2)。通过扶持秸秆收集、利用大户,将不能直接还田的秸秆,打捆后运送泰安中科环保有限公司用于发电，这样既增加了农民收入，又减少了环境污染。

　　秸秆禁烧与综合利用是一项系统工程。在严格实行禁烧措施的同时，以村民小组为单位设立秸秆集中堆放点，通过组织农民自运、干部帮运、补助代运等方式，帮助农忙季节劳动力缺乏的家庭将没有还田的秸秆运出田间，解决田间秸秆影响后续播种问题；在综合利用方面，通过典型引路、示范带动，形成政府引导、部门协作、社会参与的秸秆综合利用工作局面，实现综合利用由窄渠道、短链条向宽领域、长链条发展，促进秸秆增值。但无论哪种综合利用方式，最主要的是各级应建立以财政投入政策扶持为导向，农户投资为主体，社会资金为补充的多层次、多渠道、多元化投入机制。一是尽快研究制定秸秆机械化粉碎还田技术的补贴机制，解决农户因机械化秸秆还田增加的农业成本，通过利益导向鼓励农民将秸秆直接粉碎还田，同时将秸秆打捆机、秸秆还田机、小麦免耕播种机械等机具纳入农机补贴范围，以引导农民多方筹集资金购买秸秆综合利用有关农机具，充分调动农民实施秸秆还田的积极性。二是搞好机械化还田和免耕播种技术试验示范和推广工作，每年从支农资金中拿出一定比例集中用于典型示范和技术培训工作，通过典型引路，在全市形成一个推广秸秆粉碎还田技术的长效机制。三是对秸秆综合利用的农户，给予财政补贴，激励这部分农户到秸秆堆放点收购秸秆。据调查，按目前秸秆收购企业收购价格，秸秆从农田收集运至厂家，去掉收集、储存、打捆、运输等环节的成本后，所剩无几，回收机械购置成本需要很长周期，难以调动农户的积极性。四是积极发展秸秆综合利用服务组织，大力发展农民专业合作组织和农民经纪人，支持他们开展秸秆收集、贮运和综合利用服务，让其成为秸秆需求企业和农户之间的桥梁和纽带，及时有效地将农村过剩的秸秆推向市场。